城市污水处理智能优化运行控制丛书

城市污水处理过程控制

韩红桂　伍小龙　孙浩源　著

科 学 出 版 社

北 京

内 容 简 介

  本书介绍了我国城市污水处理过程控制研究现状以及污水处理系统特性,阐述了实施城市污水处理过程控制的重要意义,分析了城市污水处理过程的机理与控制基础,详述了城市污水处理过程控制模型,以及PID控制、神经网络控制、模糊控制、滑模控制、自适应动态规划控制、模型预测控制等控制方法的原理、设计思路、实施步骤及技术实现等,并运用典型案例验证了控制方法的性能,为解决城市污水处理过程控制问题提供了有益参考。另外,本书还对城市污水处理过程控制方法的发展趋势、学科前沿以及应用展望进行了论述。

  本书可供高等院校信息类与环保相关专业的本科生和研究生、城市污水处理自动化运行的管理人员,以及工业运行控制的研究人员参考。

图书在版编目(CIP)数据

城市污水处理过程控制 / 韩红桂,伍小龙,孙浩源著.—北京:科学出版社,2025.3

(城市污水处理智能优化运行控制丛书)

ISBN 978-7-03-071024-6

Ⅰ.①城… Ⅱ.①韩… ②伍… ③孙… Ⅲ.①计算机控制系统–过程控制–应用–城市污水处理 Ⅳ.①X703-39

中国版本图书馆CIP数据核字(2021)第260793号

责任编辑:张海娜 纪四稳 / 责任校对:任苗苗
责任印制:肖 兴 / 封面设计:陈 敬

科 学 出 版 社 出版
北京东黄城根北街 16 号
邮政编码:100717
http://www.sciencep.com

北京建宏印刷有限公司印刷
科学出版社发行 各地新华书店经销

*

2025 年 3 月第 一 版 开本:720×1000 1/16
2025 年 3 月第一次印刷 印张:18 1/2
字数:373 000

定价:168.00 元
(如有印装质量问题,我社负责调换)

作者简介

韩红桂　北京工业大学信息学部教授、博士生导师，北京工业大学研究生院副院长。长期从事城市污水处理过程智能优化控制理论与技术研究。2013 年入选北京市科技新星计划，2015 年入选中国科学技术协会青年人才托举工程，2016 年获得国家自然科学基金优秀青年科学基金资助，2019 年入选北京高等学校卓越青年科学家，2020 年入选中国自动化学会青年科学家，2021 年获得国家杰出青年科学基金资助。先后主持国家重点研发计划项目、国家自然科学基金重大项目、教育部联合基金项目、北京市科技计划项目等。2012 年获教育部科学技术进步奖一等奖，2016 年获吴文俊人工智能科学技术进步奖一等奖，2018 年获国家科学技术进步奖二等奖，2019 年获中国自动化学会自动化与人工智能创新团队奖，2020 年获中国发明协会发明创新奖一等奖（金奖）等。

伍小龙 北京工业大学信息学部讲师、硕士生导师。主要研究方向为城市污水处理过程智能控制、复杂系统智能控制等。主持国家自然科学基金青年科学基金项目 1 项，参与国家杰出青年科学基金项目 1 项、国家自然科学基金重点项目 1 项等。在 *IEEE Transactions on Fuzzy Systems*、*IEEE Transactions on Neural Networks and Learning Systems*、《自动化学报》等国内外期刊及会议上发表学术论文 16 篇，获授权国家发明专利 3 项，软件著作权 3 项，参编团体标准 1 项以及行业标准 2 项；获中国自动化学会优秀博士学位论文奖。

孙浩源 北京工业大学信息学部讲师、硕士生导师。主要研究方向为城市污水处理过程网络化控制、复杂系统智能控制等。主持国家自然科学基金青年科学基金项目 1 项。在 *Automatica*、*IEEE Transactions on Systems, Man, Cybernetics: Systems*、*IEEE Transactions on Industrial Informatics*、《自动化学报》等国内外期刊及会议上发表学术论文 12 篇；2018 年获电气电子工程师学会计算机与通信系统国际会议(IEEE ICCSS)最佳论文奖等。现任中国自动化学会青年工作委员会委员、中国自动化学会环境感知与保护自动化专业委员会委员等。

前　　言

　　城市污水经过适当处理后可以成为稳定的淡水资源,其再生利用既可以减少社会对自然水的需求,又能够削减对水环境的污染,是实现水资源持续利用和良性循环的重要途径。因此,实施城市污水处理是我国政府水资源综合利用的战略举措。长期以来,我国十分重视城市污水处理厂的建设与运营,不仅兴建了多座城市污水处理厂,还不断提高城市污水处理厂的运行效率和管理水平,有效提升了城市污水处理行业的发展,促进了水资源循环利用。

　　过程控制是提高城市污水处理运行效率和管理水平的重要手段,已广泛应用于实际城市污水处理厂。城市污水处理过程控制是利用自动化设备、装置和计算机等,降低人工干预,实现城市污水处理曝气、回流、加药等操作过程的调控,确保出水水质达标。常见的城市污水处理过程控制包括前馈反馈控制、比例-积分-微分(PID)控制等,在提高污水处理效率、保障出水水质达标方面均发挥着至关重要的作用。近年来,随着大数据处理、人工智能等技术的发展,一些先进的控制方法如模糊控制、神经网络控制以及模型预测控制等,也在城市污水处理过程中得到了进一步发展与应用,有效解决了城市污水处理过程非线性、多扰动、耦合等导致的难以控制的问题,显著提高了城市污水处理过程精细化控制水平。本书借鉴城市污水处理及过程控制领域的研究成果,基于作者所在科研团队的研究创新,阐述城市污水处理过程的机理与控制基础,介绍城市污水处理过程控制模型,以及 PID 控制、神经网络控制、模糊控制、滑模控制、自适应动态规划控制、模型预测控制等城市污水处理过程控制方法,运用典型案例验证相关控制方法的有效性。本书适用于研究生以及工程技术人员学习和借鉴,有助于他们理解城市污水处理过程控制的方法原理、设计思路、实施步骤以及实现技术等,为解决城市污水处理过程控制问题提供了有益参考。

　　本书在内容编排上,力求做到概念表述准确、知识结构合理、内容循序渐进。在叙述方法上,力求深入浅出、突出重点,使读者能够快速理解和掌握相关内容。全书共 10 章,第 1 章为绪论,主要介绍城市污水处理过程运行现状、过程控制方法的研究现状和面临的挑战。第 2 章介绍城市污水处理过程控制基础,阐述城市污水处理过程控制功能、结构、特点、设计思路以及常见的过程控制单元。第 3 章介绍城市污水处理过程机理模型、基准仿真模型以及数据驱动模型等。第 4~9 章分别介绍城市污水处理过程 PID 控制、神经网络控制、模糊控制、滑模控制、自适应动态规划控制以及模型预测控制,详细阐述不同控制方法的设计思路,给

出不同控制方法对应的应用效果。第 10 章主要介绍城市污水处理过程控制方法的
发展趋势及应用展望。

　　本书主要由韩红桂、伍小龙、孙浩源撰写，全书由韩红桂统稿与定稿。在此
感谢国家杰出青年科学基金项目（62125301）、北京高等学校卓越青年科学家计划
项目（BJJWZYJH01201910005020）、国家自然科学基金重大项目（61890930-5）、
国家自然科学基金创新研究群体项目（62021003）、国家重点研发计划项目
（2018YFC1900800-5）、北京市教委-市自然基金委联合资助项目（KZ202110005009）
等的支持。感谢杨宏燕、韩华云、李方昱等老师，以及刘峥、付世佳、孙晨暄、张
家昌、赵子凡、秦晨辉等研究生为本书的撰写和出版所做的大量工作。另外，向
参考文献的作者表示真诚的谢意。最后，感谢北京工业大学信息学部的支持。

　　城市污水处理过程控制方法和技术目前仍处于快速发展时期，限于作者的学
术水平，许多问题还未能充分地深入研究，一些有价值的新内容也未能及时收入
本书，书中难免存在不足，恳请广大读者批评指正。

作　者

2024 年 10 月

目　　录

第1章 绪 论

1.1 城市污水处理过程运行现状

城市污水富含大量氮、磷等有机污染物，直接排放将促进自然水体中藻类、浮游生物等大量生长，造成自然水体富营养化现象，严重影响水生态环境[1]。目前我国重点监测的湖泊和水库约5%处于中度富营养化状态，约23%处于轻度富营养化状态[2]。除含有大量有机污染物，城市污水还含有重金属、病菌、病毒等，直接排放易污染淡水水源，影响居民用水健康。我国约90%的城市水域受城市污水污染，约50%的重要城镇水源水质不符合饮用标准，约75%污染水质细菌超过卫生标准，约1.6亿人饮用水源水质受到有机物污染[3]。我国地表水水质的监测结果表明，全国七大水系中满足Ⅰ类水质（GB 3838—2002《地表水环境质量标准》中规定，Ⅰ类水质主要适用于源头水和国家自然保护区）的水域不足3%，部分水域Ⅴ类水质占比达到5.4%（主要适用于农业用水区及一般景观要求水域，仍然存在大量污染物）[4]，如图1-1所示。随着我国城市化进程的加速推进，我国城市污水排放总量每年以5%的速度递增，排放总量已达千亿吨级别[5]，占全国污水排放总量的74%，部分城市水源污染严重、生态系统失衡等问题亟待解决。

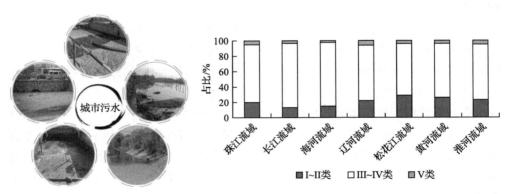

图 1-1 我国城市污水及其引起的水系污染情况

为了保障居民用水健康、改善生态环境，我国建设了不同处理工艺的城市污水处理厂，去除污水中的污染物，实现水资源持续利用和良性循环。由于我国城市存在建设分布范围广、部分城市人口密集等特点，城市污水处理厂的建设与运营具有以下主要特性：

（1）建设规模大。截止到 2021 年 12 月，全国累计建成城市污水处理厂 12000 多座，日均污水处理超万吨的城市污水处理厂 3147 座，超百万吨的城市污水处理厂 10 余座，多项数据指标均居世界首位[5,6]。此外，城市污水处理厂每年新增 100 余座，提高了城市污水的处理率。

（2）水处理量大。2018 年我国城市污水中处理量约 560 亿 m^3，污水日处理量约为 1.6 亿 m^3，年累计削减化学需氧量（chemical oxygen demand，COD）、氨氮总量分别约为 1424 万 t 和 152 万 t[7,8]，不仅有效地提高了城市污水的回用率，还缓解了城市水域生态系统失衡的压力。

围绕我国城市污水处理厂建设与运营的特性，城市污水处理过程通常考虑出水水质达标与运行成本最小两项指标，采用相关过程控制措施实现出水水质达标和降低运行成本，具体为：

（1）出水水质标准。目前我国城市污水处理执行的标准是 GB 18918—2002 《城镇污水处理厂污染物排放标准》[9]。近年来，为了提高污水处理质量，我国部分城市要求污水处理厂污水处理达到一级 A 标准（一级 A 标准要求化学需氧量低于 50mg/L，生化需氧量低于 10mg/L，氨氮浓度低于 5mg/L，以及总磷浓度低于 0.5mg/L 等）[10-12]。排放标准的多项指标显示，当前我国城市污水处理厂出水水质要求较为严格。因此，为了满足城市污水处理出水水质达标排放，城市污水处理厂需要采取必要的措施进行改造或革新。实际运行经验表明，实施城市污水处理过程控制，可在已有的工艺基础上显著提高污水的处理能力，保障城市污水处理出水水质达标。

（2）运行成本。城市污水处理厂的运行成本主要包括电耗、人员工资、管理费等，其中电耗在城市污水处理运行成本中占比最大[13]。目前，我国城市污水处理厂电耗占全国总电耗的0.26%，吨水耗电量是发达国家的近两倍，运行管理人员数是发达国家的若干倍，不仅增加了污水处理成本，还严重影响了城市污水处理效率，限制了我国城市污水处理能力的提高[14,15]。此外，城市污水处理厂涉及的过程操作环节较多，包含多个运行参数，均需进行及时的调整才能满足污水处理需要，运行参数调整不当易导致污水处理异常工况的发生。为了缓解这一问题，我国城市污水处理厂不断引入过程控制技术，不仅降低了污水处理成本，还提高了城市污水处理效率。

1.2　城市污水处理过程运行特点分析

城市污水处理过程控制需要结合不同工艺结构以及不同控制环节的特点设计

相应的控制方法，本节结合城市污水处理过程运行工艺及机理，分析不同污水处理工艺对过程控制方法的需求，总结控制方法设计与实现的关键因素，归纳城市污水处理过程的相关可控变量。

1.2.1　城市污水处理过程运行工艺

城市污水处理过程运行工艺是实现污水处理功能的基础，也是选择和实施城市污水处理过程控制技术的重要依据之一。目前我国城市污水处理厂应用最广泛的城市污水处理工艺为活性污泥法工艺，该工艺由英国的 Edward Ardern 和 William T. Lockett 于 1914 年提出[16]。活性污泥法工艺主要通过有效的曝气、回流以及加药等运行操作，利用活性污泥微生物分解污水有机物和无机物，同时能去除被活性污泥吸附的悬浮固体和其他一些污染物，具有出水水质好、运行成本低等优势。

随着居民生活及工业生产对污水处理出水水质要求的不断提高，活性污泥法工艺不断完善，经过 100 多年的发展和改良，已衍生出多种不同类型的活性污泥法工艺，主要包括序列间歇反应器(sequencing batch reactor，SBR)工艺[17]、厌氧-好氧(anoxic-oxic，A/O)工艺[18]及厌氧-缺氧-好氧(anaerobic-anoxic-oxic，A^2/O)工艺、氧化沟工艺[19]等，每类活性污泥法工艺都具有其自身的特点以及相应的控制目标，具体介绍如下。

1. SBR 工艺

SBR 工艺是一种按间歇曝气方式来运行的活性污泥污水处理方式，由进水、曝气反应、沉降、出水、消毒等多个处理环节组成[20]。SBR 工艺在好氧条件下使用活性污泥微生物对污水中的有机物、氮、磷等污染物进行有效的降解，直至出水水质达标。SBR 工艺具有流程简单易操作、造价低、涉及的相关设备较少且便于维护管理等优点，同时具有良好的脱氮除磷效果，对水质、水量的波动具有较强的适应性[21]。但是其在使用过程中也存在稳定性差、容易发生污泥膨胀和污泥流失等缺点。因此，SBR 工艺需要通过调节曝气与回流，克服水量、水质的波动及干扰等影响，强化脱氮除磷效果，抑制污泥膨胀等异常工况的发生。

2. A/O 工艺

A/O 工艺是将前段缺氧段和后段好氧段进行串联的污水处理工艺，其中，在缺氧段使用活性污泥中的异养菌将污水中的有机物水解为有机酸、小分子有机物以及可溶性有机物等；在好氧段通过调节溶解氧浓度为好氧菌创造良好的生长环境，从而进一步降解有机物[22]。A/O 工艺不仅能够有效降解有机物，而且能够有效脱氮除磷，具有污水处理效率高、流程及其环节设置简单、污水处理费用低等优势，缺氧反硝化对有机物具有较高的降解效率、耐负荷冲击能力强且容积负荷高。A/O 工艺通常控制曝气过程、回流过程以及碳源添加等环节，保证生化反应微生物的活性，维持出水水质达标。但由于运行成本较高，需要实施优化调控，以实现污水处理过程出水水质达标、节能降耗的双重目标。

3. A^2/O 工艺

A^2/O 工艺是通过厌氧区、缺氧区和好氧区的组合以及不同的污泥回流方式来去除水中氮、磷等有机污染物的污水处理工艺。A^2/O 工艺主要利用曝气、内外回流比、停留时间以及碳源等多环节控制系统，达到稳定的脱氮除磷效果。A^2/O 工艺具有污染物去除效率高、运行平稳、耐冲击负荷、污泥沉降性能良好、不易发生污泥膨胀现象等优点[23]。然而，A^2/O 工艺运行费用高于普通活性污泥法，且运行管理要求高。

4. 氧化沟工艺

氧化沟工艺是污水和活性污泥在曝气渠道中不断循环流动的一种污水处理工艺，适用于硝化-反硝化的脱氮生物处理。相比于 A/O、A^2/O 等活性污泥法工艺，氧化沟工艺省略了初沉池、污泥硝化池，以及二沉池等工艺环节，具有单元组合简单的优势，但对生物处理系统的曝气过程要求十分严格，一旦调控失当则易产生污泥膨胀、污泥上浮、污泥沉积等问题[24,25]。因此，曝气调控对氧化沟污水处理运行十分关键，将决定污水处理过程运行工况是否稳定以及出水水质是否达标等。

1.2.2　城市污水处理过程运行机理

1. 城市污水处理过程处理环节

城市污水处理过程通常包含一级、二级和三级处理环节[26]，如图 1-2 所示。

1）一级处理

一级处理包括格栅、泵房、初沉池等环节，主要是将污水中的固体污染物、油、沙、硬粒以及其他颗粒大、易沉淀的物质清除，同时去除约 30%悬浮物和约 50%生化需氧量。一级处理涉及泥沙沉降分离等物理过程。

2）二级处理

二级处理包含生物处理单元和二沉池，生物处理单元主要包括厌氧池、缺氧池以及若干曝气池(好氧池)，其功能是将有机物、富营养物质进行降解，形成污泥，并在二沉池中将泥水混合物进行沉降、分离等。二级处理主要涉及复杂的生化反应过程，能够去除该阶段污水中约 95%生化需氧量。

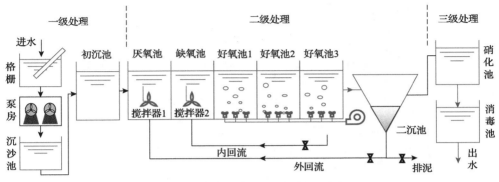

图 1-2　城市污水处理三级处理过程

3) 三级处理

三级处理包含硝化池、消毒池等单元，主要采用混凝沉淀、砂滤、活性炭吸附、离子交换和电渗析等方法去除污染物，进一步降低生化需氧量、悬浮物等污染物的含量。三级处理主要涉及物理化学反应。

2. 城市污水处理过程生物处理单元运行机理

生物处理单元是城市污水处理过程去除污染的核心区域，不仅涉及硝化-反硝化、聚磷-释磷等化学反应，还包括微生物大量增殖、氧化、分解有机污染物等生物过程。为了便于介绍污水处理过程机理，这里以 A/O 工艺为例，分析生物处理单元运行机理及其动力学表达方法。

1) 生物处理单元运行机理

A/O 工艺中的污染物去除过程通常需要经历缺氧、好氧等阶段。为了强化污染物去除效果，一些 A/O 工艺则由缺氧、好氧几个阶段交替组合而成。该工艺主要涉及生物脱氮、生物除磷以及含碳有机底物分解，其中生物脱氮、生物除磷过程是确保出水水质达标的关键过程，涉及复杂的生化反应机理[26]，具体如下。

(1) 生物脱氮过程。

生物脱氮过程包含硝化和反硝化过程，如图 1-3 所示。在有机氮转化为氨氮的基础上，首先在生物处理单元中利用硝化细菌和亚硝化细菌的硝化作用，将氨氮转化为亚硝态氮和硝态氮；其次在缺氧条件下通过反硝化作用将硝态氮转化为氮气，以气体形式溢出水面，使污水中含氮物质大量减少，达到脱氮的效果。

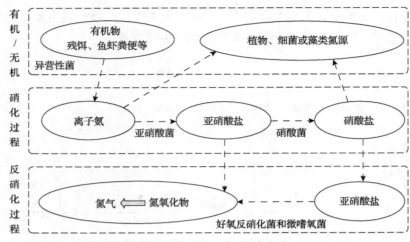

图 1-3　A/O 工艺生化反应单元生物脱氮的硝化与反硝化过程

在生物脱氮的各阶段，泥水混合物中的溶解氧浓度、底物浓度、硝态氮浓度等对硝化和反硝化影响较大，因此需要根据泥水混合物中微生物的状态、调控回流量、停留时间以及溶解氧浓度等关键变量，有效平衡硝化和反硝化过程，实现脱氮效率的最大化。

（2）生物除磷过程。

生物除磷过程是把水中溶解性磷转化为颗粒性磷，实现污水中磷和水的分离[27]，如图 1-4 所示。在生化反应过程的厌氧段，聚磷菌的生长受到抑制，使其

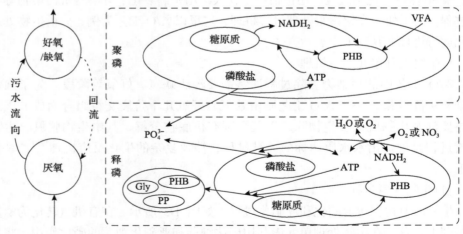

图 1-4　A/O 工艺生化反应区生物除磷的聚磷和释磷过程

NADH₂-烟酰胺腺嘌呤二核苷酸的还原形式；ATP-腺嘌呤核苷三磷酸；PHB-聚羟基丁酸；

VFA-挥发性脂肪酸；Gly-甘氨酸；PP-聚丙烯

生长时释放出自身的聚磷酸盐，实现磷的释放。当污水进入生化反应段的好氧区后，聚磷菌在有氧环境下进行新陈代谢，充分利用基质，并吸收大量溶解态的正磷酸盐，完成聚磷过程。在排放剩余污泥阶段，含磷微生物也随之排放，从而将吸收大量磷的微生物从污水中去除，达到除磷的效果。

生物除磷过程中的溶解氧浓度、碳源和营养物等过程变量与除磷效果密切相关。因此除磷过程需要根据微生物状态、调控回流量、停留时间以及溶解氧浓度等关键变量，保持释磷和聚磷过程效果，从而实现除磷效率的最大化。

2）运行过程动力学表达

依据上述生物脱氮过程机理，生化反应区硝态氮、溶解氧以及生物量之间的动力学模型可以描述为[27]

$$\begin{cases} \dfrac{\mathrm{d}S_{NO}(t)}{\mathrm{d}t} = -\dfrac{1}{Y}\mu(t)X(t) + [S_{NO,in}(t) - (1+\omega(t))S_{NO}(t)]D(t) \\ \dfrac{\mathrm{d}S_{O}(t)}{\mathrm{d}t} = -\dfrac{K_0}{Y}\mu(t)X(t) - D(t)(1+\omega(t))S_{O}(t) \\ \qquad\qquad + K_L a(t)(S_{O,S} - S_O(t)) + S_{O,in}D(t) \\ \dfrac{\mathrm{d}X(t)}{\mathrm{d}t} = \mu(t)X(t) + D(t)(1+\omega(t))S_O(t) - rX_r(t)D(t) \\ \dfrac{\mathrm{d}X_r(t)}{\mathrm{d}t} = D(t)(1+\omega(t))X(t) - D(t)(\zeta(t)+\omega(t))X_r(t) \end{cases} \quad (1\text{-}1)$$

其中，$S_{NO}(t)$、$S_O(t)$、$X(t)$ 和 $X_r(t)$ 分别为硝酸盐、溶解氧、生物量、回流生物量在 t 时刻的浓度；$\omega(t)$ 和 $\zeta(t)$ 分别为 t 时刻硝酸盐和溶解氧的渗透系数；$S_{NO,in}(t)$ 和 $S_{O,in}(t)$ 分别为进水硝酸盐和溶解氧在 t 时刻的浓度；$\mu(t)$ 和 Y 分别为微生物生长速率和微生物规模；K_0 为常数；$S_{O,S}$ 为最大溶解氧浓度；$K_L a(t)$ 为 t 时刻的氧传递系数；$D(t)$ 为 t 时刻的稀释率，并与 t 时刻的内回流量呈线性关系。此外，依据质量平衡关系[28-31]，好氧池中的溶解氧浓度动力学表达为

$$\frac{\mathrm{d}S_{O,v}(t)}{\mathrm{d}t} = \frac{Q_{v-1}}{V_v}S_{O,v-1}(t) + r_v + K_L a_v(t)(S_{O,sat}(t) - S_{O,v}(t)) - \frac{Q_v}{V_v}S_{O,v}(t) \quad (1\text{-}2)$$

其中，$S_{O,v}(t)$ 和 $S_{O,sat}(t)$ 分别为第 v 个好氧池中的溶解氧浓度和溶解氧浓度的饱和值；Q_v 为第 v 个好氧池的污水流速；V_v 为第 v 个好氧池的容积；r_v 为第 v 个好氧池微生物呼吸速率；$K_L a_v(t)$ 为第 v 个好氧池内氧传递系数。依据式（1-1）和式（1-2），生化反应区的动力学过程可以运用一阶线性、一阶导数等组合公式进行表达，能充分反映不同变量和参数之间的关系。

1.2.3　城市污水处理过程运行特征

城市污水处理过程存在多个流程，且流程的运行单元各不相同，单元内又承载着微生物降解污染物的生化反应过程，通常具有显著的非线性、时变、耦合等特征，如下所述。

1. 非线性特征

依据城市污水处理机理分析，城市污水处理过程生化反应动力学呈现非线性特征，变量与变量之间关系常采用高阶、指数、多元等方程进行描述。例如，国际水质协会提出的活性污泥 1 号模型（activated sludge model No.1, ASM1）、活性污泥 2 号模型（activated sludge model No.2, ASM2）以及其他衍生的机理模型[32,33]。这些模型运用大量的一阶导数、指数以及多元方程式表达过程变量、水质参数、工况因素等之间的非线性关系[34-36]。

2. 时变特征

城市污水处理过程进水流量、进水成分等均随着时间变化而变化，同时生化反应进程也均与时间相关[37-39]。此外，城市污水处理过程曝气、排泥以及加药等过程随着运行状态和工况变化进行调整。因此，城市污水处理过程控制需要不断提取过程时变特征，获取实时调控目标，实施可靠的控制策略，确保出水水质实时达标[40-42]。

3. 耦合特征

城市污水处理生化反应过程较为复杂，例如，脱氮除磷过程、脱氮的反硝化过程以及释磷过程将同时在曝气区发生，溶解氧浓度将直接影响脱氮除磷效果，如果溶解氧浓度过高，虽然可以改善硝化效果，但会造成除磷能力下降。因此，城市污水处理脱氮除磷过程是相互影响和耦合的[43-45]。

4. 可调控变量有限

城市污水处理过程可调控变量有限，仅仅包括溶解氧浓度、内回流量、外回流量等，进水水量与水质的变化以及温度等均无法进行调控。因此，需要调控有限的可调控变量为生化反应过程创造良好的污染物去除环境[46-48]。

5. 多干扰特征

城市污水处理过程是一个多干扰的过程，不仅包含了进水冲击、温度差异以及水质成分变化等外部扰动，同时包括活性污泥不同菌群的生长速率以及硝化速率等内部扰动，这些干扰均对污水处理效果产生影响[49-51]。

此外，由于城市污水处理过程进水流量、进水成分、污染物种类、有机物浓度波动较大，且都是被动接受，受天气变化、操作条件等因素的直接影响，系统始终工作在非平稳状态[52,53]。因此，城市污水处理厂通过调控过程参数，获取最佳的污水处理运行状态是十分困难的[54,55]。

1.3 城市污水处理过程控制研究现状

城市污水处理过程控制是通过调节微生物生长环境，促进其新陈代谢，提高污水处理系统的运行效率，保证出水水质符合排放标准[56]。围绕城市污水处理过程控制问题，国内外学者研究出了一系列针对污水提升泵站、生化处理单元以及污泥处理单元等的控制方法。其中，生化反应池过程调控最为复杂，也是城市污水处理过控制领域研究的热点和难点。生化反应池中对溶解氧浓度、氧化-还原电位等过程变量的调控将直接影响生化反应微生物的活性和生长状态，改变水质各组分浓度[57]。因此，为了实现出水水质实时达标，生化反应过程控制系统的性能要求极为严格，不仅需要获取生化反应的实时状态，还要采取合适的过程控制方法完成过程变量的有效控制，达到运行过程期望的控制目标。经过多年的发展，学者已经分析和研究了大量的城市污水处理过程控制方法，部分控制方法已经成功应用于实际城市污水处理厂，如图 1-5 所示。城市污水处理主要过程控制方法不仅包括前馈/反馈控制、比例-积分-微分（proportional integral derivative, PID）控制等经典控制方法，还包括神经网络控制、模糊控制、滑模控制和模型预测控制（model predictive control, MPC）等先进控制方法[58]。

1.3.1 城市污水处理过程控制研究意义

自 20 世纪 70 年代开始，城市污水处理过程控制开始得到世界各国的重视，美国、瑞典、日本等发达国家积极开展城市污水处理过程控制方法与技术的相关研究工作，一些成果已在知名城市污水处理厂中得到应用[59,60]，取得了较好的应用效果，例如，瑞典隆德市的 Källbay 污水处理厂对生化反应区曝气执行控制，不仅出水水质能够达标，而且可以节约 28%左右的曝气能耗[43]；丹麦奥胡斯市政府的中心城市污水处理厂安装了自动化仪器设备，实现了对曝气和回流等过程的控制，减少了污水处理厂的运行管理人员，提高了污水处理效率；日本横滨城市污水处理厂对生化反应过程的溶解氧、硝酸氮和氨氮浓度进行控制，使城市污水处理能力提高了 25%[43]。发达国家的实践证明，对城市污水处理厂实施先进的控制不仅能够提高城市污水处理效率，而且也能改善城市污水处理能力，提升城市污水处

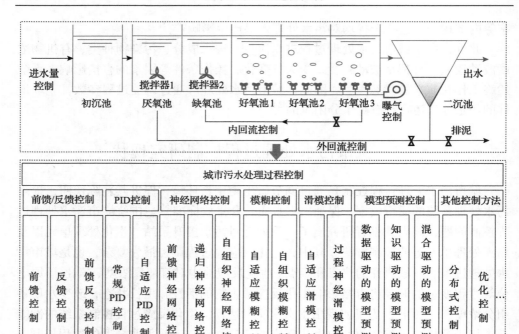

图 1-5　城市污水处理主要过程控制方法

理技术水平。在国内的城市污水处理厂中，前馈控制、PID 控制等控制方法已经广泛用于实现城市污水处理过程泵类、风机、阀门的控制，取得了较好的应用效果。随着国家推行绿色生产和环保政策，城市污水处理标准提高，城市污水处理过程控制方法和技术仍需要不断改善和提高性能，满足较高的污水处理效果及生产效益等需求。因此，研究和实施城市污水处理过程控制，实现高效、稳定、达标运行是未来城市污水处理厂发展的必然趋势[61-66]。

　　城市污水处理生化反应过程极其复杂，过程参数随时间呈动态变化，运行工况受极端天气、极不稳定进水流量、污水浓度等条件变化，具有明显的不确定性和时变特性，其运行工况是非平稳和多变的，仅仅依靠人工经验难以实现城市污水处理过程控制[67,68]。面对城市污水处理的复杂和非平稳特征，国内外研究学者提出了一系列先进的控制方法，克服了不同污水处理特征引起的污水处理控制难题，提高了城市污水处理过程的精细化控制水平。随着全国各地城市污水处理过程建设规模的不断扩大，城市污水处理过程控制方法面向大规模、多任务、多指标、复杂工况环境，需要呈现更加可靠和稳定的控制性能[69]。此外，依据未来城市化发展要求，城市污水处理过程控制需要推动城市污水处理厂走向信息化和智能化[70-72]。因此，系统阐述城市污水处理过程控制理论和方法，在原有理论基础上完善城市污水处理过程控制方法应用体系，并根据实际需求研究出行之有效的控制策略具有极大的价值。

1.3.2　城市污水处理过程控制方法研究现状

　　城市污水处理过程控制方法通常是根据控制方法的特点、适用范围以及应用对象控制需求而选取和设计的，其中简单且高效的控制方法如 PID 控制方法，稳定且应用设置简单的控制方法如滑模控制方法。针对难以建立有效的数学模型和用常规的控制理论无法进行定量计算和分析的复杂系统，模糊控制、神经网络控制等智能控制方法是较好的选择[73-76]。此外，一些研究学者采用复合方法设计，实现城市污水处理过程部分处理单位的高性能控制，如模型预测控制结合神经网络算法，不仅解决了对象模型难以建立的问题，同时还能保持模型预测控制本身能够处理过程控制约束的性能等[77-79]。本节针对城市污水处理过程控制方法的类型、特点、设计等内容进行阐述。

　　1. 城市污水处理过程前馈/反馈控制

　　城市污水处理过程前馈控制方法的结构如图 1-6 所示，该控制方法仅需要运用监测装置估计干扰信息，并对输入信息进行补偿，从而获得控制信号，前馈控制方法在城市污水处理过程应用中能克服扰动对被控制变量的影响。因此，当城市污水处理过程存在进水水量、水质成分波动等干扰时，简单且可操作性强的前馈控制方法是较好的选择[80-82]。

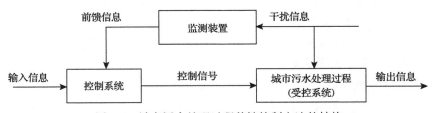

图 1-6　城市污水处理过程前馈控制方法的结构

　　前馈控制方法在城市污水处理过程控制领域已经得到了大量研究和应用。例如，Duzinkiewicz 等[83]提出了一种结合前馈信号和惩罚项的非线性预测控制器，用于调控城市污水处理过程中的曝气过程，该控制器能够利用进水流量作为前馈信号，预测该信号对污水处理过程的作用，获取控制律的惩罚项，克服进水扰动的影响，确保污水处理过程的稳定运行，维持较好的污水处理效果。Refsgaard 等[84]应用前馈过程控制策略控制城市污水处理厂进水毒性污染物水平。该策略通过测定活性污泥呼吸速率确定进水毒性物质浓度，解析毒性污染物对微生物状态的影响，并应用前馈控制避免污水处理系统污泥中毒，保持较好的污水处理效果。Corder 等[85]设计了一种前馈控制策略，用于补偿活性污泥法工艺中生物负荷的干扰。该策略根据生化反应池内的生物负荷和鼓风机空气流量预测曝气池末端的溶解氧浓度，利用曝气过程化学反应方程式和拉氏变换计算前馈控制律。仿真实验结果显示该控制策略使曝气量减少了 20%，显著地降低了污水处理运行费用。王丽娟[86]利用前馈控制方法实现对溶解氧浓度的控制，该方法通过分析活性污泥工艺中溶解氧浓度对微生物活性和微生物浓度的影响，提取底物浓度、微生物浓度和溶解氧浓度的生化反应关系式，计算出曝气量的在线控制律。应用结果显示该方法能有效克服干扰对控制性能的影响。虽然城市污水处理过程前馈控制能够克服部分扰动和异常工况的影响，适用范围较为广泛，但对过程机理模型精确性要求极高，且需要不断设置控制参数，对于干扰较大的污水处理单元，难以保持较好的控制效果[87]。

　　相比于前馈控制方法，反馈控制方法是利用反馈信息与输入信息之间的偏差进行控制，也是一种带有反馈的闭环控制形式，控制方法结构如图 1-7 所示。它具有抑制内、外扰动对系统被控量产生影响的能力，可以显著改善控制精度[88-90]。Vrečko 等[91]将氨氮反馈控制器应用于瑞典的大型污水处理厂中，该控制器有助于提高城市污水处理过程脱氮效果，确保出水氨氮稳定达标。Serhani 等[92]提出了一种基于污水循环率的鲁棒反馈控制器，将污水处理生化反应段的污染物浓度控制在最大浓度限制值以内。Mandra 等[93]提出了城市污水处理过程溶解氧浓度的输出反馈预测控制方法，该方法基于过程机理的分析结果，建立污水处理过程溶解氧浓度预测的状态空间模型，设计出溶解氧浓度输出反馈预测控制器，利用反馈校正补偿过程受干扰而产生的偏差，实现对溶解氧浓度的准确跟踪控制。然而，反馈控制的反馈信息获取过程易发生时间延迟问题。针对该问题，Chistiakova 等[94]研究了反馈滞后补偿控制策略。该策略通过建立基于生化反应机理的哈默斯坦模型描述曝气池内的溶解氧动态，同时在反馈控制策略中运用线性滞后补偿方法确保滞后状态的完全补偿。采用基准模型进行验证，结果显示反馈滞后补偿的控制策略能够实时跟踪控制溶解氧浓度。

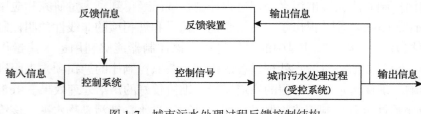

图 1-7　城市污水处理过程反馈控制结构

　　前馈反馈控制方法具有前馈控制和反馈控制的双重优势，控制方法如图 1-8 所示。前馈反馈控制既接收反馈信息，同时也接收干扰信息作为前馈信号。从前馈控制角度看，由于增加了反馈控制，降低了对前馈控制模型精度的要求，并能对没有测量的干扰信号进行校正，可以改善控制偏差。例如，Chakravarty 等[95]设计了溶解氧浓度前馈反馈跟踪控制器，在控制器的前馈部分中加入静态物理模型，用于获取过程运行状态，控制器的反馈部分用于近似计算补偿控制律。溶解氧浓度控制仿真实验结果表明，前馈反馈控制能够较好地克服扰动和控制偏差。针对上流式固定床厌氧硝化池的曝气系统，V á zquez-Méndez 等[96]提出了一种线性前馈反馈控制方法，该方法能够处理机理模型中不确定的动力学项，并抑制来自进水成分波动的干扰，验证结果表明线性前馈反馈控制提高了系统的闭环控制性能。Qiu 等[97]利用基准仿真平台对常规溶解氧浓度的设定点控制、串级溶解氧浓度设定点控制和前馈反馈设定点控制三种不同控制策略进行了测试和评价，结果显示前馈反馈控制策略在满足出水标准、降低运行成本方面优于其他控制策略。Rieger 等[57]研究了氨氮浓度的前馈反馈控制方法，研究结论显示前馈控制在污水处理过程存在显著进水干扰时具有较好的控制效果，反馈控制在污水处理过程状态平稳时，既能将曝气量控制在既定范围内，又能抑制出水氨氮浓度超标。在具有复杂生化反应的城市污水处理过程中，工况条件和操作条件的变化往往引起内部状态的波动，尤其是面对恶劣的处理环境，上述前馈反馈控制方法仍然难以适应，需要现场操作员不断设置与调试才能实现控制任务[98-100]。因此，反馈和前馈控制环节往往和其他控制方法结合，以获得更优的城市污水处理过程控制性能。

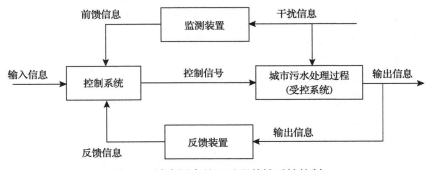

图 1-8　城市污水处理过程前馈反馈控制

2. 城市污水处理过程 PID 控制

　　PID 控制是一种基于误差计算的控制方法[101]。该控制方法的结构如图 1-9 所示，主要借助反馈信息与输入信息的差值，并运用比例、积分和微分环节计算出控制方法的控制律。PID 控制具有结构简单、鲁棒性和适应性较强等优点[102-104]。

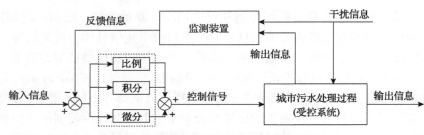

图 1-9 城市污水处理过程 PID 控制结构

目前 PID 控制方法在城市污水处理过程中广泛应用。例如，Du 等[105]运用串级 PID 控制方法实现了城市污水处理厂的溶解氧浓度控制，模拟实验结果显示该控制方法能够有效跟踪控制溶解氧浓度。Kang 等[106]针对进水负荷波动较大情况下溶解氧浓度难以控制的问题，设计了 PID 控制策略，实现了对溶解氧浓度的稳定跟踪控制。此外，PID 控制方法还被运用于城市污水处理过程加药与回流控制中，但该控制方法存在难以跟随污水处理运行状态设置控制器参数的问题。围绕该问题，Kim 等[107]提出了一种基于在线过程辨识的自调整 PID 控制器，该控制器使用二阶时延模型调整 PID 参数，在进水水量和水质波动情况下仍能取得较好的控制效果。Yoo 等[108]利用积分变换方法将溶解氧浓度动力学过程近似为高阶模型，并将其简化为一阶时滞模型，用于整定 PID 控制器的参数，该方法根据城市污水处理实时状态自适应调整控制律，促使控制器能有效跟踪控制设定点。Rodrigo 等[109]在活性污泥法曝气系统的控制过程中，应用误差积分准则算法对 PID 控制器参数进行调节，在溶解氧浓度控制中取得了较好的控制效果。Tang 等[110]采用自适应模糊 PID 控制方法对溶解氧浓度进行控制，利用模糊集对系统的性能进行优化，获得了 PID 参数的最优值。此外，PID 控制被应用于城市污水处理多变量控制。例如，Wahab 等[111]提出了一种多变量自适应 PID 控制方法，基于改进型 ASM1 求取多变量自适应 PID 控制律，实现了第二、第四和第五分区的溶解氧浓度控制，平衡了硝化和反硝化过程，提高了污水处理过程的脱氮效果。Vaiopoulou 等[112]提出了一种城市污水处理过程多维度评价指标，优化获取了溶解氧和硝态氮浓度的设定值，并利用 PID 控制器实现了溶解氧和硝态氮浓度优化设定值的跟踪控制，节能效果显著。由此可见，当前城市污水处理 PID 控制方法应用广泛，不仅克服了参数难以设置的问题，同时能在单变量和多变量过程控制中发挥较好的控制性能。

3. 城市污水处理过程神经网络控制

城市污水处理过程是一个典型的动态非线性系统，一旦污水处理工况发生显著变化，前馈反馈控制和 PID 控制方法将难以获得理想的跟踪控制性能。神经网络控制方法具有学习和适应能力[113-116]，能够较好地适应城市污水处理过程时变、非线性等特征，已被广泛运用于城市污水处理过程中。

神经网络控制方法如图 1-10 所示，神经网络可实现对过程运行状态反馈信息、扰动信息等难以建立精确模型的复杂非线性对象的辨识，或直接根据状态反馈信息计算过程控制律的功能，获取控制信号[117]。例如，Lin 等[118]提出了一种神经网络非线性自适应控制器，该控制器采用径向基神经网络对污水处理过程中的不确定性动态进行了逼近，获得了城市污水处理过程溶解氧浓度控制律，仿真研究验证了该自适应控制器的有效性，与反馈控制、PID 控制相比，神经网络非线性自适应控制器具有更好的跟踪控制性能。此外，智能控制也广泛运用于城市污水处理过程多变量控制中[119-122]。例如，Zenga 等[123]提出了一种多变量神经网络预测控制策略，用于污水处理混凝过程、泥水回流过程以及曝气过程的控制。该策略通过表征污染物和化学剂量、回流以及曝气之间的非线性关系，设计出多输入多输出的多层前馈神经网络控制器，确保污水排放能够达到各项指标。Cristea 等[124]建立了人工神经网络模型，辨识城市污水处理过程多类有机物变化规律，并结合预测控制算法实现了城市污水处理溶解氧浓度和内回流量的控制。因此，神经网络控制适用于含有动态特征显著、过程机理不清等特点的污水处理单元控制，能够有效提升跟踪控制精度。

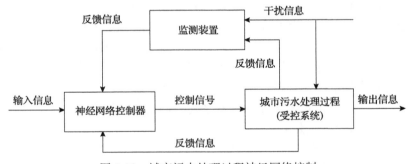

图 1-10　城市污水处理过程神经网络控制

4. 城市污水处理过程模糊控制

城市污水处理过程涉及变量较多且存在显著不确定性，往往难以正确地描述系统动态，传统的控制理论对确定系统有强而有力的控制能力，但对于过于复杂或难以精确描述的系统，控制器的控制性能难以满足要求[125]。因此，一些研究学者尝试使用模糊逻辑处理这些控制问题，形成了城市污水处理过程模糊逻辑控制。

城市污水处理过程模糊控制方法具有较强的容错能力，能够适应系统动力学、环境特征变化。例如，Yang 等[125]针对活性污泥过程设计了一种基于模糊逻辑的预测控制器。该控制器的使用效果显示其不仅能够克服扰动影响，精确跟踪控制设定，还可以保证污水处理出水水质达标率达到 95%以上。Zeng 等[126]利用模糊控制器来控制曝气量，利用模糊规则表达了污水处理过程的不确定性和非线性过程，提高了控制的鲁棒性和稳定性，该方法不但能够确定污水处理过程曝气量的大小，而且能够完成不同工况下污水处理环节曝气阀门的精确控制，提高了控制系统的可靠性。Brauns 等[127]通过获取污水处理过程实时参数，利用动态模糊控制方法实现了运行过程的精准控制，与常规的开关控制相比，此方法的溶解氧浓度控制精度大幅提高。Ruano 等[128]基于温度、pH 值、溶解氧浓度和氨氮浓度在线检测数据，提出了一种模糊优化控制方法，利用实时测量数据对污水处理操作变量进行实时优化，根据优化设定值对底层实施模糊控制，降低了污水处理能耗。针对城市污水处理过程存在的强干扰特征，张秀玲等[129]针对污水处理过程存在进水水质、流量等干扰因素，提出了一种扰动观测器与模糊 PID 结合的污水处理控制方法，该控制方法通过扰动观测器对控制过程常见的干扰量进行预测，并根据预测扰动信号在控制系统输入端进行有效补偿，达到抵消干扰的效果，实现了溶解氧浓度的鲁棒控制。

虽然模糊控制、神经网络控制能够较好地控制不确定动态系统，但在外界环境和操作条件变化时，这类智能控制方法存在信息表征不足或结构冗余现象，从而影响控制性能[130-133]。为了解决这一问题，一些研究学者提出了智能自组织控制方法，实现了控制结构和参数的动态调整，对具有显著时变特征的城市污水处理过程具有较好的适应能力[134-137]。例如，Huang 等[138]针对污水处理溶解氧浓度在工况波动较大情况下难以准确跟踪控制的问题，设计了自组织模糊控制器，该控制器利用生化需氧量预测值和设定值之间的偏差并基于模糊 C 均值聚类法动态调整模糊规则数，结果显示在晴天和雨天环境下控制器都保持较高的控制精度。Wan 等[139]针对污水处理过程不同温度下溶解氧浓度和回流量控制，提出了一种基于自适应神经模糊推理的预测控制方法，该方法包括一个自适应模糊预测模型和一个自适应模糊控制器，利用模糊减法聚类和主成分分析来确定预测模型的结构和控制器规则的维数。该方法能够适应不同温度的变化，保持高精度稳定控制。此外，还有一些学者通过设计自组织模糊 PID 控制[140]、自组织模糊神经网络控制[141]以及自组织神经网络模型预测控制等自组织控制方法对污水处理进行平稳精准控制[142]，提高了控制系统响应速率，改善了控制系统的跟踪控制精度[143]。

　　5. 城市污水处理过程滑模控制

　　城市污水处理过程通常具有显著的内部和外部扰动，为城市污水处理过程的稳定跟踪控制带来了挑战。作为一种有效的鲁棒控制方法，滑模控制(sliding mode control，SMC）及其衍生控制方法也广泛应用于污水处理过程控制中[144-146]。与其他控制方法的不同之处在于，SMC 可以在动态过程中根据系统当前的状态（如偏差及其各阶导数等）有目的地不断变化，迫使系统按照预定"滑动模态"的状态轨迹运动[147]。控制器的结构如图 1-11 所示，滑动模态可以进行设计且与对象参数及扰动无关，这使得 SMC 具有快速响应、对参数变化及扰动不灵敏、无须系统在线辨识和完整输入信息、物理实现简单等优点[148]。

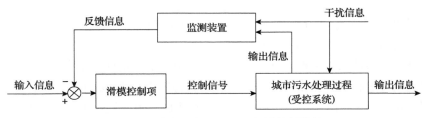

图 1-11 城市污水处理过程滑模控制结构

针对城市污水处理过程中存在强干扰的特点，Muñoz 等[149]运用 SMC 实现了悬浮式一体化脱氮过程中的溶解氧浓度控制。验证结果表明 SMC 不仅能够快速跟踪控制溶解氧浓度，而且具有良好的抗干扰能力。Mohseni 等[150]设计了一种改进型的 SMC，并在污水处理厂分批补料控制中应用。尽管污水处理过程存在干扰和模型不确定性，但改进型 SMC 方法仍然能够通过调整补料量，确保微生物生长在最佳临界值以内。Ding 等[151]采用动态 SMC 方法控制城市污水处理生化反应池内的生物量浓度。为了强化干扰抑制作用，动态 SMC 方法采用自适应增益提高了控制精度，且保持较好的鲁棒性。此外，文献[152]和[153]中还介绍了其他 SMC 策略用于抑制污水处理的不确定性和干扰。然而，SMC 的滑模面设计仍需获取扰动及其边界信息，否则需要设置较大的控制增益来保证控制精度，这易引起 SMC 的抖振现象，严重影响应用效果[154-156]。为了解决抖振问题，Baruch 等[157]提出了一种间接自适应 SMC 方法，用于调控污水处理厂的内回流量。该方法利用一个基于递归神经网络模型的状态估计器获取污水处理过程扰动信息，弥补 SMC 无法获取扰动边缘信息的缺陷，从而改善 SMC 的抖振现象，实验结果显示该方法不仅具有较好的平稳性，还具有较强的抗干扰能力。针对城市污水处理生化反应过程的生物量浓度控制，Shahraz 等[158]设计了一种模糊滑模控制方法，该方法利用过程的输入/输出数据，形成滑模控制律和补偿控制律，实现了控制变量的平稳跟踪控制。Chen 等[159]针对污水处理厂溶解氧浓度、硝态氮浓度等多个可控变量引入了自适应模糊滑模控制，该控制方法主要采用模糊推理对未知污水处理过程未知状态进行逼近，并利用 SMC 方法保证闭环系统的渐近稳定，仿真结果表明该控制方法具有较好的鲁棒性和平稳性。为了克服污水处理过程的未知干扰问题，

He 等[160]提出了一种基于观测器的污水处理生物滤池输出反馈线性化控制策略，该控制策略运用分布式参数观测器辨识未知干扰，以提高过程控制的鲁棒性。由城市污水处理过程 SMC 的研究可知，SMC 对加在系统上的干扰和系统内部的摄动具有完全的自适应能力，可为城市污水处理这一非平稳、不确定性系统的有效控制提供选择。

6. 城市污水处理过程模型预测控制

针对难以建立有效的数学模型且存在显著控制约束（如曝气实施存在约束范围）的城市污水处理系统，模型预测控制方法是较好的选择。模型预测控制具有控制效果好、鲁棒性强等优点，可有效克服过程中的不确定性、非线性和并联性，并能方便地处理过程被控变量和操作变量中的各种约束，已在城市污水处理过程中成功应用。此外，一些研究学者根据污水处理过程的特点，设计了基于模型预测控制（MPC）的复合控制方法，如 MPC 结合神经网络算法，不仅解决了对象模型难以建立问题，同时还保持了模型预测控制本身能够处理过程控制约束的性能。

MPC 是利用当前状态作为最优控制问题的初始状态，并通过预测模型预测系统未来状态求解的最优控制律，具体结构如图 1-12 所示。该控制方法的本质是一个开环最优控制问题，在解决模型失配和无模型问题上具有显著的优势，适用于解决污水处理过程精确模型难以获得的控制问题。例如，Shen 等[161]采用 MPC 的滚动优化策略及时补偿模型误差，实现了曝气池内溶解氧浓度的精确控制，确保出水水质控制在规定的范围内。Holenda 等[162]对城市污水处理厂好氧反应器的溶解氧浓度进行了预测控制，克服了模型误差对控制性能的影响，预测控制效果显示该控制方法能有效用于污水处理厂的溶解氧浓度控制。为了避免活性污泥模型误差影响控制性能，Santín 等[163]采用分级模型预测控制对需氧-好氧活性污泥法工艺的三个曝气池进行调节，分级模型预测控制方法在模型存在明显误差时，仍能够将各曝气池的溶解氧浓度控制在理想范围内。此外，围绕城市污水处理过程动态特征难以获取和显著的不确定性，且易引起控制输出波动的问题，Zhao 等[164]分析了控制输入和进水干扰输出的开环响应后，提出了基于非线性模型预测控制的反馈控制策略，设计了基于进水流量或氨氮浓度的前馈控制策略。基准仿真实验结果表明，在稳定和动态进水特性下，提出的控制策略均能保持理想的控制性能。Cristea 等[165]提出可溶性基质和溶解氧反馈-前馈-MPC。与传统控制或简单反馈 MPC 相比，反馈-前馈-MPC 设计能够克服模型误差、干扰等不确定性因素的影响。针对在负荷扰动较大时的关键过程变量控制，Francisco 等[166]提出了一种非线性 MPC-比例-微分控制结构，其中比例-微分控制用于主动约束控制变量，非线性 MPC 用于设定点跟踪控制。通过对控制方法的评估和测试仿真，结果显

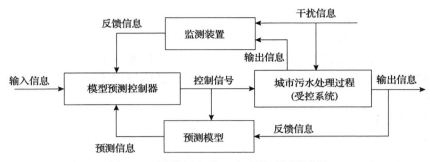

图 1-12　城市污水处理过程模型预测控制

示非线性 MPC-比例-微分控制在进水存在明显干扰时保持稳定的控制效果。为提高生物污水处理厂脱氮处理效果，Liu 等[72]提出了一种混合控制策略，该控制策略主要包含一个主外回路和一个副内回路，其中主外回路运用 MPC 控制器，副内回路运用 PID 控制器。结果显示混合控制策略能够快速消除干扰影响，平稳控制出水和最终缺氧反应器中的硝酸盐浓度。其他控制方法，如软切换模型预测控制(soft switching model predictive control, SSMPC)[167]、监督型模型预测控制(supervised model predictive control, SMPC)[168]，以及多模型预测控制(multi-model predictive control, MMPC)[169]等，在处理模型失配、干扰等问题的污水处理过程控制中均表现出良好的控制性能[170-173]。

7. 城市污水处理过程其他控制方法

除了上述过程控制方法，其他如自适应控制、分布式控制、优化控制等控制方法也被研究和运用于污水处理过程中，具体如下。

1) 自适应控制

自适应控制是根据控制对象本身参数或周围环境的变化，自动调整控制器参数以获得令人满意的控制性能[174]。由于污水处理过程运行状态难以辨识，自适应控制在使用过程中会结合状态反馈矩阵、状态观测器/估计器等方法获得过程状态的估计值，进而计算出有效的控制律。例如，Petre 等[175]提出了一种厌氧污水处理过程的鲁棒自适应控制策略。该控制策略将线性化控制律与区间观测器相结合，形成鲁棒控制结构，估计了不可测量状态的上下限，实现了污水处理溶解氧浓度的自适应控制。薄迎春等[176]提出了一种基于自适应动态规划的最优控制器，实现了溶解氧浓度和硝酸氮浓度的优化控制。Bechlioulis 等[177]设计了一种非线性自适应反馈线性化控制器。该控制器在线估计过程状态和相关变量，并自适应调整控制器参数。实验结果显示该控制器在过程存在测量噪声和动力学参数变化时，仍能保持有效性和显著的鲁棒性。范石美[178]将自适应控制方法应用到污水生化处理过程中,实现了对溶解氧浓度的控制。其中,对于一些不可以直接测量得到的重要过程参数,可以采用递推最小二乘法来估计得到,并设置一步预测输出为期望的输出,从而得到对溶解氧浓度的最小方差自校正控制方案。此外,自适应控制还能够结合模糊系统、神经网络等方法,形成自适应模糊控制、自适应神经网络控制等。

2) 分布式控制

分布式控制是对生产过程的信息/信号进行集中管理,形成有效控制决策后再分散控制各单元,可实现单元的信息共享与协同控制。污水处理过程是一个多单元系统,分布式控制能够有效实现多个工艺段、多个单元以及多个生化反应过程的协同控制。例如,Cembellín 等[179]提出了一种分布式模型预测控制策略应用于模拟下水道网络。Flores 等[180]运用分布式控制系统实现污水处理过程多个厌氧单元的控制。该控制系统运用远程信息采集系统获取过程信息,并利用专家系统获取准确的控制信号,最后将控制信号反馈给各厌氧单元,使得污水处理过程各厌氧单元均获得较好的控制效果。Lee 等[181]应用基于分布式参数模型的非线性控制方法,较好地控制了氮、磷营养物去除过程。与反馈控制以及常规 PID 控制等控制方法相比,该控制方法具有更高的控制精度。

3) 优化控制

优化控制是指在给定的约束条件下,建立一个理想控制系统,使给定的被控系统性能指标取得最大或最小值的控制。城市污水处理过程通常涉及多个运行指标,其中包括出水水质、曝气能耗、泵送能耗以及药耗。优化控制方法即可通过获取最优控制律,实现在污水处理出水水质达标的条件下运行能耗最小。例如,Guerrero 等[182]通过综合考虑运行能耗、运行风险和排放指标,提出了一种污水处理多目标优化控制方法,对外部碳源添加、溶解氧浓度和硝态氮浓度等变量进行控制,取得了较好的控制效果。Rojas 等[183]通过代化法建立能耗机理模型,获得了溶解氧和硝态氮浓度的优化设定值,采用反传控制方法完成了设定值的优化控制。Guerrero 等[184]设计了一种运行优化指标模型,实现了脱氮过程中溶解氧、氨氮和总磷浓度的优化,并利用模型预测控制方法实现了多个操作变量的跟踪控制。优化控制的思想是在优化指标下获得最优控制律,这与 MPC 思想具有一定的相似性,因此最优控制方法在应用过程中也出现与 MPC 相结合的案例。Henze 等[185]设计了一种污水处理分层优化控制结构,上层利用优化算法实现溶解氧和硝态氮浓度的实时优化,下层利用非线性模型预测控制方法进行优化控制,运行能耗降低约 20%,而且出水水质均能实时达标。优化控制中优化算法是获得最优控制律的关键,梯度法[186]、最小二乘法[187,188]以及粒子群优化算法[189,190]等在城市污水处理过程控制中得到广泛应用。

1.4　城市污水处理过程控制的挑战性问题

城市污水处理过程控制的设计与实现不仅需要从基本信息获取、控制器设计、控制参数校准以及方法的实施等方面进行分析和研究，还需要满足在多变工况条件下实现精准控制、平稳执行控制信号等需求，以确保城市污水处理过程控制始终保持较高的控制性能。因此，根据现有的过程控制方法以及城市污水处理过程的条件，设计出可靠的过程控制模型以及过程控制方法存在诸多挑战。

1.4.1　城市污水处理过程控制模型设计

城市污水处理过程控制需要控制模型对状态和水质信息的连续性监测，以便于参考状态信息对设备及时执行操作，完成预期的控制任务。控制模型一方面能够解析出变量之间的关联关系，为选择控制变量以及控制信号优化提供必要的依据；另一方面可以提供运行状态的反馈信息，为控制信号的计算提供信息基础。前者通常依赖于机理模型，后者则既可以通过机理模型也可以依据数据驱动模型。此外，由于过程控制对运行状态、关键水质参数等信息质量要求较高，需达到完备、实时和精准的标准，因此构建准确可靠的控制模型非常困难，具体如下。

1. 机理解析

城市污水处理过程具有不确定性、非线性的显著特点，表征该过程的主要参数，如温度、浓度、水质参数等，在污水处理过程各反应器中具有分布特性和非均匀性，事实证明传统的一维数学模型和简约的二维数学模型，以及三维数学模型均难以描述其内部的生化反应动力学与传递过程特征，使用广泛的活性污泥模型的参数假设条件难以成立，且在工况发生变化的情况下无法保持稳定的模型性能。因此，需要进一步解析不同工况下城市污水处理的运行状态与传递/反应过程中微观机理之间的关系。

2. 模型设计

城市污水处理过程机理模型是描述过程控制动力学的重要依据。然而，目前城市污水处理过程机理模型仍然以活性污泥模型为主，特定的控制过程，如曝气泵参数、回流泵参数等仍然缺乏模型描述，导致过程控制方法的验证与测试受到约束，无法在实际应用中得到推广应用。另外，城市污水处理过程精确的机理模型难以获取，借助神经网络、模糊系统等人工智能手段，结合过程数据，构建城市污水处理过程数据驱动模型过程是构建控制模型的重要选择。其中，在数据方面，城市污水处理过程的数据采样具有缺失、噪声以及多源等特征，利用过程数据建立一个准确的数据驱动模型是困难的。例如，现有数据建模方法需要无污染的数据或对预处理后的数据建模，否则模型参数受异常数据影响大，易发生模型失配现象；在模型载体设计方面，城市污水处理过程控制模型通常选用各具特点的载体，如回归模型、神经网络及支持向量机(support vector machine, SVM)等。针对模型载体结构调整，多数特征建模方法通过选定静态模型后就不再根据对象动态调整模型结构，导致模型在工况发生显著变化时难以维持可靠的性能；针对模型参数校正，大部分模型的参数需要通过初始化建立参数校正原点，再根据最小二乘法、梯度法等在线更新，但如何初始化参数，实现参数的快速稳定更新，避免出现局部极优等仍然是开放性的问题。

3. 模型评价的挑战

由于城市污水处理的不确定性、时滞关联和慢时变特性，模型的可靠性评价是模型可靠使用的前提。在多指标、多参数、多模型和工况不确定条件下，模型评价规则应具有关联性、有序性和灵活性特征，需要研究结构化甚至具有柔性结构的评价规则体系来判定模型是否准确反映工艺指标的状态和变化趋势，并根据量化置信指标决定是否需要进行校正及校正的内容。同时，需要研究根据城市污水处理过程数据对模型进行自学习校正的系统化方法，包括利用不确定性处理方法进行模型稳态检验，判断样本的有效性及能否用于模型的校正等。

1.4.2 城市污水处理过程控制方法设计

城市污水处理过程控制方法的设计任务主要涉及两个方面，一方面是依照控制对象特点与控制需求，设计一个合理的控制结构，确保控制器能够完成指定的控制任务，同时具备克服干扰、不确定性以及耦合特征的能力；另一方面是依据过程的动态信息，对控制器的结构和参数进行校正，以确保控制器能够跟踪控制目标轨迹。为了实现城市污水处理过程平稳精确的控制，控制方法的设计需要克服如下挑战。

1. 控制方法选择

目前城市污水处理领域仍然没有一套完美的控制方法完全满足污水处理在各工况下各个单元的控制需求，如何选择一套有效的控制方法需要根据方法特点和待控制单元的控制需求决定。但城市污水处理过程不仅涉及多个单元，而且还具有复杂的生化反应过程，各反应过程体现的特征也有所不同。例如，强化脱氮过程需要精细化调控污水处理过程硝化和反硝化过程,其中关于溶解氧浓度的控制，一方面需要避免溶解氧浓度过高对反硝化过程的干扰，另一方面需要稳定溶解氧浓度确保硝化过程的进程，根据该过程体现的扰动、时变及非线性等特征，选择合适的控制方法调控溶解氧浓度。因此，针对不同的运行工况下不同待控制单元，选择有效的控制方法是非常困难的。

2. 控制器设计

城市污水处理过程控制方法的实现需要计算出控制律并形成控制信号。控制律的计算则与控制器自身以及过程状态信息的反馈相关。为确保控制律能完全适配当前时刻的控制需求，需要根据过程状态信息有效地设置和校正控制器的结构和参数。然而，一方面城市污水处理是由多处理单元组合的过程，导致操作变量的控制受其他操作变量的状态与控制效果影响，依据简化流程和控制需求设计的控制流程与回路无法达到理想的控制效果；另一方面由于城市污水处理过程具有显著的复杂特征，构造的控制器往往涉及多个前馈、反馈等结构，还包含较多的可变参数和不变参数，根据污水处理过程运行状态信息设计和校正控制器结构和参数，保证过程控制的稳定性、超调量、稳态时间及控制精度等各类指标均处于较好的状态也是非常困难的。

3. 控制性能评价

常见城市污水处理过程控制性能的评价主要有动态性能评价和稳态性能评价，其目的是评价过程控制的性能优劣，发掘控制方法的潜能，实现生产过程的最大效用。控制性能评价的结果为控制器整定、过程控制应用过程的故障诊断等提供有效信息。控制性能评价主要有两种方式，一种是根据性能指标的实际值与理想值的差距，得出可变更的控制条件以确保控制器性能的最优。常见的可变控制条件包括设定值的改变、输出方差的减小以及约束的放宽等。另一种是先构造特定性能指标，如在系统非线性、振荡等某些特定情形下设定指标，再根据指标做性能分析等。如何利用这些方式评价和保障控制器性能是控制方法设计的难题。

根据以上列出的城市污水处理过程控制相关问题，本书将着重介绍过程控制模型与控制方法设计，其中在控制方法设计方面，将分析各类控制方法的特点与适用性，并在实际生产需求的基础上，给出各类控制方法的设计思路，以保障其应用过程中的控制性能。

第 2 章　城市污水处理过程控制基础

2.1　引　　言

城市污水处理过程控制是借助计算机系统和执行装备，按最佳值或设定值完成控制对象参数的自动调节，实现既定的控制目标。例如，城市污水处理过程曝气系统控制，主要通过对曝气泵的有效调控，实现对城市污水处理过程的过程控制，达到出水水质达标的目的。

城市污水处理过程控制方法设计是其实现成功应用的前提，通常过程控制的方法设计包含确定城市污水处理过程控制对象特点与控制需求、设计合适的控制架构、选择适当的控制方法、设计合理的控制回路、赋予有效的控制参数以及给定相应的控制目标等步骤。其中，控制的基本架构包括变量、参数以及控制执行的仪器装置等。根据不同的分类标准，常见的控制方式包括前馈控制、反馈控制、开环控制以及闭环控制等，这些控制方法不仅在城市污水处理过程得到广泛应用，同时在城市污水处理过程控制中以不同形式出现，展现出不同的功能特征，也适用于不同的应用场景。由于城市污水处理过程具有典型的不确定性、时变等特征，固定的控制结构无法解决实际城市污水处理过程中常见的不确定性问题，也难以适应工况的变化。因此，城市污水处理过程控制需要针对不同工况、不同操作变量特点及控制目标设计合理的控制方法。此外，城市污水处理过程作为典型的流程工艺，工艺过程单元之间联系紧密，涉及的生化反应过程复杂，提供信息和驱动生产的设备条件有限，对多个生化反应过程(硝化、反硝化、聚磷和释磷等)的控制问题，在城市污水处理过程控制领域一直备受关注，而通用的污水处理过程控制结构、方法设计等研究较少。

本章将以设计有效的城市污水处理过程控制器为目标，围绕城市污水处理过程运行的基本架构，介绍城市污水处理过程控制方法的基本组成，阐述城市污水处理过程控制的关键可控变量，分类介绍过程控制方法与特点，从而描述常见构成控制方法的设计思路与具体实施过程。此外，以城市污水处理实际应用为目标，介绍几类典型的城市污水处理过程控制单元，为城市污水处理过程控制的实施提供参照。

2.2　城市污水处理过程控制基本架构

常见的城市污水处理过程控制架构主要是根据经验确定，虽然能根据城市污水处理工艺及其所处状态，确定控制变量和相应的控制方法，但控制方法的选择与设计普遍趋于简化，易忽略过程扰动、耦合、时变等不同特征对过程控制的影响。例如，曝气过程控制较多采用前馈控制方法，通过测量污水处理过程溶解氧浓度的变化，获取补偿控制律，确保被调参数稳定在溶解氧浓度给定值附近动态变化。但污水处理过程特性随进水负荷变化而变化，对象动态特性多样性，难以测量，容易造成过补偿或欠补偿，控制结构中通常增加反馈环节减少控制误差。控制方法选择和设计不合理，将促使操作员运用结构复杂或者控制性能不足的控制方法，甚至无法给出能够解决对象控制问题的方案。因此，根据污水处理过程控制需求选择和设计开环、闭环等控制结构，获取一套适用的控制方法等是过程控制设计的重要环节。本节将从控制方法的基本组成、关键信息、可控变量及仪器装置等方面介绍城市污水处理中过程控制的基本架构，为过程控制方法的设计提供依据。

2.2.1　城市污水处理过程控制基本组成

根据控制对象和使用需求的不同，城市污水处理过程控制有不同的组成结构，但从功能角度看，如图 2-1 所示，城市污水处理过程控制一般由设定装置、校正装置以及执行装置等基本环节组成，具体如下所示。

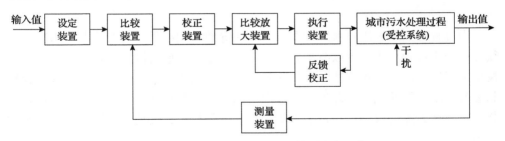

图 2-1　城市污水处理过程控制的基本组成

1. 设定装置

设定装置的功能是设定与被控量相对应的给定量，指导控制系统按照设定运动轨迹跟踪控制。通常要求给定量与测量装置输出的信号在种类和量纲上保持一致。城市污水处理过程的设定装置不仅需要满足既定的控制约束，如出水水质需实时达标，同时还需满足污水处理过程能耗最优等目标。

2. 比较装置

比较装置的功能是将给定量与测量值进行计算，得到偏差值，该偏差将被放大，并作为关键信息计算控制信号。比较装置的作用可以被常见的控制算法，如比例控制、比例-微分控制方法等代替。此外，偏差值可被视为控制性能指标之一，权衡控制输出能否稳定跟踪控制设定值，同样需要与变送装置输出的信号在种类和量纲上保持一致。

3. 执行装置

执行装置的功能是根据比较环节的输出信号，直接作用于被控对象上，以改变被控量的值，从而减小或消除偏差。城市污水处理过程执行装置类别较多，不同的执行装置性能不同，例如，曝气系统的两类执行装置，如变频装置及开度控制装置，能够接收控制信号，改变曝气泵的频率或者风机的阀门开度。因此，能否准确执行控制信号，还取决于执行装置的构造和运行方式。

4. 测量装置

测量装置的功能是检测被控量，并将检测值转换为便于处理的信号（如电压、电流等），然后将该信号输入到比较装置。城市污水处理过程检测信号需要经过仪器、仪表和相关的检测装置获得，并通过信号传输与转化后进入过程控制系统中获得应用。

5. 校正装置

当过程控制系统因自身结构及参数问题导致控制结果不符合工艺需求时，必须在系统中设置校正装置以改善装置及其相关参数，确保控制系统性能稳定可靠。校正装置通常内置校正算法，在接收系统偏差、校正指令等信号后，完成过程控制参数和结构等的调整。此外，当城市污水处理过程存在故障时，需要通过校正装置对出现故障的仪器、执行装置等进行有效的校正，促使过程回归正常的运行状态。

6. 被控对象

被控对象指控制系统中所要控制的对象，一般指工作机构或生产设备。它通常是过程控制系统实施控制的对象，也是过程控制系统中的主体。在城市污水处理过程中，被控对象一般为风机、泵等设备，这些设备均存在不同的工作特点。例如，风机的功率、输出风量以及溶解氧浓度之间的关系仍然存在复杂的非线性，因此对于风机的控制，需要运用机理分析以及辨识方法获取工作状态与控制输出之间的关系，计算非线性条件下的控制律。

此外，城市污水处理过程在面向多个不同环节进行控制时，城市污水处理过程控制还包含变送装置、调节装置等。

2.2.2 城市污水处理过程控制关键信息

城市污水处理过程控制各环节之间存在信息传递，信息顺利传递能够确保控制系统的不同装置稳定安全运行。通过城市污水处理过程控制的信息流可以分析控制系统的性能，辅助过程控制做出调整，确保控制输出能够实现预期目标。如图 2-2 所示，城市污水处理过程控制信息主要来源于被控对象、策略决策结果及控制信号等，具体如下。

1. 被控对象信息

被控对象信息主要是城市污水处理中曝气、回流、加药等与过程控制相关的信息，常见的信息包括关键被控设备如泵的运行频率、风机阀门开度等。被控对象信息可用于判断被控对象的初始状态以及随时间运行的轨迹，为控制信号的计算和获取提供信息。

2. 状态信息

状态信息的主要作用是为城市污水处理过程提供可靠的数据信息，完成相关变量数据信息变化或趋势的分析和判断，支撑控制系统决策控制措施。状态信息包含了关键水质信息、状态信息、工况信息等，相关信息的完备性和准确性将直接影响过程控制的效果。

3. 给定信息

给定信息主要是依据城市污水处理过程运行状态，确定控制策略，实现预期控制效果的信息。其获取过程包含了控制变量的选取、控制变量设定值的优化、某时刻过程所处工况的判断以及控制约束的提取等过程。为得到预期的控制效果，不仅需要对工况信息进行全面准确的分析，明确控制目标与控制约束，还需要通过可靠的优化方法计算控制变量的设定值。

4. 偏差信息

偏差信息是测得状态信息与给定信息之间的差值，偏差信息及其高阶导数值是计算过程控制律的主要依据。

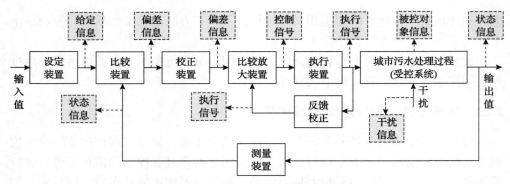

图 2-2　城市污水处理过程控制的关键信息

2.2.3　城市污水处理过程控制可控变量

城市污水处理过程控制的可控变量包括溶解氧浓度、内回流量、外回流比、水力停留时间与泥龄等。

1. 溶解氧浓度

溶解氧浓度为水体中游离氧的含量，在城市污水处理过程中分布不均。城市污水处理过程每个曝气池区域内的溶解氧浓度需求是不一样的，为了满足活性污泥在分解有机物或自身代谢过程中对溶解氧浓度的需求，需要将曝气池出水溶解氧浓度控制在合适的范围内，太高或太低均对污水处理过程及反应过程不利，尤其是当溶解氧浓度过高时，易造成能耗过高的问题[42]。因此，溶解氧浓度的有效调控是保持系统高效运行的关键步骤。

2. 内回流量

内回流是将处理后的污水回流至反硝化阶段，以增强反硝化脱氮效果。增大内回流量虽然可以提高污水处理过程的脱氮率，但增大内回流量不仅会增加运行费用，也将导致反硝化过程难以保持理想的缺氧状态，影响反硝化进程。城市污水处理过程需综合考虑进出水的水质、水量及运行费用等因素，适时调控内回流量，确保运行过程良好的脱氮效果。

3. 外回流比

可以短时间内将污泥回流至生化反应池内的缺氧池，为反硝化脱氮过程提供一定量的碳源。同时，回流的污泥可以为微生物的增长提供有效的载体，可充分发挥污泥的吸附、沉降性能，提高污染物的降解速率。外回流比是污泥回流量与曝气池进水量的比值，正常控制值在30%~70%，需要根据工况状态和生产需求实施调控。

4. 水力停留时间

水力停留时间通常根据不同运行工况下不同的进水水质、内循环比和回流比等因素进行选取，可以用于调节生化反应过程。水力停留时间在各类工艺污水处理过程中影响不同，例如，在 A^2/O 工艺中，较长的水力停留时间具有较好的脱氮效果，但水力停留时间达到一定值时对脱氮作用没有更显著的效果，且会增加污水处理费用。

5. 泥龄

泥龄是活性污泥在曝气池中的平均停留时间，也是生化反应阶段活性污泥的总量与每日排放的污泥量之比。控制泥龄是调节活性污泥系统中微生物种类的一种方法，不同泥龄可以改变活性污泥中微生物的比例。

其他重要可控变量还包括污泥负荷、加药量以及剩余污泥排放等，可控变量的调控是城市污水处理保持稳定达标运行的重要手段。

2.2.4　城市污水处理过程控制仪器装置

城市污水处理过程控制的仪器装置是由若干参与过程控制的元件构成的，如测量、显示、记录或测量、控制、报警等，相关装置主要包括信息采集仪器、信号执行装置与监控平台。信息采集仪器用于采集过程信息，包括状态信息、水质信息等；信号执行装置用于执行手动/自动化调整，以及控制信号，包括逻辑信号、电信号及开关信号等；监控平台负责过程信息传输与共享、处理与存储以及关键设备与装置的调控等。

1. 控制信息采集仪器

城市污水处理过程的信息采集主要是通过传感器、水质检测探头等装置获得关键水质参数和运行状态数据，为过程控制的性能评价、策略制定提供必要的依据。其中，常见的城市污水处理过程信息采集仪器主要有超声波液位计、流量计与变送装置、溶解氧计、氧化-还原电位计、污泥浓度计、电磁流量计和气体流量计等，以下介绍其中几种。

1）溶解氧计

溶解氧计主要是监测城市污水处理运行过程曝气池中的溶解氧浓度，在实际污水处理流程中，溶解氧计安装于生化反应区的好氧区内，对溶解氧的实际浓度进行实时检测。检测的数据结果将传输至上位机及可编辑逻辑控制器中，为曝气系统控制提供必要的信息依据。

2) 氧化-还原电位计

氧化-还原电位主要是监测城市污水处理运行过程微生物与氧元素之间关系的指标，氧化-还原电位值低，表明污水处理过程中还原性物质或有机污染物含量高，溶解氧浓度低，还原环境占优；氧化-还原电位值高，则说明污水中有机污染物浓度低，溶解氧或氧化性物质浓度高，氧化环境占优。氧化-还原电位计安装于生化反应池的缺氧区域及好氧区域临界面中，即可获取氧化-还原电位信息的具体数据，以该数据为基础能有效控制曝气泵的运行，提高污水处理效果。

3) 污泥浓度计

污泥浓度计主要用于监测城市污水处理运行过程生化反应池内的污泥浓度，是获取生化反应区生物量信息及微生物状态评价的重要指标。为了满足污水处理需求，技术人员将在线污泥浓度测量装置安装在该污水处理厂生化反应池中的好氧池内，然后通过测量的污泥浓度信息有效控制泥龄、内回流量等指标，改善污水处理过程除磷脱氮效果。

4) 电磁流量计

电磁流量计主要是监测城市污水处理运行过程的流量，在城市污水处理过程控制的实现过程中，操作人员接入的电磁流量计主要用于城市污水处理厂的剩余污泥流量、回流污泥量和进/出水水量等的监测。在实际应用中，操作人员在剩余污泥排放口及污泥回流前端安装电磁流量计之后，可结合仪表中显示的数据判断运行过程是否正常。

5) 气体流量计

气体流量计可以解决传统设备运行中潜水泵无法简单判断其是否在科学运行的难题。气体流量计安装过程简单，主要安装于生化反应池中的好氧池与曝气泵之间的空气管道中，使操作人员可以随时了解曝气泵向生化反应池提供的实际气量。

此外，上述仪器仪表的安置因安装位置和数量不同将获得不同的状态监测结果。因此，城市污水处理过程控制需综合考虑各类传感器的性能、价格以及各反应池之间的级联耦合关系，优化布置传感器的安装位置和数量，降低仪表的购置和维护成本，并保证最大限度地获得全面有效的过程信息。

2. 控制信号执行装置

城市污水处理执行装置能够有效调整过程工艺环节，辅助污水得到有效净化，使污水达标排放。常见的过程控制执行装置包括专用执行装置、通用执行装置及电器执行装置等。

1) 专用执行装置

专用执行装置包括表面曝气机、转刷曝气器、潜水推进器、立式搅拌机、刮沙机、污泥浓缩刮泥机、污泥硝化池搅拌设备、药液搅拌机等。

2）通用执行装置

通用执行装置包括各类污水泵、污泥泵、计量泵、螺旋泵、空气压缩机、罗茨鼓风机、离心鼓风机及各种电动阀门等。

3）电器执行装置

电器执行装置包括以上专用执行装置和通用执行装置的交直流电动机、变速电动机及启动开关设备、变配电设备等。

控制信号执行装置均能通过变频、阀门开度等调节方式进行控制，但城市污水处理过程中过程控制的实现对执行装置的性能要求较高，需要不断调节装置机构，这可能造成装置磨损及故障，并且需要及时维护或更换，间接提高了污水处理的耗费。因此，为了便于管理和使用，通常接入控制系统的执行装置数量是有限的。

3. 城市污水处理监控平台

城市污水处理监控平台主要是用于城市污水处理过程监测与调控，提高城市污水处理运行水平，保障出水水质达标排放。城市污水处理过程监控平台如图 2-3 所示。

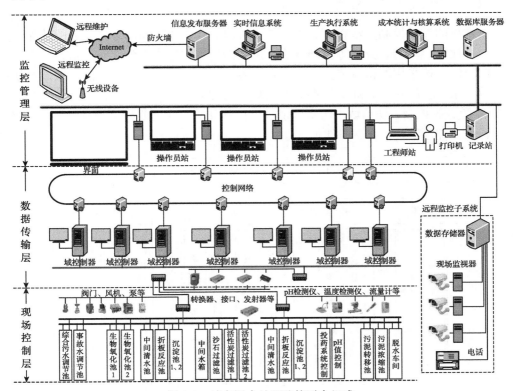

图 2-3　城市污水处理监控平台组成

　　城市污水处理监控平台可以分为现场控制层、数据传输层及监控管理层三层，其中现场控制层包含污水处理信息检测的仪器和仪表，以及过程调控的操作设备，主要功能是对自动控制过程中的信息进行获取，并执行过程控制信号；数据传输层的功能是保障现场控制与监控管理层之间的信息通信；监控管理层包括计算机、监控界面及操作员站等单元，主要负责过程控制的人机交互、信息的处理与共享等。平台作为生产过程控制与调度的重要工具，它不仅能够对现场的运行设备实施监视和控制，还可以实现数据采集、设备控制以及信号报警等功能。

2.3 城市污水处理过程控制方法概述

　　过程控制内部单元及关键信息需要能够顺利传递、控制方法需要能够达到性能指标等才能保证控制效果。常见的控制方法不仅具有不同的类别，其控制结果也各不相同，控制方法的设计较为灵活。本节将从城市污水处理过程控制方法的分类、设计与实现三个方面阐述控制方法的概念和内容。

2.3.1 城市污水处理过程控制方法分类

　　常见的过程控制方法较多，如图 2-4 所示。其中，按控制方法完成的功能来分，有比值、均匀、分程等控制方法；按被控参数的种类来分，有流量、浓度等控制方法；按采用的执行装置来分，有仪表过程、泵过程等控制方法；按被控量的数量来分，有单变量和多变量控制方法；按控制规律来分，有比例、比例-积分、比例-微分等控制方法。城市污水处理过程控制分类方式主要是按照对象特征、信号特征及控制结构特征，具体如下。

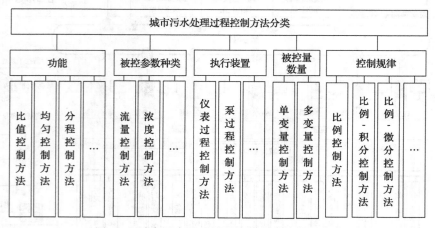

图 2-4 城市污水处理过程控制方法的主要分类

1. 基于对象特征的过程控制方法划分

按过程控制对象的特征划分，控制方法可分为以下两类。

1）线性控制方法

线性控制方法的特点是系统中所有元件都是线性元件，采用这类方法时可以应用叠加原理，方法的状态和性能可用线性微分方程描述。城市污水处理过程在简化处理时，通常选择线性控制理论和方法进行分析和设计，其主要优势是分析简单，内部变量之间关系相对明确，但针对城市污水处理这一复杂过程，线性控制方法通常难以满足控制需要。

2）非线性控制方法

非线性控制方法的特点是系统中含有一个或多个非线性元件，状态变量和输出变量相对于输入变量的运动特性不能用线性关系来描述。复杂的非线性过程通常选择非线性控制方法，因此非线性控制方法在城市污水处理过程中应用普遍。然而，非线性控制方法较为复杂，并且缺乏能统一处理的有效数学工具，要求解出控制方法的精确输出是非常困难的。

2. 基于信号特征的过程控制方法划分

依据信号特征，控制方法可分为以下三类。

1）恒值控制方法

恒值控制输入量为一恒定值，或在小范围附近不变。此外，控制方法的主要任务是克服各种内外干扰因素的影响，跟踪被控量恒定不变。城市污水处理厂中压力、流量、液位等参数的控制及各种调速方法均隶属于此类。例如，污水处理过程内回流控制方法可视为一个定值控制方法，通常回流泵的频率维持在恒定值。

2）随动控制方法

随动控制输入量是随机变化的，控制任务是克服一切扰动，使被控量快速随给定值而变化。例如，在生化反应区曝气和回流过程的自动控制中，一般要求回流量与硝态氮浓度成比例地变化，而曝气量是随溶解氧浓度而变化的，其变化规律是任意的。随动控制方法能够使曝气量、回流量自动调整大小，直至污水处理过程达到最佳的运行状态。

3）程序控制方法

程序控制输入量按预定的时间程序变化而执行工作。控制的目的是使被控量按工艺要求规定的程序自动变化。例如，污水处理过程排泥控制就按指定的程序自动地变化，控制方法按照给定程序自动工作，达到程序控制的目的。

此外，常见的过程控制方法分为连续控制方法和离散控制方法，这些控制方法的分类主要与城市污水处理过程实际工况条件及控制方法结构等因素相关。

3. 基于控制结构特征的过程控制方法划分

过程控制按结构等特点分类，控制方法可以分为开环控制、闭环控制、前馈控制、反馈控制以及前馈反馈控制等。

1) 开环控制

开环控制是最简单的一种控制方式，其控制量与被控制量之间只有前向通道而没有反向通道。控制作用的传递具有单向性。由图 2-5 开环控制结构图可以看出，控制器输出 U_a 直接受控制输入 U_r 影响。

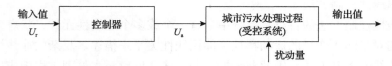

图 2-5　城市污水处理过程开环控制的结构

开环控制方法无反馈环节，不需要反馈测量元件，故结构简单、成本低；控制方法运行开环状态，稳定性好。然而，开环控制不能实现自动调节作用，对干扰引起的误差不能自行修正，故控制精度不够高。因此，开环控制方法适用于输入量与输出量之间关系固定且内扰和外扰较小的场合。为保证控制精度，城市污水处理过程在使用开环控制时常常配备高精度控制元件，相关的开环控制实例介绍如下。

(1) 空气压缩机的定时开/关。

一般用定时器来控制空气压缩机的定时开/关，有时用溶解氧传感器进行空压机的开/关反馈控制。

(2) 排泥。

这里的排泥指初沉池的排泥，一般使用定时器控制，而不是根据污泥的浓度和污泥斗中污泥高度进行控制。

(3) 剩余污泥排放泵的控制。

剩余污泥排放泵一般使用定时器控制，主要根据泥龄来控制污泥排放量，也有根据比例方法实施控制的。

2) 闭环控制

控制输出信号对控制器产生直接影响可称为闭环控制，如图 2-6 所示。在闭环控制中，输入电压 U_r 减去主反馈电压 U_{ef} 得到偏差电压 U_e，经控制器得到输出电压 U，并加在被控对象两端。

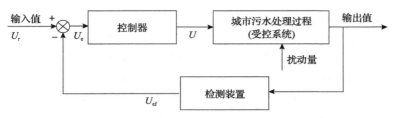

图 2-6　城市污水处理过程闭环控制结构

闭环控制的特点主要包括：具有负反馈环节，可自动对输出量进行调节补偿，对控制参数变化所引起的扰动具有一定的抗干扰能力。城市污水处理过程采用带有反馈环节的闭环控制，可提高控制精度，缩短过程控制达到稳定阶段的时间。但由于城市污水处理过程始终处于非平稳状态，执行闭环控制时，有可能产生不稳定现象，因此存在稳定性问题。

城市污水处理控制方法具有环路多、结构庞大、连接复杂的特点。它除了具有一般控制方法所具有的共同特征外，如有模拟量和数字量、顺序控制和实时控制、开环控制和闭环控制，还有不同于一般控制方法的个性特征，如最终控制目标是使生化需氧量、出水氮磷等水质参数达标，必须对众多设备的运行状态、各池的进水量和出水量、进泥量、加药量、各段处理时间等进行综合调整与控制。城市污水处理厂过程控制的实现涉及数百个开关量、模拟量，而且这些被控量根据一定的时间顺序和逻辑关系进行控制，参数需要精确调节，所以选择控制方法需要充分考虑过程复杂性、控制变量多样性等，大多数控制场景选用闭环控制方法。

3）前馈控制

前馈控制的控制依据是干扰量大小而不是被控变量偏差的大小，其作用发生的时间在被控变量偏差出现之前而不是偏差出现之后。图 2-7 为城市污水处理过程前馈控制结构。在前馈控制中，输入电压 U_r，减去干扰量的观测值 U_d 得到补偿电压 U_c，经控制器输出电压 U，并加在被控对象两端。

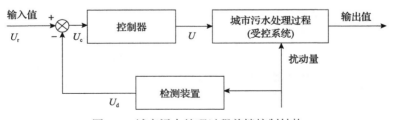

图 2-7　城市污水处理过程前馈控制结构

为了克服干扰，城市污水处理过程前馈控制需要嵌入补偿器，补偿的信息主要为传感器输出结果、干扰变量的动力学与操作变量的动力学信息。

4) 反馈控制

在城市污水处理过程中，过程控制抑制外部扰动对处理过程的影响，确保过程的稳定性，并使过程的经济指标优化，目前最普遍采用的控制方法是反馈控制方法，即当对过程的扰动已经发生并产生后果，根据后果的大小和方向来确定控制的方案。城市污水处理过程反馈控制结构如图 2-8 所示。在反馈控制中，输入电压 U_r 减去由扰动和状态形成的反馈电压 U_b 得到偏差电压 U_e，经控制器得到输出电压 U，并加在被控对象两端。

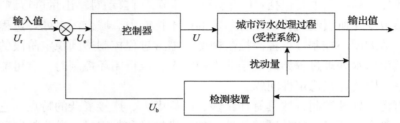

图 2-8　城市污水处理过程反馈控制结构

反馈控制结构在城市污水处理过程中应用广泛。然而，当被控对象存在显著干扰时，纯滞后时间长，时间常数大，则反馈控制的结果可能不够理想。究其原因，城市污水处理过程较长的水力停留时间导致偏差存在时间较长以及校正作用存在延迟。当污水水量和水质波动较大时，被控变量的偏差也会较大，此时调节泵频率或阀门开度，需相应有较大的改变才能给予有效的控制，因此控制器需包含积分作用，处理长时间存在的被控变量偏差。此外，若被控过程的工艺参数难以测定，没有合适的检测仪表来构成闭合的反馈方法，将不能使用反馈控制方法。反馈控制的上述问题可以通过使用前馈控制来部分解决。

5) 前馈反馈控制

前馈反馈控制是控制结构部分既包含前馈环节，又包含反馈环节。图 2-9 为城市污水处理过程前馈反馈控制结构。在前馈反馈控制中，输入电压 U_r 减去状态

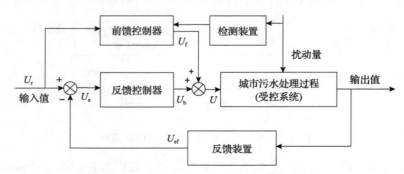

图 2-9　城市污水处理过程前馈反馈控制结构

反馈观测值 U_{ef} 得到反馈控制电压 U_b；输入电压 U_r 减去扰动量的观测值得到前馈控制电压 U_f；前馈控制电压 U_f 与反馈控制电压 U_b 之和经控制器输出电压 U，并加在被控对象两端。

与单纯前馈控制和反馈控制相比，城市污水处理过程前馈反馈控制具有以下优点：

(1)城市污水处理过程通过反馈控制可以保证受控变量的控制精度，即保证受控变量稳定后的数值，能克服前馈控制回路之外存在的各种扰动；

(2)借助反馈控制的作用，可以降低对前馈控制模型精度的要求，便于简化和实施前馈控制模型；

(3)由于存在反馈控制回路，提高了前馈控制模型的适应性。

因此，在实际城市污水处理过程控制中，前馈控制与反馈控制环节通常结合在一起使用。前馈反馈控制在城市污水处理过程的主要应用案例包括：

(1)将污泥浓度、温度、空气流量视为扰动量作为前馈补偿控制律，结合溶解氧传感器反馈控制，实现对曝气的前馈反馈控制；

(2)将出水化学需氧量作为唯一输出变量的前馈控制，结合进水流量、进水化学需氧量反馈控制，实现进水流量、进水化学需氧量的前馈反馈控制；

(3)将污泥浓度作为唯一的输出变量的前馈控制，结合污泥浓度设定值反馈控制，实现污水处理过程内回流量的前馈反馈控制。

2.3.2　城市污水处理过程控制方法设计

城市污水处理过程控制方法的设计主要包括设计原则、设计目标及设计思路等内容。

1. 城市污水处理过程控制方法设计原则

城市污水处理过程控制方法设计应遵循的基本原则和目标为：保证控制的安全性和可靠性；最大限度地满足城市污水处理过程的控制要求；在满足生产工艺要求的前提下，应保持控制设计简单、合理；控制器能够持续稳定精准跟踪设定值，并且操作和调试方便。其中控制方法设计的基本原则如下。

1)工艺和操作变量决策原则

根据对进水量和给水水质的判断，确定优先处理的污染物。以氨氮去除控制为例，计算在某一时刻进水中所需要去除的氨氮总量，确定好氧区的容积大小以满足当前待去除氨氮总量，并调节参与硝化过程(好氧条件)的变化配出数量；利用仪器仪表测定的曝气池氨氮浓度的变化，决策出如何优先选择和操作关键操作变量。

2) 能耗最小原则

由于城市污水处理过程中硝化反应、释磷等均与溶解氧浓度密切相关，通常溶解氧浓度宜控制在既定范围内，避免能耗过大而产生过高的操作费用，同时也防止由于溶解氧浓度过高，而使大量溶解氧通过内回流流入缺氧区，从而对反硝化和聚磷过程产生影响。

3) 多变量多回路匹配原则

由于污水处理过程涉及过程较多，各过程需要进行任务和功能匹配，才能提高污水处理过程效率。例如，硝化和反硝化过程，根据进水中反硝化使用的碳源总量变化，通过在线测定反硝化区末端的硝态氮浓度，在一定的范围内适当通过调节回流泵而控制内回流量，使回流的硝态氮能与系统的反硝化能力相匹配，从而最大限度地使硝化过程中产生的硝态氮能够在厌氧区进行反硝化，同时也避免不必要的回流造成能耗过大，以及把大量硝化区的溶解氧通过内循环回流引入反硝化区影响反硝化效果。

2. 城市污水处理过程控制方法设计目标

城市污水处理厂的运行一般都要满足以下运行目标：具有合适的运行负荷；维持良好的泥水混合液；系统中保持一定量的活性微生物；维持适当的曝气和溶解氧浓度等。以 A^2/O 过程为例，城市污水处理过程控制方法的设计目标具体如下。

1) 厌氧区的主要目的是提高除磷效率

在厌氧区，当进水流量较大时，二沉池易混入过量的氧，从而影响厌氧区内的发酵过程。此时，需要调控污泥在二沉池中的污泥停留时间，当环境温度过高时，则需要降低污泥停留时间，以免产生过量的甲烷，影响污水处理厂安全。因此，厌氧区需要调控污泥停留时间而确保厌氧反应过程中的水解和发酵程度，实现除磷效率的提高。

2) 缺氧区内生化反应的主要目的是脱氮和氧化有机物

从控制角度分析，需考虑不同时间尺度对生化反应过程的影响，实现过程的优化控制。

(1) 以分钟为尺度计算：在控制生化反应速率方面，由于反硝化速率较快，时间尺度按分钟计。在该时间尺度上，需要对两种变量进行调控来调节反硝化速率，包括进水中的溶解氧浓度、进水中的碳源。

(2) 以小时为尺度计算：主要按照小时尺度控制水力停留时间。通常状态下，反硝化过程的硝态氮回流量较大，可达到进水总量的数倍。此外，进水流量和污泥回流量会影响缺氧区的水力停留时间。

3) 好氧区运行目标主要是最大限度地去除有机物

例如，将好氧区包含的有机氨氧化为硝态氮，并将厌氧区释放出来的正磷酸盐进行吸收。此外，好氧区的另一个运行目标是为菌胶团生长创造合适的环境，抑制丝状菌的过度生长，从而避免污泥膨胀。好氧区过程控制可以分成以下三个时间尺度。

(1) 以分钟为尺度计算：控制混合过程，通过控制曝气泵来调节溶解氧浓度。溶解氧浓度是目前污水处理过程最重要的控制变量，目前关于污水处理过程控制的研究中也大多涉及溶解氧浓度的控制，从而在确保出水水质的同时降低曝气操作费用。

(2) 以小时为尺度计算：相较于厌氧区，好氧区不仅要控制水力停留时间，还要控制生化反应进程。水力停留时间将影响好氧区内的混合液配比，并最终影响好氧区污泥浓度和底物浓度。

(3) 以天为尺度计算：调节活性污泥微生物的生长状态。好氧反应器中溶解氧浓度以及微生物呼吸速率都将明显地影响活性污泥絮体的形成。因此，需要定期对活性污泥中微生物生长状态进行评估，并通过操作调节改善菌群生长状态。

3. 城市污水处理过程控制器设计思路

城市污水处理过程控制器是控制方法实现的核心，其设计思路主要包括以下部分。

1) 控制对象系统动力学

根据城市污水处理过程机理，设计具有线性或非线性、一阶或高阶、仿射或非仿射等特点的系统动力学方程。

2) 控制器结构的选择

首先围绕常见的城市污水处理过程单输入、单输出控制，控制器选择前馈、串联、反馈等环节为主；其次面向确定的系统动力学特征，选择合适的辨识和控制方法，例如，对于非线性高的系统动力学方程，选择神经网络作为辨识模型或控制器；最后确定控制器的初始结构与参数。

3) 控制器参数的校正

将控制器的参数分类执行校正，具体包括固定参数、动态配置参数及性能关联参数等。针对固定参数，需要根据控制器计算的空间复杂度与时间复杂度，以及控制需求进行初始化设定；针对动态配置参数，根据控制器的跟踪性能进行动态调整，常见的调整算法有最小二乘法、梯度法等；针对性能关联参数，主要通过建立参数与控制器性能之间的关系进行更新。

4) 控制器的性能分析

控制器的稳定性与算法收敛性是控制器能够在城市污水处理过程运用的前

提。通常在控制器的结构和参数发生变化时，结合稳定性和收敛性分析法，设置假设与约束条件，确保控制器能够运行在可靠的范围内。

2.3.3 城市污水处理过程控制方法实现

实现城市污水处理过程控制的主要流程包括：首先对控制问题进行规划，把控制问题转化为控制策略；然后选择合适的控制器结构和设计控制算法来执行控制策略；最后应用模拟和现场实验进行调整和性能评估，其中具体细节如图 2-10 所示，内容包括如下部分。

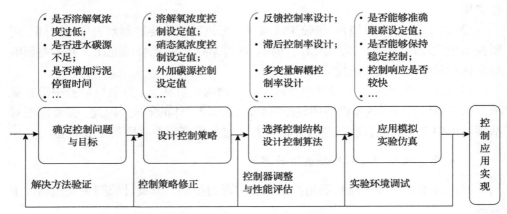

图 2-10　城市污水处理过程控制实现流程

1. 确定控制问题与目标

城市污水处理过程控制问题主要包括通过过程状态选择可执行变量，建立控制目标函数，确认过程控制的约束条件等。确认过程控制是否能够达到理想的控制效果，通过影响因素分析，确定合适的控制变量，然后建立有关该变量的目标函数(在可接受的费用下获得最优的控制性能)。此外，确定控制任务时也要确定控制的约束条件，以及过程变量限制条件。

2. 设计控制策略

控制策略设计需要在满足控制约束条件下，实现控制目标函数最优化。因此，将优化控制问题转变为设定值控制问题。设定值的求解需根据控制目标及其变量的特征和实际应用状况，选择能在线测定的性能指标。

3. 设计控制算法

执行和控制变量确定后，控制器需要选择合理的控制算法实现控制策略，其主要思路是使控制系统的输出能够最大限度地接近设定值，从而使控制误差尽可能小。当前广泛应用的控制方法有反馈控制、PID 控制、模型预测控制等。

4. 控制器调整与性能评估

模型模拟是控制器调整与性能估计的有效手段。验证不同控制系统性能时，结果显示进水负荷变化和污泥动力学变化保持较好状态即为可选取的控制策略。

2.4　城市污水处理过程主要控制单元

城市污水处理过程控制的实现主要是将过程控制方法的功能施加于可控单元，其中典型的可控单元包括曝气、回流及加药等过程，不同的控制单元存在不同的控制需求与控制方式。

2.4.1　城市污水处理过程曝气控制

曝气池内溶解氧的多少都将影响活性污泥的生存繁殖，曝气池内的氧气太少，曝气池内生存的丝状菌不断繁殖，将导致活性污泥膨胀等问题；曝气池内的溶解氧浓度过高，又会导致污水处理过程悬浮物不易沉降，导致出水水质难以达标且增加处理成本。因此，曝气控制通常需要达到稳定精准水平，即根据污水处理过程状态，合理调控风机或曝气泵等设备，将曝气池内的溶解氧维持在理想的水平。下面以实际污水处理厂曝气控制为例，介绍曝气过程比例控制的具体实现过程。

1. 获取过程数据

系统的过程数据包括进水负荷数据和生物池运行数据，进水负荷数据具体包括进水量、进水化学需氧量和进水氨氮浓度，生物池运行数据具体包括溶解氧浓度和风量等。

2. 建立控制模型

控制模型主要根据物料平衡定律，计算厌氧区、缺氧区和好氧区容积，建立溶解氧浓度、曝气风量的离线模型。

3. 进行控制设定

控制设定主要根据历史数据估计进入该组生物池的水量、化学需氧量、氨氮浓度及溶解氧浓度的变化范围，然后确定一组溶解氧浓度设定值，分别使用最低负荷、常规负荷和最高负荷进行模拟，确定曝气风量变化范围。

4. 制定控制策略

曝气的控制策略主要分为恒定曝气控制与动态曝气控制,前者主要在工况相对稳定条件下采用,实施过程要求控制器具有较好的稳态性能。后者主要在工况变化显著的条件下运用,实施过程不仅要求控制器具有较好的稳态性能,还要求控制器具有较好的快速响应及瞬态性能,因此对控制器的设计要求更高。

5. 实现曝气过程比例控制

溶解氧浓度与风量存在非线性关系,在简单的回路控制中,曝气控制器会直接获得期望的曝气量。而通常曝气泵的频率和阀门开度也是非线性的,当曝气量较大时,增益较小;当曝气量较小时,增益较大。增益总体呈现指数型增长规律,假设控制器为简单的比例控制,控制器增益用 K_c 表示;用增益 K_v 表征曝气阀门或变频的规律,其大小取决于阀门开度和变频频率。增益随着流量从设定值 r_f 平缓变化到系统状态 y_f:

$$e(t) = r_f(t) - y_f(t) \tag{2-1}$$

$$u(t) = K_c e(t) \tag{2-2}$$

$$y_f(t+1) = K_v u(t) \tag{2-3}$$

其中, $e(t)$ 为 t 时刻的跟踪误差; $u(t)$ 为 t 时刻的控制律。闭环控制增益为

$$\frac{y_f(t+1)}{u_f(t)} = \frac{K_c K_v}{1 + K_c K_v} \tag{2-4}$$

式(2-4)显示,当控制器增益 K_c 较大时,控制系统的增益接近于 1,因此通过该方式即可消除阀门开启或变频的非线性影响。基于曝气过程比例控制实现方式,曝气控制的执行设备以及曝气后对溶解氧浓度的影响均对控制器的参数选取具有决定性作用。

2.4.2　城市污水处理过程回流控制

城市污水处理厂采用活性污泥法处理工艺时,活性污泥中的微生物易流失,通常需要回流污泥补充失去的碳源,并将多余的污泥排出。当前污泥回流控制方法主要是根据进水量和回流比,调节回流泵转速,从而控制污泥回流量。在实际运行中,过程控制系统需要根据进水水质、水量的波动和污泥沉降性能的变化,对回流比进行调整。下面以实际城市污水处理厂污泥回流控制为例,介绍污泥回流过程 PID 控制的具体实现过程。

1. 获取过程数据

过程数据主要包括进水量的实时数据及当前的回流比等。此外，为了保持生化反应过程的生物量，一些污水处理厂通过监测污泥浓度调整回流量。

2. 进行控制设定

回流污泥量变化范围为进水流量的 30%～50%，但进水水质是不稳定、实时变化的，需要根据实时进水流量和水质成分确定回流量。

3. 制定控制策略

污泥回流的控制策略主要有三类：①恒定污泥回流量控制，城市污水处理厂通常在白天与夜间按两个不同的设定值来控制回流污泥量。②恒定污泥回流比控制，与进水流量成一定比例来控制回流污泥量，若回流污泥浓度不变，那么污泥浓度也维持不变。③恒定污泥浓度控制，操作人员可根据进水流量、回流污泥浓度和混合液污泥浓度的目标值，计算能让污泥浓度达到目标值所需要的回流量，并按此回流量进行控制。

4. 实现污泥回流过程 PID 控制

当确定回流量时，可通过泵站将污泥输送至生化反应前端。通过回流泵将泥水压力大小转换成相应的电信号 $x(t)$ ，$x_f(t)$ 反馈到比较器与给定信号 $r_f(t)$ 进行比较，得到偏差信号 $e(t)$ ：

$$e(t) = r_f(t) - x_f(t) \tag{2-5}$$

若 $e(t) > 0$，则偏差信号经 PID 处理得到控制信号，控制变频器驱动回路，使之输出频率上升，回流泵转速加快，提供的污泥回流量增多；若 $e(t) < 0$，则偏差信号经 PID 处理得到控制信号，控制变频器驱动回路，使之输出频率下降，回流泵转速变慢，提供的污泥回流量减少；若 $e(t) = 0$，则偏差信号经 PID 处理得到控制信号，控制变频器驱动回路，使之输出频率不变，回流泵转速不变，恒定提供污泥回流量。

2.4.3　城市污水处理过程加药控制

为了达到出水水质指标，部分污染物的去除需要化学药品辅助，例如，氮磷的去除过程，需投入甲醇与聚合氯化铝去除生化过程难以除去的氮磷。通常依据生化反应过程的氮磷元素的检测，确定化学药品的投加量。因此，药剂投加量的控制会直接影响出水的达标排放和运行成本。通过采用除磷加药控制技术可以在达标排放的基础上减少除磷药剂投加量，降低污水处理厂的运行成本。下面以加药除磷过程 PID 控制为例，说明城市污水处理过程加药控制的具体实现过程。

1. 获取过程数据

城市污水处理过程加药控制的相关变量及其数据采集包括进水流量、出水磷酸盐浓度、出水总磷浓度以及加药频率等。

2. 进行控制设定

城市污水处理过程除磷过程通常需要按照生化反应池末端的磷酸盐浓度以及进水流量的大小而决定。

3. 制定控制策略

城市污水处理厂的常用除磷加药控制技术中有开环控制、闭环控制两类不同的控制策略。其中，开环控制包括离散时序和进水流量前馈算法，闭环控制为出水磷酸盐反馈算法。

4. 实现除磷控制 PID 控制

根据实际情况，选用基于出水磷酸盐浓度实施反馈控制的策略。出水磷酸盐浓度反馈控制以时间和出水磷酸盐浓度为变量，计算出水浓度与设定值的偏差，再根据偏差计算加药量。通过测定处理出水的磷酸盐浓度，计算出与设定值的差值，再依据差值计算出应该调节的加药量，即

$$\Delta(t) = K_P e(t) + K_I (e(t) - e(t-1)) + K_D (e(t) - 2e(t-1) + e(t-2)) \tag{2-6}$$

其中，$e(t)$ 为 t 时刻出水磷酸盐仪表采样值与设定值之间的差值；$e(t-1)$、$e(t-2)$ 分别为上一次和上两次采样的偏差；K_P、K_I、K_D 分别为比例系数、积分系数和微分系数。获取加药量后，由控制系统发出指令调节加药泵的频率，实现加药量的实时调控。在实际运行时，采用试算法确定 PID 参数，先确定采样间隔，然后优化比例系数，最后确定积分和微分系数。经变量归一化整理后，得到比例参数、微分参数和积分参数，确定采样间隔，并写入控制器进行动态调节。

2.4.4 城市污水处理过程碳源控制

城市污水处理过程脱氮除磷过程中反硝化细菌和聚磷菌是混合共生的，相互竞争碳源，且反硝化细菌会优先摄取碳源：一方面厌氧池碳源不足会抑制聚磷菌的释磷，从而导致除磷效果变差，为了保证良好的除磷效果，厌氧段需要有充足的可供聚磷菌吸收的碳源；另一方面好氧池碳源不宜过多，过多的碳源会促使好

氧池内异养型好氧细菌成为优势菌群，抑制自养型硝化细菌的硝化作用。因此，碳源控制涉及两个工艺段，分别为厌氧池和好氧池。下面以碳源投加过程前馈控制为例，说明城市污水处理过程碳源投加控制的具体实现过程。

1. 获取过程数据

主要采集生化反应区厌氧池与好氧池的氧化-还原电位、硝态氮浓度、污泥浓度及溶解氧浓度等变量的数据。

2. 制定控制策略

由于厌氧池与好氧池同时存在显著干扰，选取简单的前馈控制方法实现碳源的投加。

3. 实现碳源前馈控制

基于外碳源投加模型计算出所需投加量，再进一步换算为投加量的控制指令传入变频投加系统，变频投加系统对厌氧池和好氧池进行投药，从而完成一次外碳源的投加控制；修正投加量系统的工作间隔，并获取氧化-还原电位、硝态氮浓度等，进一步换算为投加量的增量或减量的控制指令传入变频投加系统，实现对投加量的微调，完成对外碳源投加量修正的前馈控制。

2.5　本 章 小 结

本章主要从城市污水处理过程控制的基本架构、方法设计基础及主要控制单元阐述了城市污水处理过程基础。主要介绍了城市污水处理过程的基本组成、关键信息、关键可控因素等，分析了过程控制的主要分类，以及城市污水处理过程的设计原则与实现方法，列举了典型控制过程等，包括以下主要内容：

（1）城市污水处理过程控制架构组成和其他工业过程控制架构组成类似，仍然由设定装置、校正装置及执行装置等部分组成，其中，根据污水处理过程应用需求，还增设了其他装置和环节。不同的环节之间存在信息传递，这些信息主要来源于被控对象、策略决策结果及控制信号，确保环节之间存在关联和互动。此外，城市污水处理过程可控变量及仪器装置体现了城市污水处理过程控制的独特性和可实施性，同时为城市污水处理过程控制方法和应用提供了必要的依据。

（2）城市污水处理过程控制方法设计内容包括控制方法主要类型、设计原则与目标以及方法实现步骤。其中，城市污水处理过程控制方法的主要类型与经典控制方法一致，存在开环和闭环、前馈和反馈等连接类型。不同的类型对应不同的功能，同时适用的范围和应用的对象也有所不同。在设计原则方面，城市污水处理过程控制在需要达到的控制目标，以及设计方法的优先级均有所不同，可见城市污水处理过程控制方法的设计思路存在差异性和多层次性。在实现步骤方面，城市污水处理过程控制方法的实现在其原有工艺特点下与其他工业过程控制保持一致。

　　(3)城市污水处理过程主要控制单元的描述，主要给城市污水处理过程控制方法的实现提供必要的思路。其中，围绕曝气、回流、加药以及碳源添加控制等单元控制进行介绍，主要实现思路可总结为：数据获取、控制对象的最优状态信息获取或优化设定获取、控制策略制定以及控制方法的实现。通过单元控制实现的案例可知，城市污水处理过程方法的实施与其工艺和机理特点息息相关，在实现既定的控制目标条件下，各不同的控制单元所获取的数据类型、设定点的范围和约束以及控制方法的选取与设计均不相同。因此，在城市污水处理过程控制方法的设计与实施过程需要严格遵循污水处理的特点与控制需求。

第3章　城市污水处理过程控制模型

3.1　引　　言

城市污水处理过程控制模型能够解析过程变量与控制变量之间的关系，辨识过程变量变化、干扰等信息，是控制结构的重要组成部分。常见的过程控制模型包括机理模型、数据驱动模型等，由于不同模型的适用范围与使用条件各异，不同城市污水处理过程控制模型的运用方式和作用也不同。例如，城市污水处理机理模型能够根据生化反应过程的内部机制或者物料平衡传递机理建立精确的数学模型。

早期的城市污水处理过程控制模型主要以机理模型为主，城市污水处理过程控制机理模型的参数大多具有明确的物理意义，能够直观体现城市污水处理过程变量之间的关联关系，构造过程控制的动力学方程式，有利于设计过程控制方法。例如，部分城市污水处理厂利用 PID 控制方法对生化反应过程好氧池的曝气过程进行控制，控制器的比例参数主要根据曝气机理模型的空间状态模型确定。随着城市污水处理过程检测系统建设趋于先进和完善，过程数据的质量也有了很大的改善，一些城市污水处理过程控制方法使用数据驱动模型，该模型以数据为基础，对过程关联特征进行提取和辨识，为城市污水处理过程控制提供必要的信息和补偿，能够有效改善城市污水处理过程控制性能。此外，城市污水处理过程控制模型如国际水质协会开发的活性污泥法污水处理过程基准仿真模型（benchmark simulation model No.1，BSM1）还具有验证多种控制方法的功能。BSM1 主要基于活性污泥模型和双指数二沉池模型，为多种控制方法的验证设置了有效的接口，模型的验证结果也为对比和选择合适的控制方法提供了依据。

本章首先介绍常见的城市污水处理过程控制模型的种类及其特点，分析活性污泥污水处理工艺全流程的动力学机理；其次介绍曝气参数模型、污泥回流泵参数模型和出水参数模型等污水处理过程仿真测试模型以及城市污水处理过程全流程基准仿真测试模型，为后续各章节的研究工作提供模型基础；最后在详细分析城市污水处理过程数据特点的基础上，给出污水处理过程中典型的数据驱动模型。

3.2　城市污水处理过程控制模型概述

面向具有时变性、非线性和复杂性等特征的城市污水处理过程，城市污水处理过程控制模型作用显著，它不仅能够感知过程运行状态与水质参数的变化，辅助城市污水处理厂制定合理的过程控制方案，促进过程控制系统保持较高的控制性能，提高污水处理过程运行效率，而且还可以优化已建成城市污水处理厂的运行管理，有助于城市污水处理厂设计与运营。城市污水处理过程模型能够为过程控制提供必要的模型依据，摆脱过程控制的经验设计法，显著提高了控制的精确性和可靠性。

3.2.1 城市污水处理过程控制模型的作用

城市污水处理过程控制模型在过程控制实现过程中具有不可或缺的作用，例如，模型可以预测进水水质和水量变化对处理效果的影响，从而获得一种为适应这些变化所需采取的控制措施；对于运行效率低且人工干预多的城市污水处理厂，可通过模型模拟来发现存在的问题，从而提出过程控制方法，提高污水处理过程运行效率。另外，城市污水处理过程控制模型还具有其他作用，具体包括如下内容。

1. 提供控制方法的选取依据

在选取不同过程控制方法阶段，城市污水处理过程控制模型能够实现控制方法的模拟，评估控制方法的优劣，为城市污水处理过程控制方法选择提供必要的依据，同时能够减少不必要的实验。此外，通过过程控制模型的模拟与污水处理厂实际运行情况对比，还可以显示控制方法的控制性能能否满足城市污水处理过程控制的需求。

2. 优化控制方法的关键参数

城市污水处理过程控制方法的关键参数包含控制增益及其他动态参数，与过程控制的稳态和瞬态性能相关。通常使用模型在线辨识被控或控制器的参数，应用参数估计值去调整控制器的参数，从而适应被控系统的不确定性，使该系统处于良好的运行状态。控制参数的优化主要分为两个方面：一是对动态模型的定态形式实现优化；二是通过在线辨识得到的包括过程时变性的动态模型实现长时间范围内的参数优化。

3. 获取控制方法的控制律

城市污水处理过程控制模型能够评价污水水质约束及能耗等条件，确定最优设定值将污水处理过程效率维持在最佳水平。例如，城市污水处理过程模型预测控制中的模型能够根据系统现时刻的控制输入及过程的历史信息，预测过程输出的未来值对能耗与水质的影响，可以通过水质约束及最小化能耗，获取优化控制律。

此外，城市污水处理过程控制还可用模型来判别拟采取的各种控制方案的可行性，以及评价各控制方案的优劣，并确定最佳过程控制参数等。

3.2.2　城市污水处理过程控制模型的分类

1. 按模型表征信息分类

1) 机理模型

机理模型主要是指一些能反映污水处理过程内在机理的模型。它依据污水处理过程动力学特性，获取过程控制模型，并根据控制模型输出计算控制律，从而满足当前机理模型表征的生化反应状态控制需求，实现预期的控制目标。

2) 数学模型

数学模型是通过污水处理过程化学、物理原理分析，基于城市污水处理系统中过程变量、影响因素之间的关联关系，采用数学语言将污水处理过程概括地或近似地表述成一种模型。

3) 观念/知识模型

城市污水处理过程中蕴藏着大量与性能指标及运行状态相关的隐性知识，这些知识真实存在却无法使用机理和数据进行表述。因此，利用专家经验、现场操作人员的语义知识得到其对水质能耗影响的定性描述。通过建立知识库构建观念/知识模型，实现污水处理过程控制。

2. 按模型时间关系分类

1) 静态控制模型

早期的活性污泥数学模型将化工领域的反应器理论和微生物生长理论相结合，通过建立底物降解与微生物生长之间的关系，建立活性污泥静态控制模型。静态控制模型具有形式简单、参数可直接测定等优点，在污水处理工艺设计方面得到了广泛应用。

2) 动态控制模型

城市污水处理过程动态控制模型可以根据控制条件和城市污水处理过程的变化自适应调整控制器结构，从而在时变条件下实现快速响应和高控制精度，使控制器在激烈变化的城市污水处理过程满足控制要求。

3. 按模型内部特性分类

1) 黑箱模型

针对城市污水处理系统，黑箱模型是仅根据污水处理过程进水环境和出水水质等输入输出条件，而不涉及系统内部的动力学特性和过程变量之间的相互关系所建立的过程控制模型。

2) 白箱模型

白箱模型是在对城市污水处理系统内部结构和动力学参数进行深入了解后，从污水处理过程的机理出发，利用已有的组分及其化学、生物反应原理推导出系统的数学模型。在得到白箱模型后，还需要通过系统参数辨识对模型中表征系统性能的参数进行求解。

由于城市污水处理过程控制方式及控制目标的多样性，还存在其他分类方法，如以控制变量形式的分类和按变量之间关系的分类（代数方程、微分方程、概率统计等）。

3.2.3　城市污水处理过程控制模型的应用

城市污水处理过程控制模型是控制方法实现的重要环节。目前研究和使用较多的模型中，机理模型和数据驱动模型应用最广泛。

1. 机理模型

机理模型是通过总结和分析城市污水处理过程中各组分与活性污泥微生物之间的生化反应机理，从而得到城市污水处理过程的控制模型。然后根据机理模型设计相应的控制方法，通过所设计的控制方法获得相应的控制律以满足当前机理模型的控制需求，最终实现控制目标。

狭义上的污水处理过程机理模型通常指活性污泥过程数学模型。城市污水处理过程机理模型包括国际水质协会首先提出的 ASM1，该模型通过描述活性污泥系统中涉及碳氧化和脱氮过程的生化反应过程实现活性污泥系统的主要功能。为了更加准确地描述活性污泥系统，国际水质协会给出了可以描述生物除磷过程的活性污泥 2 号模型（ASM2），相比于 ASM1，ASM2 可以体现出微生物的细胞内部结构。为了符合实际情况，国际水质协会提供了活性污泥 3 号模型（activated sludge model No.3，ASM3），ASM3 采用内源呼吸机理描述活性污泥微生物在污水处理过程中的生化反应。这些机理模型的主要特点是能够直观地解释变量与变量之间的关系，模型主要由待定参数及动力学方程组成。机理模型在过程控制中运用较为方便，可根据机理模型特点设计控制系统表达式，完成控制律的计算。结合常见过程控制方法，如前馈控制、反馈控制、PID 控制等，能够实现溶解氧、内回流控制等，在活性污泥工艺中的应用较广，并且能获得较好的应用效果。

2. 数据驱动模型

数据驱动模型是指控制器设计在假设系统具有收敛性以及稳定性保障的条件下，仅需要被控对象的输入输出数据以及经过数据处理而得到的知识来设计控制器。这类控制方法不需要构建精确的数学模型，仅利用神经网络和模糊系统等表征变量间的映射关系，逼近包含不确定性、非线性特征的污水处理系统。

数据驱动模型采用的方法包括在线数据驱动控制方法、离散数据驱动控制方法以及基于学习的控制方法等。在线数据驱动控制方法可以实现实时控制，包含无模型控制、自适应控制和模型预测控制等方法。离散数据驱动控制方法采用离线数据设计控制器对被控对象进行控制，主要方法有 PID 控制、反馈整定控制等。基于学习的控制方法是将以上两种数据驱动控制方法相结合提出的控制方法。其中，无模型自适应控制是数据驱动控制的一种典型方法，该方法针对离散时间非线性系统使用了一种新的动态线性化方法，在闭环系统的动态工作点处通过伪偏导数建立等价动态线性化数据模型，并基于此模型设计控制器，进而实现非线性系统的自适应控制。另外，基于模糊神经网络的控制器也被广泛应用于污水处理过程中，其具有较好的不确定性处理能力和自适应、自学习能力，并在污水处理过程中实现了相较于其他控制方法更好的控制性能。数据驱动模型具有精度高、抗干扰能力强、控制响应速度快等优点，适合如今规模越来越大、工艺越来越复杂的城市污水处理过程。

此外，城市污水处理过程控制模型还包括知识模型、语义模型等，这些模型有着不同的应用场景。例如，知识模型主要应用于具有丰富的专家知识和相关变量的过程数据，能够模拟具有不确定过程的对象状态变化，而语义模型则需要在语义相对准确和全面的条件下使用。在污水处理过程中，需要根据模型的特点和实际条件选择合适的过程控制模型。

3.3　城市污水处理过程机理模型

3.3.1　城市污水处理关键过程动力学机理

城市污水处理过程机理不仅涉及脱氮除磷的机理过程，而且涉及蛋白质、糖类、硫化物类等去除和降解的过程，各过程存在交互和耦合，甚至互逆的关系，为过程控制带来极大挑战。过程动力学方程因其能够准确模拟系统的动态特性而受到过程控制领域重视，能清楚地解析和描述各过程机理，这为城市污水处理过程控制方法的设计和运用提供了强有力的工具。

目前对城市污水处理机理描述最为完整的模型为 ASM 系列模型，该模型主要描述活性污泥法生化反应过程，其中包含两大类的 13 种基础组分，同时包含自养菌和异养菌的生长、衰减和水解等生化反应过程，ASM 描述的污水处理过程机理模型，微生物生化反应过程复杂且参数众多。由于城市污水处理是一个复杂的物理、生化反应过程，在不同的运行工况中 ASM 的参数会呈现出不确定的变化，使用国际水质协会提供的参考值会使模型模拟结果与实际结果产生严重的偏离。城市污水处理过程是动态时变的，且在时间上存在一定的滞后，简单的动力学机理难以对整个过程做出清晰的描述。此外，13 个状态变量之间存在着耦合关系。因此，从机理模型角度建立完整清晰的微生物反应过程模型，不可避免地会出现机理模型复杂、参数众多及环境因素不易考虑等问题。

3.3.2　活性污泥法城市污水处理过程机理模型

城市污水处理过程是一个典型的流程工业过程，具有高度不确定性。由于污水处理过程中包含多种反应过程，特别是活性污泥法工艺涉及复杂的生化反应过程，各污水处理单元之间联系紧密、相互影响，所采用的操作设备和涉及的控制流程众多，难以建立一套完备准确的数学模型。为了构建过程机理模型，相关领域的专家简化污水处理过程单元，分析生化反应过程内容，采用动力学方程完整地描述了该过程，形成活性污泥模型，为城市污水处理过程提供了参考模型。

1. 活性污泥法模型的发展

1987 年，国际水质协会发表了 ASM1 后，ASM2 和 ASM3 数学模型相继被提出和推广应用。此外，描述反硝化除磷等的除磷代谢模型也成功用于工程实践。与此同时，描述生物膜结构的一维与多维生物膜模型也得以建立，它们与活性污泥模型一起全面地应用于工程实践与实验研究。虽然数学模拟结果不能完全复刻实际污水处理的运行情况，但它们在描述变量之间的关系、预测关键水质变化等方面起到了关键作用。

2. 活性污泥法数学模型的应用

1)模拟实验与实际工艺的运行过程

构建数学模型的主要目的是模拟实验与实际工艺运行过程，保证设计的数学模型模拟运算结果与实验运行结果相吻合。

2)方案比较与工艺设计

工程设计中一般要经过方案比较后才能实施工艺设计。传统方案往往在实验成功后才可借鉴到工程实例中。然而，技术方面的可比性需要靠直觉判断，很少有运行过程与处理效果的科学预知性，且传统工艺设计方法本身具有局限性。由于机理模型的建立以有机底物降解遵循一级反应为前提，而实际大多数污水处理情况使有机底物降解与底物浓度的关系处于初级，这与真实污水处理情况误差较大。另外，工艺设计完成后难以直接预测实际运行后的水质，只能在污水处理厂建成后才能判断设计方案的正确与否。不同的反应池体积和不同工艺条件、出水水质、污泥浓度，与内循环回流量等都能定量表示，使计算机根据真实数据计算底物的降解速率，避免传统设计中因"近似"表示动力学计算公式而导致的不准确计算结果。因此，数学模拟辅助工艺设计不仅具有结果的预知性，还能准确地把握设计方案，使其接近最优化的设计目标。

3）问题诊断与运行优化

工艺设计难以直接做到最优化，这就要求根据已建成的处理工艺流程适时调整工况，同时相应增减曝气、回流、循环、排泥等附属设备的工作能力。如果能早期了解运行中控制处理效果的关键问题，即可针对性地随环境、水量与水质等参数的变化而及时采取工程措施。

4）实验定向与工程放大

由基础研究成果上升到技术转化生产力一般还需经过必不可少的应用实验阶段，其中实验方法包括小试与中试方法等。

3. 城市污水处理过程典型机理描述

为进一步分析城市污水处理过程机理，以 A^2/O 工艺中脱氮除磷过程为例说明过程关键变量对该过程的具体影响。

在厌氧池中，经过一级处理过程的污水混合从二沉池回流的剩余污泥作为厌氧池的进水，在厌氧条件下聚磷菌释放磷酸盐，提高了污水中的磷浓度。此外，溶解性有机物将会被活性污泥微生物利用，从而降低污水中溶解性有机物浓度，氨氮（NH_4-N）也将被兼性菌利用从而去除部分氨氮。厌氧池中涉及的生化反应可用以下方程式表示：

$$NH_3 + HNO_2 \xrightarrow[\text{兼性菌}]{\text{厌氧}} N_2 + 2H_2O \tag{3-1}$$

$$2NH_3 + HNO_3 \xrightarrow[\text{兼性菌}]{\text{厌氧}} 1.5N_2 + 3H_2O + [H] \tag{3-2}$$

$$2NH_3 + H_2SO_4 \xrightarrow[\text{兼性菌}]{\text{厌氧}} N_2 + S + 4H_2O \tag{3-3}$$

$$聚磷菌 + H_2O \xrightarrow[\text{聚磷菌}]{\text{厌氧}} 正磷酸盐 + 能量 \tag{3-4}$$

其中，NH_3 为氨；HNO_2 为亚硝酸；N_2 为氮气；H_2O 为水；[H]为氢元素；H_2SO_4 为硫酸氢；S 为硫。式(3-1)和式(3-2)为厌氧氨氧化反硝化过程，式(3-3)为厌氧氨硫化反硝化过程，式(3-4)为聚磷菌释磷过程。兼性菌除在厌氧环境下进行反硝化反应，在缺氧环境下也可以进行较高效率的反硝化反应。

缺氧池中以厌氧池出水和好氧池 3 的回流水作为进水，回流水中含有大量硝态氮（NO_3-N）和亚硝态氮（NO_2-N），以溶解性有机物作为碳源，利用反硝化菌将

回流混合液中的 NO_3-N 和 NO_2-N 还原为 N_2，完成脱氮过程。反硝化过程的反应方程式表示如下：

$$6NO_3^- + 5CH_3OH \xrightarrow{\text{反硝化}} 3N_2 + 7H_2O + 5CO_2 + 6OH^- \qquad (3\text{-}5)$$

其中，CH_3OH 为甲醇；CO_2 为二氧化碳。在缺氧池中主要进行的反硝化反应过程中，磷的含量则基本不变。

好氧池中，缺氧池出水作为好氧池的进水，大量的有机物在好氧池被微生物降解用于生长繁殖和生化反应，氨化菌将有机氮通过氨化反应转化为 NH_4-N，然后硝化菌和亚硝化菌通过硝化反应将 NH_4-N 转化 NO_3-N 和 NO_2-N，此外在好氧环境下聚磷菌过量聚磷，因此好氧池有机物减少，NH_4-N 浓度下降，NO_3-N 和 NO_2-N 浓度升高，溶解性磷浓度降低。好氧池中的生化反应可用下列方程式表示：

$$RCHNH_2COOH + O_2 \xrightarrow{\text{氨化菌}} RCOOH + CO_2 + NH_3 \qquad (3\text{-}6)$$

$$RCHNH_2COOH + H_2O \xrightarrow[\text{氨化菌}]{\text{氧气}} RCHOHCOOH + NH_3 \qquad (3\text{-}7)$$

$$NH_3 + 1.5O_2 \xrightarrow{\text{亚硝化菌}} HNO_2 + H_2O \qquad (3\text{-}8)$$

$$HNO_2 + 0.5O_2 \xrightarrow{\text{硝化菌}} HNO_3 \qquad (3\text{-}9)$$

$$\text{正聚磷盐} \xrightarrow[\text{聚磷菌}]{\text{氧气}} \text{聚磷} + ATP \qquad (3\text{-}10)$$

其中，$RCHNH_2COOH$ 为氨基酸；$RCOOH$ 为羧酸；O_2 为氧气；ATP 为腺嘌呤核苷三磷酸。式(3-6)和式(3-7)为氨化反应过程，式(3-8)和式(3-9)为硝化反应过程，式(3-10)为聚磷菌聚磷过程。在好氧池中，NO_3-N 和 NO_2-N 将被大量回流至缺氧池中进行反硝化反应直至完成脱氮过程，聚磷菌可以在好氧环境下吸收远超厌氧池中释放的磷，通过过量聚磷降低了好氧池中溶解性磷的浓度。

二沉池中以好氧池出水作为进水，通过物理沉降过程实现泥水分离，大部分活性污泥从底部排出，少部分活性污泥回流至厌氧池中以保持污泥微生物种群活性，从而完成污水中磷的去除。

4. 城市污水处理过程机理模型的校正方法

城市污水处理过程机理模型的校正方法主要分为以下两种。

1) 数学优化方法

城市污水处理过程机理模型主要通过回归、统计等数学方法进行优化。然而，大多机理呈现复杂、难以识别的特征，最终导致数学优化方法在模型校核工作中难以执行。此外，数学方法需要丰富的信息将模型参数限定于一个合理的范围内，但从大规模实际污水处理设施中获取丰富的数据非常困难。因此，数学优化方法通常在参数校核中仅给予参数取值较小的改动。

2）过程经验模型校核方法

在过程经验模型校核方法中，模型可依据经验进行调整，直到得到满意的拟合。利用此方法所调整的模型参数集并不是唯一的，而只是一个能够提供满意预测效果的参数集，这包括对出水浓度、污泥产量以及相关用于研究的内部状态变量等动态特征的模拟和预测。由于许多内部状态变量数据通常难以完全获得，因此该方法实际上难以通过校核而得到各个参数的真值。

3.4　城市污水处理过程基准仿真模型

城市污水处理过程中微生物生化反应过程复杂，不同的污水处理过程其机理模型描述差别较大。同时，各污水处理厂进水条件也有所不同，对于各种控制策略难以进行测试和比较。为了公正、客观地评价污水处理过程中各种控制策略的优劣，相关学者开发了生化反应过程仿真模型，包括曝气参数、污泥回流泵参数等模型。此外，为了提供标准化的仿真测试平台，国际水质协会开发了针对活性污泥法的污水处理过程国际基准仿真模型。目前常见的模型主要有 BSM1、基准仿真模型长期型（benchmark simulation model long-time，BSM_LT）平台和基准仿真模型 2 号（benchmark simulation model No.2，BSM2）等。仿真模型定义了污水处理过程的装置模型、进水条件及评价准则等。根据规定的评价标准对其性能进行比较评价，从而获得最优控制策略。开发仿真测试模型对活性污泥污水处理过程进行模拟，可以帮助应用研究定向，并直接用来指导实验设计。数学模拟可以在极短的时间内从众多影响因子中辨认出关键变量，从而缩小研究范围，减少变量关联关系的研究任务。同时，在小试研究的基础上，通过数学模拟的帮助，可以减少反复测试过程，使结果直接应用于实际工程中。数学模拟还有一些实验研究无法比拟的优点，即数学模型可以方便地调整这些参数，模拟探知对过程控制的影响。

3.4.1　城市污水处理关键过程仿真模型

为了验证城市污水处理过程控制方法的性能，一些研究者开发出了关键过程的仿真模型，这些模型包括曝气参数模型、污泥回流泵参数模型和出水参数模型等，具体如下。

1. 曝气参数模型

城市污水处理曝气参数模型主要作用于曝气控制。该参数模型包括厌氧池氧化-还原电位（ORP）、缺氧池溶解氧浓度（DO$_缺$）、好氧池溶解氧浓度（DO$_好$）和好氧段末端混合液固体悬浮物（mixed liquor suspended solids，MLSS）浓度。通过分析 A^2/O 工艺，将厌氧池氧化-还原电位设置为–350～–450mV，缺氧池溶解氧浓度范围为 0～0.2mg/L，好氧池溶解氧浓度范围为 2～2.5mg/L，好氧段末端 MLSS浓度范围为 2800～3000mg/L，具体模型如下：

$$\text{MLSS浓度} = 2800 + 200\text{Rnd} \tag{3-11}$$

$$\text{DO}_好 = 2 + 0.5\text{Rnd} \tag{3-12}$$

$$\text{ORP} = -350 - 100\text{Rnd} \tag{3-13}$$

$$\text{DO}_缺 = 0.2\text{Rnd} \tag{3-14}$$

其中，Rnd 表示 0～1 的随机值。

2. 污泥回流泵参数模型

城市污水处理过程回流泵模型主要为回流泵控制提供工作状态评价信息。污泥回流泵的控制方式与进水泵相同，根据集泥池的液位变化不大的特点，设置液位在 340～400cm 动态变化。回流污泥量即进水流量与污泥回流比的乘积。根据劳伦斯-麦卡蒂公式推出剩余污泥量，排放的污泥量应为反应器内的污泥量与泥龄的比。假设微生物浓度与生物池内 MLSS 浓度近似，整个曝气池的体积为 V，单位为 m^3。厌氧、缺氧、好氧三段停留时间之比为三个处理池的体积比。二沉池污泥的含水率从 99.2%到 99.8%动态变化，具体模型如下：

$$\text{NW} = 340 + (400 - 340)\text{Rnd} \tag{3-15}$$

$$\text{NH} = \text{JS\_LL} \times \frac{R}{2} + \text{Rnd} \tag{3-16}$$

$$\text{E2} = 99.2 + 0.6\text{Rnd} \tag{3-17}$$

$$\text{NS1} = \text{MLSS浓度} \times V \times \frac{\text{HDT}}{48 \times 10^6 (\text{HDT} + \text{ODT} + \text{YDT})(1 - \text{E2}/100)\theta_c} + \text{Rnd} \tag{3-18}$$

$$\text{NS2} = \text{MLSS浓度} \times V \times \frac{\text{HDT}}{48 \times 10^6 (\text{HDT} + \text{ODT} + \text{YDT})(1 - \text{E2}/100)\theta_c} + \text{Rnd} \tag{3-19}$$

其中，NW 为集泥池的泥位；R 为污泥回流比，缺省值为 50%；NH 为回流污泥量；E2 为二沉池污泥的含水率；θ_c 为污泥龄，缺省值为 1 天；JS_LL 为氨氮转化率；NS1 和 NS2 分别为 1 号池、2 号池的剩余污泥流量；HDT 为好氧段停留时间，缺省值为 5.2h；ODT 为缺氧段停留时间，缺省值为 2.2h；YDT 为厌氧段停留时间，缺省值为 1.1h。

3. 出水参数模型

出水参数模型主要包括出水氨氮模型、出水总磷模型、出水生化需氧量模型等。例如，出水氨氮模型一般采用硝化反硝化生物脱氮法处理污水中的氨氮。对于氨氮模型，常根据其回流比进行确定。假定进水中所有有机氮全部转化为氨氮，好氧段氨氮全部转化为硝态氮，缺氧段硝态氮全部反硝化。具体模型为

$$\eta = R / (1 + R) \tag{3-20}$$

其中，η 为脱氮效率；R 为回流比。

由 A^2/O 工艺特点可知，此种工艺有较强的脱氮能力，出水中亚硝酸盐氮的浓度很低，小于 1mg/L，所以假定硝态氮全部反硝化，提出的模型为

$$S_{\text{tot}} = \left(1 - \frac{R}{1+R} \times \eta_2\right) \times S_{\text{in}} \times \eta_1 + (1 - \eta_1) \times S_{\text{in}} \tag{3-21}$$

其中，S_{tot} 为出水的总氮浓度；η_1 为进水中可生物降解的有机氮的比例；η_2 为进水中氨氮转化为硝态氮的比例；S_{in} 为进水的总氮浓度。最后通过参数辨识，得到参数 $\eta_1 =0.872$，$\eta_2 =0.71$。

城市污水处理过程出水氨氮控制模型如图 3-1 所示。城市污水处理过程内回流量将直接影响脱氮效果，当回流量较大时，可提高脱氮率，但同时易造成运行费用过高。例如，硝化和反硝化过程，根据进水中反硝化使用的碳源总量变化，通过在线测定反硝化区末端的硝态氮浓度，在一定的范围内适当调节回流泵而

图 3-1　城市污水处理过程出水氨氮控制模型

控制内回流量，使回流的硝态氮能与系统的反硝化能力相匹配，从而最大限度地使硝化过程中产生的硝态氮能够在厌氧区进行反硝化，避免不必要的回流而造成能耗过大。

3.4.2　城市污水处理全流程基准仿真模型

BSM1 基准仿真平台对污水处理过程的设备布局、相应的仿真模型、污水负荷、仿真步骤和仿真结果的评判标准做了详细的标准定义。该平台搭建了一套完整的污水处理工艺流程，可以模拟不同天气条件下的运行工况，为新控制策略的实施提供了一个良好的底层验证平台。同时在该平台下提供了一系列性能评价指标，为不同控制策略对比提供了一个客观公正的评价平台。城市污水处理过程 A/O 工艺如图 3-2 所示，其为典型的前置反硝化脱氮 A/O 工艺污水处理过程。

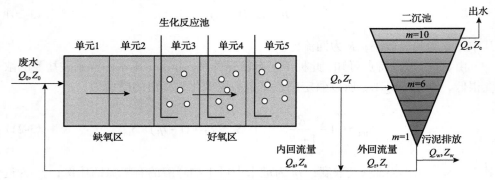

图 3-2　城市污水处理过程 A/O 工艺

BSM1 主要包括生化反应池和二沉池两大部分。生化反应池(又称曝气池)共分为五个单元，其中，前两个单元为缺氧区，主要进行污水处理反硝化过程，后三个单元为好氧区，主要进行污水处理的硝化反应过程。生化反应池部分采用活性污泥模型来模拟整个生化反应过程，二沉池被细分为 10 层，并采用二次指数沉淀速率模型来模拟污水沉淀过程。

1. 生化反应池模型

生化反应池模型用来模拟污水处理过程中微生物的生物化学反应进程，其基本原理与国际水质协会提出的 ASM1 相同。ASM1 中涉及的组分种类、生化反应过程及动力学参数同样适用于 BSM1 的生化反应池。在生化反应池模型中，Q_k 和 Z_k 分别为第 k 个单元中的流量、组分浓度；r_k 为组分 Z_k 对应的反应速率；Q_0 和 Z_0 分别为进水流量及进水的组分浓度；Q_a 和 Z_a 分别为内回流量及内回流硝化液中组分浓度；Q_f 和 Z_f 分别为生化反应池出水流量及生化反应池流入二沉池的组分浓度；Q_r 和 Z_r 分别为外回流量及污泥回流液中的组分浓度；Q_w 和 Z_w 分别为污泥排出量及排放的污泥中的组分浓度；Q_e 和 Z_e 分别为排出的上清液流量及上清液中的组分浓度。

在生化反应池中缺氧区为第一、二单元，其体积相同，为 $V_1=V_2=1000\text{m}^3$。好氧区为第三、四、五单元，这三个单元体积相同，分别为 $V_3=V_4=V_5=1333\text{m}^3$。对于氧传递系数 (K_La)，第一、二单元的氧传递系数为零，即 $K_La_1=K_La_2=0$。第三、四单元为固定值，即 $K_La_3=K_La_4=240$ 天$^{-1}$。而第五单元的氧传递系数则是动态变化的，这是由于在 BSM1 中为了保证较好的出水水质，需要将溶解氧浓度维持在 2mg/L。好氧区第五单元(分区)则通过调节 K_La_5 来保持溶解氧浓度为 2mg/L。除了对生化反应池内微生物的生化反应过程进行模型描述，BSM1 对污水处理过程中各组分从物料平衡方程角度也提出了需要满足的组分物料平衡方程。对于污水处理过程中所有的组分变化及反应过程，根据物料平衡法则，有

$$[累积量]=[输入量]-[输出量]+[生成量]$$

其中，反应量中的正号为物质积累，负号为物质消耗。污水处理生化反应池中各组分质量守恒方程可由式(3-22)～式(3-28)描述。

$k=1$，第一单元(分区)：

$$\frac{\mathrm{d}Z_1}{\mathrm{d}t}=\frac{1}{V_1}(Q_aZ_a+Q_rZ_r+Q_0Z_0+r_1V_1-Q_1Z_1) \tag{3-22}$$

$$Q_1=Q_a+Q_r+Q_0 \tag{3-23}$$

$k=2\sim5$，第二单元(分区)到第五单元(分区)：

$$\frac{\mathrm{d}Z_k}{\mathrm{d}t}=\frac{1}{V_k}(Q_{k-1}Z_{k-1}+r_kV_k-Q_kZ_k) \tag{3-24}$$

$$Q_k=Q_{k-1} \tag{3-25}$$

$$Z_a=Z_f=Z_5 \tag{3-26}$$

$$Z_w=Z_r \tag{3-27}$$

$$Q_f=Q_5-Q_a=Q_e-Q_r+Q_w \tag{3-28}$$

由于溶解氧在生化反应过程中具有重要作用，对出水总氮浓度 (S_{tot})、硝态氮浓度 (S_{NO}) 及氨氮浓度 (S_{NH}) 等有直接影响，通过氧传递系数 K_La 进行控制，其组分浓度平衡方程稍有些特殊，由式(3-29)描述：

$$\frac{dS_{O,k}}{dt} = \frac{1}{V_k}[Q_{k-1}S_{O,k-1} + r_kV_k + K_La_kV_k(S_{O,sat} - S_{O,k}) - Q_kS_{O,k}] \qquad (3\text{-}29)$$

其中，$S_{O,sat}$ 为溶解氧饱和浓度值（取 8mg/L）。

2. 二沉池模型

　　二沉池的作用是泥水分离，使混合液澄清、污泥浓缩并将分离的污泥回流到生物处理段。其效果的好坏，直接影响出水的水质和回流污泥的浓度。在 BSM1 中，二沉池采用国际上公认的"澄清-浓缩"模型来模拟二沉池部分的动力学模型[47]，其布局示意图如图 3-3 所示。

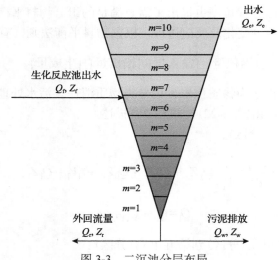

图 3-3　二沉池分层布局

　　二沉池总体积 6000m³，底部面积 1500m²，其高均分为 10 层（$m=1\sim10$），经生化反应池处理的污水由二沉池第 6 层进入。对于二沉池，假定各层间充分混合，且二沉池中没有颗粒性组分流失。二沉池中固体颗粒流量 J_s 为总污泥浓度 X 及双指数沉降速率 $v_s(X)$ 的函数，即 $J_s = v_s(X)$，其中：

$$v_s = \min\left\{v_0', v_0\left(e^{-r_h(X-X_{min})} - e^{-r_p(X-X_{min})}\right)\right\} \qquad (3\text{-}30)$$

$$X_{min} = f_{ns}X_f \qquad (3\text{-}31)$$

$$X_f = 0.75(X_{S,5} + X_{P,5} + X_{I,5} + X_{BH,5} + X_{BA,5}) \qquad (3\text{-}32)$$

其中，v_0' 为最大实际沉降速率；v_0 为最大理论沉降速率；r_h 为沉降扰动参数；

r_p 为慢速沉降参数；f_{ns} 为不可沉降悬浮物比例；$X_{S,5}$、$X_{P,5}$、$X_{I,5}$、$X_{BH,5}$、$X_{BA,5}$ 分别为第五单元不可溶性可慢速生物降解有机物、生物固体衰减中的惰性物质、不可溶性颗粒性不可生物降解有机物、活性异养菌、活性自养菌的浓度；X_f 为生化反应池第五分区进入二沉池的污泥浓度。由物料平衡方程，二沉池中固体浓度 X 的变化率可由式(3-33)～式(3-37)描述。

第 6 层($m=6$)：

$$\frac{\mathrm{d}X_6}{\mathrm{d}t} = \frac{\dfrac{Q_f X_f}{A} + J_{clar,7} - (v_{up} + v_{dn})X_6 - \min\{J_{s,6}, J_{s,5}\}}{Z_6} \tag{3-33}$$

第 2～5 层($m=2$～5)：

$$\frac{\mathrm{d}X_m}{\mathrm{d}t} = \frac{v_{dn}(X_m - X_{m-1}) + \min\{J_{s,m}, J_{s,m+1}\} - \min\{J_{s,m}, J_{s,m-1}\}}{Z_m} \tag{3-34}$$

第 1 层($m=1$)：

$$\frac{\mathrm{d}X_1}{\mathrm{d}t} = \frac{v_{dn}(X_2 - X_1) + \min\{J_{s,2}, J_{s,1}\}}{Z_1} \tag{3-35}$$

第 7～9 层($m=7$～9)：

$$\frac{\mathrm{d}X_m}{\mathrm{d}t} = \frac{v_{dn}(X_m - X_{m-1}) + J_{clar,m+1} - J_{clar,m}}{Z_m} \tag{3-36}$$

第 10 层($m=10$)：

$$\frac{\mathrm{d}X_{10}}{\mathrm{d}t} = \frac{v_{up}(X_9 - X_{10}) - J_{clar,10}}{Z_{10}} \tag{3-37}$$

其中

$$J_{clar,j} = \begin{cases} \min\{v_{s,j}X_j, v_{s,j-1}X_{j-1}\}, & X_{j-1} > 3000\mathrm{mg/L} \\ v_{s,j}X_j, & X_{j-1} \leqslant 3000\mathrm{mg/L} \end{cases} \tag{3-38}$$

$$v_{dn} = \frac{Q_r + Q_w}{A}, \quad v_{up} = \frac{Q_e}{A} \tag{3-39}$$

二沉池中可溶性液体浓度 Z 的变化率可由式(3-40)～式(3-42)描述：

第 6 层($m=6$)：

$$\frac{\mathrm{d}Z_6}{\mathrm{d}t} = \frac{\dfrac{Q_\mathrm{f} X_\mathrm{f}}{A} - (v_\mathrm{up} + v_\mathrm{dn})Z_6}{Z_6} \tag{3-40}$$

第 1～5 层($m=1\sim5$)：

$$\frac{\mathrm{d}Z_m}{\mathrm{d}t} = \frac{v_\mathrm{dn}(Z_{m+1} - Z_m)}{Z_m} \tag{3-41}$$

第 7～10 层($m=7\sim10$)：

$$\frac{\mathrm{d}Z_m}{\mathrm{d}t} = \frac{v_\mathrm{up}(Z_{m+1} - Z_m)}{Z_m} \tag{3-42}$$

3. 进水特性分析

污水处理过程中进水流量、进水组分及污染物浓度水平是影响污水处理过程处理品质的重要因素，并受天气、温度、pH 值等不确定干扰因素的影响。而且，不同的污水处理厂处理的污水进水也有不同，给控制策略的对比分析带来困难。对实际污水处理过程中进水流量及进水污染物浓度数据的收集和整理，BSM1 基准平台给出了实际污水处理厂三种不同工况条件下的进水数据文件，分别为晴天天气、阴雨天气和暴雨天气下 14 天数据，为控制策略的比较提供了统一的进水干扰测试数据。下面对三种不同天气工况下的进水特性进行分析，为实验设计提供研究基础。

1) 晴天天气

晴天进水数据包含了两周 14 天内晴天天气下的动态进水情况。晴天天气工况下污水处理进水流量变化、进水化学需氧量(COD)水平及几种重要进水组分浓度的变化如图 3-4 所示。由图 3-4 可以看出，晴天天气的数据较好地反映了污水处理过程正常天气状况下的进水动态，进水数据具有较强的周期性，呈现白天与夜间、周中(周一至周五)与周末的水量差异。相比于周中，周末的进水数据值下降约 20%，白天与夜间的差异最大差约 3 倍。这与实际排污企业在周末及夜间工作量减小的情况相符。相应地，进水的主要污染物浓度的变化趋势与进水流量的变化趋势相同。从进水污染物变化曲线可见，进水固体悬浮物浓度 S_S 和氨氮浓度 S_NH 明显超标，进水 COD 水平也远超规定标准。晴天天气下表现了污水处理过程的基本变化规律，经常被选为控制策略比较的基本测试工况。

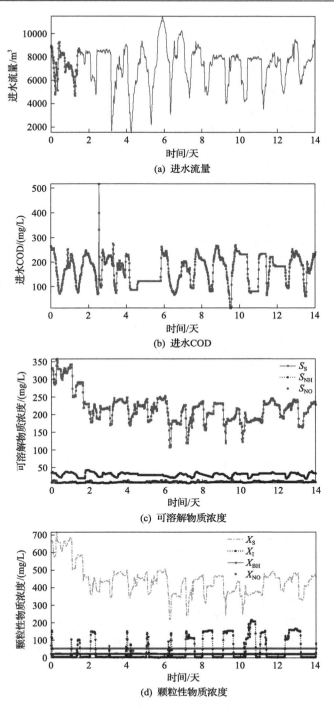

(a) 进水流量

(b) 进水COD

(c) 可溶解物质浓度

(d) 颗粒性物质浓度

图 3-4　晴天天气下各组分浓度变化

2) 阴雨天气

阴雨天气除了包括前 7 天的晴天天气数据外, 增加了第 8～11 天的一个长时间持续降雨过程, 表征出阴雨天气下的进水数据及进水组分的动态变化; 同时, 阴雨天气也反映了周中(周一至周五)及周末的水量变化差异。由于降雨事件, 进水流量幅值变化增大, 最大与最小数值相差约 6 倍。阴雨天气工况下, 污水处理过程进水流量、进水 COD 及重要进水组分浓度变化如图 3-5 所示。

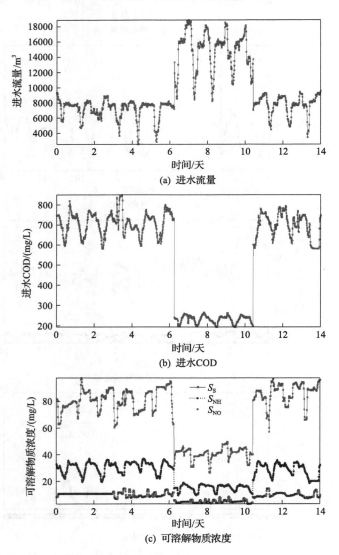

(a) 进水流量

(b) 进水COD

(c) 可溶解物质浓度

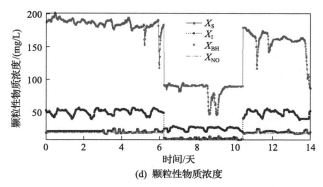

(d) 颗粒性物质浓度

图 3-5　阴雨天气下各组分浓度变化

由图 3-5 可以看出，阴雨天气工况下，进水数据与晴天天气工况数据在第二个周期进水中有所区别，图为增加了第 6～11 天所呈现的持续降雨过程，其余情况下依然表现出较强的周期性，呈现周中与周末、白天与夜间的水量差异。相应地，进水污染物浓度的变化趋势也有所不同。对于进水污染物浓度，进水固体悬浮物浓度 S_S 和氨氮浓度 S_{NH} 超标严重，进水 COD 水平也远超过规定标准。由于控制策略比较采用后 7 天数据文件，阴雨天气可以表征污水处理系统所具有的不确定性干扰及系统不稳定状态，因此在进行控制策略比较时，阴雨天气下的工况数据可被用作控制系统自适应能力的测试工况。

3）暴雨天气

暴雨天气下的数据除了前 7 天晴天天气数据外，在第 9 天和第 11 天增加了反映暴雨出现而产生进水流量大幅度增加的现象，主要体现在第二周进水数据动态变化上。暴雨天气工况下污水处理过程进水流量、进水 COD 及重要进水组分浓度变化如图 3-6 所示。第一周和第二周进水数据的差异呈现出了晴天天气与暴雨天气下不同的进水动态情况，进水污染物浓度也发生相应变化。

由图 3-6 可以看出，暴雨天气工况下，进水数据与晴天、阴雨天气数据在第

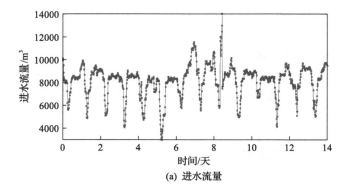

(a) 进水流量

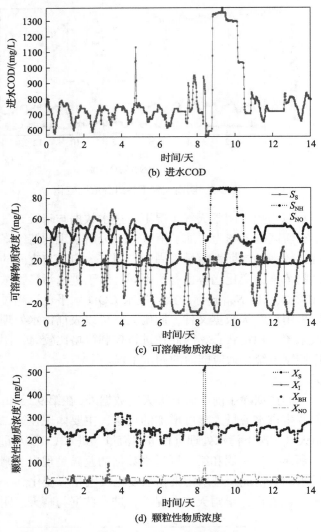

(b) 进水COD

(c) 可溶解物质浓度

(d) 颗粒性物质浓度

图3-6 暴雨天气下各组分浓度变化

二个周期的进水动态变化上均有所不同。暴雨天气下，在第8天呈现出两次短时强降雨，进水流量达到平时最大流量值的近2倍，进水污染物浓度也对应出现了短时剧烈波动。其余情况则与晴天、阴雨天气下类似，表现出较强的周期性，呈现出周中与周末、白天与夜间的差异。对于进水污染物，也出现了重要污染物超标现象，进水 COD 水平远超过规定标准。暴雨天气可表征污水系统受到短时大幅度扰动时所处的不稳定状态，因此暴雨天气工况数据可用于考察控制系统的瞬态响应及自适应能力。

4. 控制性能评价指标

BSM1 针对污水处理过程的控制策略制定了两类评价指标：一类评价指标主要关注控制系统的平稳性，如控制精度、控制量波动等，称为跟踪性能评价指标；另一类评价指标则关注控制策略的经济及环保性能等，如曝气能耗、泵送能耗、出水水质指标等，称为经济效益评价指标。此外，经过处理的出水水质需要达到出水标准，即满足出水水质约束条件。

1）跟踪性能评价指标

跟踪性能评价指标是用系统期望输出与实际输出或主反馈信号之间的偏差衡量控制系统性能优良度的一种尺度。平方误差积分（integral of square error，ISE）、绝对误差积分（integral of absolute error，IAE）、最大误差（maximum error，MAE）以及操作量方差 $\mathrm{Var}(u)$ 的定义如下：

$$\mathrm{ISE} = \frac{1}{t_\mathrm{f} - t_0} \int_{t_0}^{t_\mathrm{f}} e^2(t)\mathrm{d}t \tag{3-43}$$

$$\mathrm{IAE} = \frac{1}{t_\mathrm{f} - t_0} \int_{t_0}^{t_\mathrm{f}} |e(t)|\mathrm{d}t \tag{3-44}$$

$$\mathrm{MAE} = \max\left\{|e(t)|\right\} \tag{3-45}$$

$$\mathrm{Var}(u) = \frac{\left(\int_{t_0}^{t_\mathrm{f}} |\Delta u(t)|\,\mathrm{d}t\right)^2 - \int_{t_0}^{t_\mathrm{f}} |(\Delta u(t))^2|\,\mathrm{d}t}{t_\mathrm{f} - t_0} \tag{3-46}$$

其中，$e(t)$ 为系统在 t 时刻控制变量与设定值间的误差；t_0 为初始时刻；t_f 为终止时刻；$\Delta u(t) = u(t+\mathrm{d}t) - u(t)$。在控制系统中，较小的 ISE 值表征系统具有较好的控制平稳性，较小的 IAE 值表征控制系统瞬态响应特性较好，MAE 主要表征控制系统的稳定性和抗干扰能力，操作量方差 $\mathrm{Var}(u)$ 则表征控制量的波动情况。

2）经济效益评价指标

上层评价指标关注系统运行能耗、过程出水水质等经济效益指标。由于曝气能耗（aeration energy，AE）和泵送能耗（pumping energy，PE）是污水处理过程中系统能耗的主要来源，占总能耗的 60%～70%，因此以减少曝气能耗和泵送能耗为代表的能耗成本优化成为热点研究之一。出水水质（effluent quality，EQ）指标一方面表征了污水处理向受纳水体排放污染物需要支付的费用，另一方面也是衡量出水水质环保指数的综合指标。

（1）曝气能耗。

曝气能耗主要是好氧区鼓风机向生化反应池内进行曝气所产生的能量消耗，

按基准定义，由式(3-47)计算：

$$AE = \frac{S_{O,sat}}{T \times 1.8 \times 1000} \int_t^{t+T} \sum_{i=1}^{5} V_i K_L a_i(t) dt \tag{3-47}$$

可见，曝气能耗的计算与生化反应池各分区的氧传递系数密切相关。

(2)泵送能耗。

在前置反硝化污水处理工艺中，泵送能耗主要取决于系统内回流量 Q_a、外回流量 Q_r 及污泥排出量 Q_w，按基准定义，由式(3-48)计算：

$$PE = \frac{1}{T} \int_t^{t+T} 0.004 Q_a(t) + 0.008 Q_r(t) + 0.05 Q_w(t) dt \tag{3-48}$$

(3)出水水质指标。

出水水质越好，EQ 值越小。EQ 定义为

$$EQ = \frac{1}{1000T} \int_t^{t+T} \Big(B_{SS} S_{S,e}(t) + B_{COD} COD_e(t) + B_{Njk} S_{Njk,e}(t) \\ + B_{NO} S_{NO,e}(t) + B_{BOD5} BOD_{5,e}(t) \Big) Q_e(t) dt \tag{3-49}$$

其中，$S_{S,e}(t)$ 为 t 时刻出水固体悬浮物浓度；$COD_e(t)$ 为 t 时刻出水化学需氧量；$S_{NO,e}(t)$ 为 t 时刻出水硝态氮浓度；$S_{Njk,e}(t)$ 为 t 时刻出水凯氏氮浓度；$BOD_{5,e}(t)$ 为 t 时刻出水中化学需氧量；$B_{SS}=2$、$B_{COD}=1$、$B_{NO}=10$、$B_{Njk}=30$、$B_{BOD5}=2$ 分别为出水固体悬浮物浓度、COD、硝态氮、凯氏氮、五日生化需氧量对出水水质影响的权重因子。

3)出水水质参数约束

出水水质参数约束是指经处理的污水中主要污染物浓度指标需要符合规定的出水标准，通常由出水总氮浓度、化学需氧量、生化需氧量等关键出水水质参数进行衡量。

出水总氮浓度：总氮的浓度水平可以表征水体受到营养物质污染的程度。如果地表水中的含氮物质超标，将导致水体处于富营养化状态，致使微生物及浮游生物大量繁殖[13]。因此，水中总氮浓度是衡量水质优劣最重要的指标之一。

化学需氧量：化学需氧量表征水中还原性物质浓度的高低，化学需氧量越高意味着水中含有越多的还原性物质，有机物污染也越严重。化学需氧量是一个重要且可以被快速测定的有机物污染的参数指标。

生化需氧量：生化需氧量是一个表征水中有机物等一类需氧污染物质含量的综合性指标。生化需氧量越高说明水中所含有机污染物质越多，污染越严重。当

前，生化需氧量无法实现实时测量，需以培养 5 天水样前后溶解氧浓度差作为测算标准，通常以 BOD_5 表示。

5. BSM1 仿真平台搭建与测试

在 MATLAB 环境下搭建仿真平台，并通过进水条件测试仿真平台。首先进行开环仿真，对仿真模型初始化，这时的污水处理过程不施加任何控制策略。采用 COST 网站提供的恒定污水处理数据为输入进行 100 天的开环模拟仿真，并获取出水数据的仿真结果，将仿真结果与 BSM1 标准仿真结果进行比对，若两者一致，则进行动态仿真实验，否则需要检查搭建的模型，并进行修改，直到获得期望的仿真结果。在 BSM1 模型上，采用基准中提供的第一天污水进水数据进行仿真，将结果与基准中上清液处的稳态出水数据进行比对，获得准确的仿真结果。

3.5　城市污水处理过程数据驱动模型

目前数学机理模型广泛运用关键水质参数的动态表达，但城市污水处理过程具有显著的动态特征，机理模型的参数校正困难，难以满足实时辨识需求。虽然污水处理过程检测数据丰富，可以为过程辨识提供可靠的信息，但如何充分利用过程信息实现对污水处理过程的辨识仍然是难点。近年来，数据驱动方法的应用成功地解决了城市污水处理过程中难以获取精确数学模型的检测问题。常见的数据驱动方法包括回归计算、支持向量机、模糊推理、神经网络和优化算法，以及基于这些方法改进的新型算法。

3.5.1　城市污水处理过程数据特点分析

城市污水处理过程数据是污水处理水质检测、过程控制、决策以及异常工况预警的重要依据，同时也是数据驱动模型使用的基础，良好的数据质量能够保障数据驱动模型的性能。然而，由于传感器仪表故障、外部扰动、污水处理过程现场环境波动等因素的影响以及工业大数据时代下数据维度和规模不断增加的情况，过程数据存在多种异常情况。城市污水处理过程数据的特点主要呈现如下几类。

1. 过程数据的缺失

数据缺失在实际污水处理过程中是普遍存在的一种情况。对于处理缺失值或者采样率不一样的情况，通常采取样本删除和数据修补两种策略。对于那些采样率较高的过程变量，可以将此时出现的缺失样本删除，以保持数据的完整性。而对于其他情况，往往需要采用相应的数据修补方式进行数据修补以满足后续建模需求。

2. 过程数据的噪声

城市污水处理过程数据中包含随机噪声，往往是由于数据传输中的随机干扰以及传感器本身的测量误差等因素的影响。然而，传统的确定性模型方法(如主成分分析法、偏最小二乘法等算法)通常忽略了数据噪声情况对模型造成的影响，对城市污水处理过程难以进行准确的描述。

3. 过程数据的多源性

随着现代工业和测量技术的不断发展，越来越多的过程变量(包含温度、压力、液位和浓度)变得可测量，采集的过程变量也逐步呈现了多源特征。对于当前这类多源数据，进行有效降维、避免信息丢失并降低计算复杂度是数据驱动过程建模问题中的重要任务。

3.5.2　城市污水处理过程典型数据驱动模型

数据驱动建模方法较多。其中，面向城市污水处理过程，基于在线表征目的，偏最小二乘回归、径向基神经网络、模糊神经网络和支持向量机等是普遍应用的方法。为了阐述数据驱动建模方法的使用过程，下面以数据驱动的出水氨氮浓度在线预测为例，介绍城市污水处理过程典型数据驱动模型的设计和测试方法。

1. 数据采集

城市污水处理过程中常见的现场采集点位置一般都在生化反应池的厌氧区、缺氧区、好氧区及沉淀池等区域，根据实际生化反应区的运行情况，对污水水样进行采样，将采集到的有代表性的样品送往专业的实验室进行分析，或通过在线仪表安装，获取具有代表性的污水处理数据。

为了实现出水氨氮浓度在线预测，需要在污水处理过程中安装多块仪表，如内循环泵采样仪表安装在有氧池外部，循环泵采样仪表安装在沉淀池，氧化-还原电位检测仪安装在厌氧池，在实验室通过化学需氧量分析仪、总氮分析仪等得到化验结果。以采样方式为区分点，污水处理过程数据大致可以分为现场仪表检测数据和实验室化验数据，现场仪表检测数据有悬浮物浓度、总磷浓度、总氮浓度、氧化-还原电位、硝酸盐氮浓度、溶解氧浓度、正磷酸盐浓度、pH 值、温度，实验室化验的数据有总磷浓度、总氮浓度、化学需氧量等。

2. 数据处理

根据城市污水处理过程数据特点分析，城市污水处理不仅存在缺失、噪声等现象，而且还有多源特征引起的数据尺度和量纲不同的情况。为了获得标准化的数据集，需要对获取的数据进行处理，处理的方法具体如下。

1）数据插值

缺失数据是指在数据运输中由于采样空值、传递丢包、存储周期时间尺度不一致等原因，造成数值在数据库中表现为丢失的状态，不能存储当前时刻所包含的信息。城市污水处理厂通常采用格拉布检验方法补偿异常数据。该方法主要通过依次检验数据中的最值是否属于离群值，若属于离群值，则用检验后数据集的中位数、平均数或众数代替。

2）数据去噪

数据由于受到强干扰、磁场等影响，监测值常出现带噪声数据。针对数据去噪问题，基于概率分布的异常数据检测被广泛应用。先设定数据服从特殊分布；再给定置信概率，确定置信范围；超过置信范围的数据，判定为带有噪声的数据，再通过数字滤波或数据平滑等方法进行去噪。

3）数据归一化

由于数据来源于不同检测仪器仪表，表现出不同的量纲，所以在对水质指标进行数据驱动模型预测前需采用标准化处理时间序列，处理后的序列符合均值为0、方差为1的正态分布，形成标准化的数据集。

3. 辅助变量提取

由于城市污水处理过程工况复杂，干扰信息较多，当辅助变量过多时，测量噪声和过程干扰易对测量结果产生影响，同时也将造成建立的关键水质参数特征模型的复杂度过高，模型实用性和可操作性也会降低。为了实现辅助变量的精简，确保过程信息的真实性，可选择主成分分析法、回归分析法等对相关变量之间的关系进行评价，获取对出水氨氮浓度影响较大的变量作为辅助变量。

4. 数据驱动模型设计

出水氨氮浓度预测的数据驱动模型可定义为

$$y(t) = f(x_1(t), x_2(t), \cdots, x_n(t)) \tag{3-50}$$

其中，$y(t)$ 为数据驱动模型的输出，即出水氨氮浓度在 t 时刻的值；$x_i(t)(i=1,2,\cdots,n)$ 为数据驱动模型的输入，也是选取的辅助变量在 t 时刻的值；$f(\cdot)$ 为非线性表达式，主要描述出水氨氮浓度及其辅助变量之间的映射关系。由于城市污水处理过程具有显著的非线性，因此需要选择合适的方法实现对 $f(\cdot)$ 的模拟和表达。

1）模型结构的确定

数据驱动模型包括数理统计、回归计算、SVM、模糊推理、神经网络和优化算法，以及基于这些方法改进的新型算法。为了便于阐述数据驱动模型参数和结

构设计，此处选用径向基神经网络作为模型的载体，用于逼近非线性表达式。该
网络具有输入层、隐含层和输出层三层结构，网络的输出为

$$y(t) = w(t)v(x(t)) + e(t) \tag{3-51}$$

其中，$w(t)$ 为隐含层与输出层之间的连接权值，$w(t) = [w_1(t), w_2(t), \cdots, w_P(t)]$，
P 为神经元数；$v(t)$ 为隐含层的输出，$v(t) = [v_1(t), v_2(t), \cdots, v_P(t)]^{\mathrm{T}}$，有

$$v_l(t) = \frac{\varphi_l(t)}{\sum\limits_{j=1}^{P} \varphi_j(t)} = \frac{\mathrm{e}^{-\sum\limits_{i=1}^{k} \frac{(x_i(t)-c_{il}(t))^2}{2\sigma_{il}^2(t)}}}{\sum\limits_{j=1}^{P} \mathrm{e}^{-\sum\limits_{i=1}^{k} \frac{(x_i(t)-c_{ij}(t))^2}{2\sigma_{ij}^2(t)}}}, \quad j, l = 1, 2, \cdots, P \tag{3-52}$$

$$\varphi_j(t) = \prod_{i=1}^{k} \mathrm{e}^{-\frac{(x_i(t)-c_{ij}(t))^2}{2\sigma_{ij}^2(t)}} = \mathrm{e}^{-\sum\limits_{i=1}^{k} \frac{(x_i(t)-c_{ij}(t))^2}{2\sigma_{ij}^2(t)}}, \quad i = 1, 2, \cdots, k; \ j = 1, 2, \cdots, P \tag{3-53}$$

$\varphi_j(t)$ 为第 j 个神经元的输出；$c_{ij}(t)$ 为神经元 j 的中心值；$\sigma_{ij}(t)$ 为神经元 j 的隶
属度函数；$e(t)$ 为模型的输出误差。

2）模型参数的校正

常见的数据驱动模型参数校正方法有梯度法、最小二乘法、牛顿法等，其中
梯度法使用基于神经网络的数据驱动模型进行参数校正，具体的校正方法如下：

（1）定义输出评价函数。通常有均方误差、均方根误差及交叉熵等，其中均方
误差最为常见，其表达式为

$$\varepsilon(t) = \frac{1}{2} e^{\mathrm{T}}(t) e(t) \tag{3-54}$$

（2）计算参数的偏导值。参数的偏导数计算方法分别为

$$\frac{\partial \varepsilon(t)}{\partial c_j(t)} = \frac{x(t) - c_j(t)}{\sigma_j^2} \sum_{v=1}^{m} (w_{jv} \varphi_j (1 - \varphi_j) e_v(t)), \quad v = 1, 2, \cdots, m \tag{3-55}$$

$$\frac{\partial \varepsilon(t)}{\partial \sigma_j(t)} = \frac{(x(t) - c_j(t))^2}{\sigma_j^3} \sum_{v=1}^{m} (w_{jv} \varphi_j (1 - \varphi_j) e_v(t)) \tag{3-56}$$

$$\frac{\partial \varepsilon(t)}{\partial w_j(t)} = \varphi_j e(t) \tag{3-57}$$

（3）更新模型参数。模型中心、宽度以及权值更新为

$$C(t+1) = C(t) - \eta \Delta C(t) \tag{3-58}$$

$$\theta(t+1) = \theta(t) - \eta \Delta \theta(t) \tag{3-59}$$

$$W(t+1) = W(t) - \eta \Delta W(t) \tag{3-60}$$

其中，η 为学习率；$\Delta C(t) = [\Delta c_1(t), \Delta c_2(t), \cdots, \Delta c_k(t)]$、$\Delta \theta(t) = [\Delta \theta_1(t), \Delta \theta_2(t), \cdots, \Delta \theta_k(t)]$、$\Delta W(t) = [\Delta w_1(t), \Delta w_2(t), \cdots, \Delta w_k(t)]$分别为归一化层神经元的中心值、宽度和权值变化量矩阵。

5. 数据驱动模型测试

从污水处理处收集真实数据测试模型性能，验证模型的有效性。依据出水氨氮浓度及其辅助变量的数据，测试结果和误差如图 3-7 所示。此外，为了清楚地验证数据驱动模型的性能，表 3-1 给出了机理模型与数据驱动模型(包括回归统计法、支持向量机、模糊神经网络)的比较，比较内容包含均方根误差和精确度。

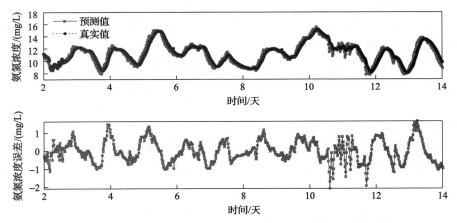

图 3-7　数据驱动的城市污水处理过程氨氮浓度预测与预测误差

表 3-1　不同方法的性能比较

方法	均方根误差	精确度/%
模糊神经网络	0.103	97.94
支持向量机	0.162	96.76
回归统计法	0.221	95.58
机理模型	0.772	81.56

在图 3-7 中，基于数据驱动模型的预测输出可以近似真实输出，且误差较小。表 3-1 中的对比结果显示，采用数据驱动模型不仅具有水质预测的能力，而且预测精度要优于机理模型。此外，不同数据驱动方法预测输出不同，基于模糊神经网络的数据驱动模型精度相对更高。

3.6　本　章　小　结

城市污水处理过程生化反应极其复杂，系统呈现出高度非线性、时变、不确定性和时滞等特点，导致污水处理过程的建模十分困难，过程控制缺乏必要的信息。本章围绕城市污水处理过程控制模型，主要介绍了过程控制模型的概念，以及在城市污水处理过程广泛的应用机理模型和数据驱动模型，描述了模型的特点和应用，具体如下：

（1）介绍了城市污水处理过程控制模型的作用、分类和特点。在城市污水处理过程中，控制模型能够获取过程运行状态与水质参数等信息，使过程控制系统保持较高的控制性能。实际的控制模型种类较多，不同控制模型的特点、适用范围与场景也各不相同，一些常见的机理模型、数据驱动模型、知识驱动模型等均在城市污水处理过程中有应用案例，而这些模型的应用需要严格按照污水处理实际生产过程的特点和条件进行选择及设计。

（2）介绍了城市污水处理过程机理模型的特点与类型，引出了当前应用最为广泛的模型——ASM1。ASM1 包含的反应过程和参数众多，不同的污水处理厂在进水水质、处理工艺及构筑物的参数上存在很大差异，无法有针对性地进行应用，因此还介绍了其他曝气模型、回流泵模型等。这些模型均降低了模型的复杂程度和一些不可测因素的影响，有利于模型的应用和实时控制的实现。

（3）归纳了过程控制方法常用的仿真模型——BSM1，给出了参数在合理范围内整定后的模拟结果，证明了模型的有效性和参数的准确性。另外，通过组分之间的转化将生化反应池和二沉池连接起来，构成活性污泥法的全流程仿真模型。利用全流程仿真模型对具体的污水处理过程进行仿真，通过组分的划分得到模型的输入，模拟后的出水值较好地拟合了实际过程的出水，仿真模型能够为过程控制方法的评估提供有效平台。

（4）总结了城市污水处理过程数据驱动模型。数据驱动模型的使用前提是具备完备和准确的数据，而实际城市污水处理过程数据存在缺失、异常等特点，妨碍了城市污水处理过程数据驱动模型的使用，为了充分利用数据信息，数据驱动模型的使用过程还会涉及数据处理方法。此外，还介绍了数据驱动模型在污水处理过程水质预测方面的应用方法，应用结果显示数据驱动模型的性能要优于机理模型，但数据驱动模型的方法差异也导致了不同的预测结果。

第 4 章　城市污水处理过程 PID 控制

4.1　引　　言

城市污水处理过程中最普遍的控制方法为 PID 控制方法。该控制方法是一种负反馈闭环控制方法，主要由比例、微分、积分三个控制环节组成，具有操作简单、无需精确对象模型、易于实现等优势。PID 控制方法参数易于调整，可根据反馈信息调节系统期望输出与实际输出之间的偏差量，使系统的实际输出收敛至期望值，城市污水处理过程被控变量达到设定值。

城市污水处理过程 PID 控制是一种经典的控制方法，目前已被广泛应用于曝气过程、加药过程及回流过程，且控制效果显著。PID 控制参数需要根据城市污水处理过程控制效果进行反复调节。但是，城市污水处理过程中涉及的变量较多，不同变量间耦合性强，受到外界干扰时不同变量间易互相影响。因此，城市污水处理过程 PID 控制参数调节困难，调整不当会导致控制性能衰退，甚至控制发散。一些学者提出了城市污水处理过程自适应 PID 控制方法，该方法能够根据城市污水处理过程动态校正控制器参数，保障其控制性能。此外，控制系统的设计和应用是 PID 控制应用的重要环节。目前的城市污水处理 PID 控制系统，如数据采集与监视控制 (supervisory control and data acquisition，SCADA) 系统，模块封装程度较高且相对固定，制约了先进控制方法的应用实现。针对该问题，需要设计可灵活操作的城市污水处理过程 PID 控制系统，不仅能够实现重要的控制功能，同时可进行参数灵活调整，使其适用于不同的场景和对象。

本章围绕城市污水处理过程，设计并实现 PID 控制方法。首先，介绍城市污水处理过程 PID 控制基础方法，详述 PID 控制原理、PID 控制器组成、PID 控制器设计过程，并通过仿真测试 PID 控制器在城市污水处理过程溶解氧浓度调节中的控制效果；其次，根据系统的性能指标设计自适应 PID 控制器，并给出自适应 PID 控制的参数自适应更新方法，将其应用于城市污水处理过程关键控制环节；最后，构建城市污水处理过程 PID 控制系统，介绍系统架构设计、系统配置、系统界面设计和系统操作实现。

4.2　城市污水处理过程 PID 控制概述

本节首先介绍城市污水处理过程 PID 控制原理和控制器组成，分析比例、积分、微分三个环节的特点、作用和控制律计算方法；其次，以城市污水处理溶解氧浓度控制为例，介绍 PID 控制器的设计思路方法与步骤；最后，将 PID 控制器应用于典型的城市污水处理案例中，证明该控制方法在城市污水处理过程中的有效性。

4.2.1　PID 控制原理及方法设计

本节以曝气系统控制溶解氧浓度为例，阐述城市污水处理过程 PID 控制原理及方法设计。城市污水处理溶解氧浓度 PID 控制是一种线性控制，其控制输入计算原理是：将溶解氧浓度给定值 $r(t)$ 与实际溶解氧浓度输出值 $y(t)$ 之间的偏差值分别输入至比例、积分、微分环节中，对三个环节输出进行线性组合得到控制输入量。不同的 PID 控制环节具有不同的作用和特点。为了更详细地描述如何利用 PID 控制方法调控污水处理过程，下面介绍三个基本环节的控制原理。

1. 比例控制环节

比例控制是一种具有比例放大作用的控制方式，能够将控制偏差比例放大得到控制器的控制量，实现对城市污水处理过程溶解氧浓度的控制，其结构如图 4-1 所示。

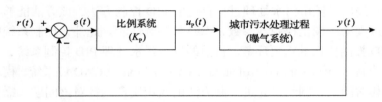

图 4-1　城市污水处理过程比例控制结构图

图 4-1 中，$r(t)$ 为溶解氧浓度设定值，$y(t)$ 为溶解氧浓度的真实值，$e(t)$ 为溶解氧浓度真实值与设定值之间的偏差；$u_P(t)$ 为系统控制量，用于控制与被控变量对应的执行机构曝气泵。设定比例系数为 K_P，则比例控制的输入偏差 $e(t)$ 与控制量 $u_P(t)$ 之间的关系可表示为

$$u_P(t) = K_P e(t) \tag{4-1}$$

对式 (4-1) 进行拉氏变换，有

$$U_P(s) = K_P E(s) \tag{4-2}$$

则比例控制的传递函数为

$$G_P(s) = \frac{U_P(s)}{E(s)} = K_P \tag{4-3}$$

其中，$E(s)$ 为输入偏差 $e(t)$ 的复频域值；$U_P(s)$ 为控制量 $u_P(t)$ 的复频域值；s 为微分因子。由式 (4-1) 可知，比例控制的输出与输入偏差大小成正比，只要溶解氧浓度真实值与设定值之间存在偏差，比例环节就会产生控制作用，减小偏差值。比例控制能迅速对误差做出响应，具有减小稳态误差的作用。但是，比例控制不能完全消除溶解氧浓度稳态误差，尤其是当比例系数较大时，会导致超调量较大，甚至控制不稳定。

2. 积分控制环节

积分控制环节主要针对溶解氧浓度真实值与设定值之间的偏差积分，将系统偏差积分量转换为控制器的控制量，实现污水处理过程的积分控制，其典型控制结构如图 4-2 所示。

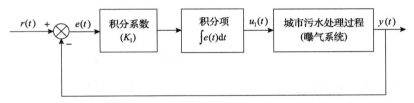

图 4-2　城市污水处理过程溶解氧浓度积分控制结构图

图 4-2 中，$u_I(t)$、$\int e(t)\mathrm{d}t$、K_I 分别为控制变量氧传递系数、积分项和积分系数。城市污水处理过程控制中溶解氧浓度真实值与设定值存在的输入偏差 $e(t)$ 与控制量 $u_I(t)$ 之间的关系可表示为

$$u_I(t) = K_I(t)\int_0^t e(t)\mathrm{d}t \tag{4-4}$$

对式 (4-4) 进行拉氏变换可得

$$U_I(s) = K_I E(s)\frac{1}{s} \tag{4-5}$$

则实现积分控制的传递函数为

$$G_I(s) = \frac{U_I(s)}{E(s)} = \frac{K_I}{s} \tag{4-6}$$

其中，$E(s)$ 为 $e(t)$ 的复频域值；$U_I(s)$ 为 $u_I(t)$ 的复频域值；$1/s$ 为积分因子。由式(4-4)可知，积分控制的输出与溶解氧浓度输入偏差的积分成正比，把偏差的积分反映到输出量 $u_I(t)$ 上，只要溶解氧浓度真实值与设定值之间存在偏差，积分环节就会不断起作用，对输入偏差进行积分，产生控制作用消除系统偏差，且只要系统有误差存在，积分控制器就不断地积累，以消除误差。因而，只要有足够的时间，积分控制将能完全消除误差，使系统误差为零，从而消除稳态误差。但积分作用太强会使系统超调加大，甚至使系统出现振荡。

3. 微分控制环节

微分控制主要对溶解氧浓度真实值与设定值之间的偏差变量求微分，将系统偏差微分量转换为控制器的控制量氧传递系数，其控制结构如图 4-3 所示。

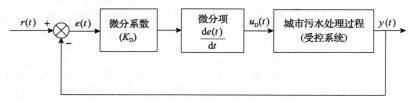

图 4-3　城市污水处理过程微分控制结构图

图 4-3 中，$u_D(t)$、K_D、$de(t)/dt$ 分别为用于调控控制量氧传递系数、微分系数和微分项，微分控制输入偏差 $e(t)$ 与控制量 $u_D(t)$ 之间的关系可表示为

$$u_D(t) = K_D \frac{de(t)}{dt} \tag{4-7}$$

对式(4-7)进行拉氏变换可得

$$U_D(s) = K_D E(s) s \tag{4-8}$$

则微分控制的传递函数为

$$G_D(s) = \frac{U_D(s)}{E(s)} = K_D s \tag{4-9}$$

其中，$E(s)$ 为溶解氧浓度输入偏差 $e(t)$ 的复频域值；$U_D(s)$ 为控制量 $u_D(t)$ 的复频域值。由式(4-7)可知，微分控制系统输出与输入的溶解氧浓度偏差变化率成正比，将溶解氧浓度偏差的变化率反映到控制量 $u_D(t)$ 上，只要溶解氧浓度偏差变化率不为零，微分环节就会不断起作用，对输入偏差进行微分，产生控制作用抑制系统偏差的变化。微分控制可以减小超调量，减小振荡，提高系统的稳定性，加

快系统的动态响应速度，缩短调整时间，改善系统的动态性能。

4.2.2　PID 控制器设计

本节以城市污水处理过程溶解氧浓度 PID 控制为例，阐述 PID 控制器设计的具体方法。城市污水处理过程 PID 控制器的设计包括控制器结构选择和参数整定。

1. PID 控制器结构选择

根据 PID 控制环节方式的不同组合，溶解氧浓度的常用控制方式主要包括三类：比例-积分(PI)控制、比例-微分(PD)控制和 PID 控制。其中，PID 控制能够综合改善溶解氧浓度系统的稳态性能和动态性能。因此，当溶解氧浓度控制系统对溶解氧浓度控制质量要求较高时，可设计 PID 控制器对系统进行控制。针对如何应用 PID 控制调节溶解氧浓度做如下介绍。

溶解氧浓度的 PID 控制综合了比例控制、积分控制与微分控制三种控制方法的优势与特性，根据溶解氧浓度设定值与真实值之间的偏差、偏差微分量和偏差积分量计算用于控制曝气设备的控制量，最终实现溶解氧浓度的控制，具体的溶解氧浓度的 PID 控制结构如图 4-4 所示。

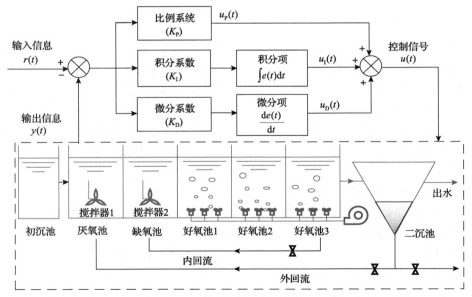

图 4-4　城市污水处理过程溶解氧浓度 PID 控制结构图

溶解氧浓度 PID 控制的输入偏差 $e(t)$ 与控制量 $u(t)$ 之间的关系为

$$u(t) = K_{\mathrm{P}}e(t) + K_{\mathrm{I}}\int_0^t e(t)\,\mathrm{d}t + K_{\mathrm{D}}\frac{\mathrm{d}}{\mathrm{d}t}e(t) \tag{4-10}$$

对式(4-10)进行拉氏变换可得

$$U(s) = K_{\mathrm{P}}E(s) + \frac{K_{\mathrm{I}}E(s)}{s} + K_{\mathrm{D}}E(s)s \tag{4-11}$$

则 PID 控制的传递函数为

$$G(s) = \frac{U(s)}{E(s)} = K_{\mathrm{P}} + \frac{K_{\mathrm{I}}}{s} + K_{\mathrm{D}}s \tag{4-12}$$

式(4-10)也还可表示为

$$u(t) = K_{\mathrm{P}}\left(e(t) + \frac{1}{T_{\mathrm{I}}}\int_0^t e(t)\,\mathrm{d}t + T_{\mathrm{D}}\frac{\mathrm{d}e(t)}{\mathrm{d}t} \right) \tag{4-13}$$

式中，K_{P} 为比例系数；$T_{\mathrm{I}}=K_{\mathrm{P}}/K_{\mathrm{I}}$ 为积分时间常数；$T_{\mathrm{D}}=K_{\mathrm{D}}/K_{\mathrm{P}}$ 为微分时间常数。若溶解氧浓度的设定值与真实值存在偏差，并且偏差变化率不为零，则 PID 环节能消除系统偏差并抑制偏差变化，使溶解氧浓度达到设定值。

2. PID 控制器参数整定

溶解氧浓度 PID 控制系统的核心是 PID 控制参数整定。参数整定需要综合考虑被控过程的特点，确定溶解氧浓度控制系统 PID 控制器的比例系数、积分时间和微分时间的大小。常用于溶解氧浓度控制系统 PID 整定的方法主要分为两种：理论计算整定和工程整定。

理论计算整定主要以被控对象的数学模型为基础，通过理论计算直接得到所需控制器整定参数，需要已知城市污水处理过程的数学模型。其中最为经典的方法为临界比例度法，该方法基于纯比例控制系统临界振荡实验所得的数据，利用经验公式，求得控制器参数值，其整定步骤如下：

(1)将调节器的积分时间常数 T_{I} 置于最大($T_{\mathrm{I}}=\infty$)，微分时间常数 T_{D} 置零($T_{\mathrm{D}}=0$)，比例度 δ 置为较大的数值，闭环运行系统。

(2)待系统运行稳定后，对设定值施加阶跃扰动，并减小 δ，直到系统出现如图 4-5 所示的等幅振荡。记录下此时的临界比例度 δ_k 和临界振荡周期 T_k。

(3)根据记录的 δ_k 和 T_k，按表 4-1 给出的经验公式确定调节器的参数。

临界比例度法不需要对被控对象单独求取响应曲线，直接在闭环反馈控制系统中进行，受实验条件的限制少，计算简单，通用性较强，在工程实际中得到广泛应用。

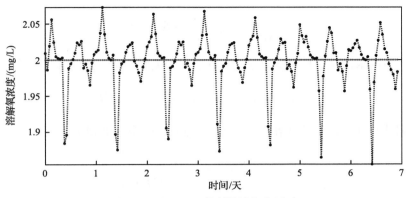

图 4-5　基于 PID 控制的溶解氧浓度

表 4-1　临界比例度法确定的模拟 PID 控制器参数

调节作用	比例度 δ	积分时间常数 T_{I}	微分时间常数 T_{D}
P	$2\delta_k$	—	—
PI	$2\delta_k$	$0.85T_k$	—
PD	$1.8\delta_k$	—	$0.1T_k$
PID	$1.7\delta_k$	$0.5T_k$	$0.125T_k$

　　工程整定方法基于被控对象的阶跃响应曲线，直接在闭环控制系统的实验中确定控制器的相关参数。对于城市污水处理过程控制，利用工程整定方法控制器的参数则依赖于城市污水处理过程操作人员的经验，直接在控制系统实验中进行，该方法简单、易于掌握，广泛应用于各种工程实际中，常见的工程整定方法包括经验试凑法、衰减曲线法和临界比例度法等。

4.2.3　PID 控制器仿真实验

　　为了测试 PID 控制方法的性能，基于城市污水处理过程机理和曝气系统的工作原理，建立溶解氧浓度调节的动力学模型，据此进行控制仿真，获得 PID 控制下溶解氧浓度调节效果，并对仿真结果进行分析评价。仿真测试平台为 MATLAB 中的 Simulink 仿真系统，通过 Simulink 搭建污水处理曝气模型的关键环节，设置采样与控制时间，实现运行测试。

　　城市污水处理过程溶解氧浓度控制系统的输入为鼓风机的空气通量 u，输出为曝气池溶解氧浓度 S_{O}。建立鼓风机的空气通量与曝气池溶解氧浓度之间的数学模型如下：

$$\frac{\mathrm{d}^2 S_{\mathrm{O}}}{\mathrm{d}t^2} = -\frac{Q}{V}\frac{\mathrm{d}S_{\mathrm{O}}}{\mathrm{d}t} - S_{\mathrm{O}} + \varsigma u \tag{4-14}$$

其中，Q 为进水流量；V 为反应池的容积；ς 为关联系数。式(4-14)的拉氏变换为

$$s^2 S_{\mathrm{O}}(s) = -(Q/V)s S_{\mathrm{O}}(s) - S_{\mathrm{O}}(s) + \varsigma U(s) \tag{4-15}$$

根据式(4-15)，曝气池溶解氧浓度 S_{O} 与鼓风机空气通量 u 之间的传递函数为

$$G_{\mathrm{P}}(s) = \frac{S_{\mathrm{O}}(s)}{U(s)} = \frac{\varsigma}{s^2 + (Q/V)s + 1} \tag{4-16}$$

实际系统的模型参数如下：关联系数 $\varsigma = 0.5$，进水流量 $Q = 66.65\mathrm{m}^3/\mathrm{h}$，反应池的容积 $V = 1333\mathrm{m}^3$。将模型参数代入式(4-12)可得曝气控制系统传递函数为

$$G_{\mathrm{P}}(s) = \frac{S_{\mathrm{O}}(s)}{U(s)} = \frac{0.5}{s^2 + 0.05s + 1} \tag{4-17}$$

依据曝气控制系统传递函数(4-17)，按照下述步骤设计 PID 控制器实现对溶解氧溶度的有效控制。根据表 4-1 中 PID 的比例系数 $K_{\mathrm{P}} = 12$，积分时间常数 $T_{\mathrm{I}} = 0.9$，微分时间常数 $T_{\mathrm{D}} = 0.225$。跟踪控制溶解氧浓度的设定值为 2mg/L。图 4-5 和图 4-6 分别为 PID 控制下溶解氧浓度跟踪效果和跟踪误差。图 4-5 说明，在 PID 控制器作用下，溶解氧浓度可以较为精准地跟踪设定值。图 4-6 说明，基于 PID 的溶解氧浓度控制能够保持较小的控制误差。

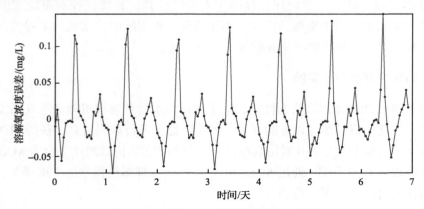

图 4-6　基于 PID 控制的溶解氧浓度误差

为进一步评价 PID 控制效果，引入反馈控制方法、前馈控制方法、前馈反馈控制方法进行比较。采用 IAE、平方误差微分(differential of squared error，DSE)和微分控制输入均方根值(root mean square of differential control，RMSDC)定量评

价控制性能，如表 4-2 所示。从中可以看出，与其他控制器相比，PID 控制方法可实现最小的 IAE、DSE 和 RMSDC。因此，PID 控制方法可以实现更好的溶解氧浓度跟踪效果。

表 4-2　不同控制方法的比较

控制器	IAE/(mg/L)	DSE/(mg/L)	RMSDC/(mg/L)
PID 控制	0.030	0.018	0.313
前馈控制	0.150	0.112	0.780
反馈控制	0.234	0.201	0.531
前馈反馈控制	0.052	0.043	0.461

4.3　城市污水处理过程自适应 PID 控制

参数整定是城市污水处理过程 PID 控制实现高性能控制的关键。然而，城市污水处理过程工况复杂，进水流量及水质参数波动大，导致传统的 PID 控制方法的参数难以在线整定，控制效果不理想。自适应策略能够实现 PID 控制参数在线整定，达到理想的控制效果。本节在传统 PID 控制的基础上，引入参数自适应调整机制，构建自适应 PID 控制器，实现城市污水处理过程 PID 控制参数的在线整定。首先介绍自适应 PID 控制器原理及方法设计；然后给出城市污水处理自适应 PID 控制方法设计思路；最后结合典型的城市污水处理应用案例，证明该控制方法在城市污水处理过程应用的有效性。

4.3.1　自适应 PID 控制原理及方法设计

城市污水处理过程 PID 参数的自适应整定需要选择相应的参数计算方法。常见的自适应 PID 控制主要分为两种：基于辨识法的自适应 PID 控制和基于规则法的自适应 PID 控制，具体如下。

1. 基于辨识法的自适应 PID 控制

基于辨识法的自适应 PID 控制方法适用于城市污水处理过程模型结构已知，城市污水处理过程模型参数未知的对象，采用系统辨识方法得到城市污水处理过程模型参数，并依据参数估计值进行 PID 控制参数调整。

如图 4-7 所示，即利用参数辨识模型估计 PID 参数。当城市污水处理过程特性发生变化时，可以通过最优化某一性能指标或期望的闭环特性，周期性地更新控制器参数，参数辨识可用不同类型的模型作为依据。常见的参数辨识方法包括递归最小二乘法、辅助变量法或最大似然法等。

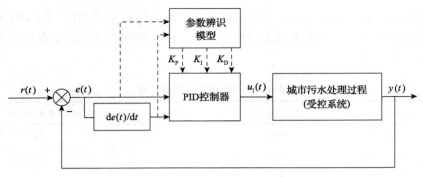

图 4-7　基于辨识法的自适应 PID 控制

2. 基于规则法的自适应 PID 控制

基于规则法的 PID 参数自整定方法利用城市污水处理过程经验归纳的思想，以扩充临界比例度法为基础，将有关 PID 参数整定的城市污水处理过程经验知识总结为具有启发性的产生式规则，建立 PID 参数自整定规则库。如图 4-8 所示，通过正向推理完成参数的闭环自整定，使 PID 控制器的参数根据城市污水处理过程的变化自适应调整，实现优势互补，提高系统的控制性能。

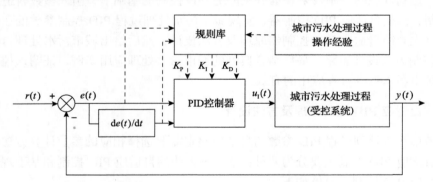

图 4-8　基于辨识法的自适应 PID 控制

例如，PID 控制器的输出氧传递系数为

$$u(t) = K_P \left[e(t) + \frac{T}{T_I} \sum_{j=0}^{t} e(j) + \frac{T_D}{T} (e(t) - e(t-1)) \right] \tag{4-18}$$

式中，$e(t)$ 为第 t 个采样时刻的溶解氧浓度误差；T 为采样周期，K_P、T_I、T_D 分别为 PID 控制器的 3 个参数即比例系数、积分时间常数、微分时间常数。假设控制性能评价的上下限分别为 M_1 和 M_2，则利用控制性能的评价更新 PID 控制参数的规则包括：

(1)若$|e(t)|>M_1$，则进行 PD 控制，其中 K_P 取较大的值 K_1，而积分时间常数 T_I 取无穷大。

(2)若 $M_2<|e(t)|\leqslant M_1$，且 $e(t)\Delta e(t)\geqslant 0$，则进行增强型 PID 控制，其中 K_P 取较大的值 K_2。

(3)若 $M_2<|e(t)|\leqslant M_1$，且 $e(t)\Delta e(t)<0$，则进行一般的 PID 控制，其中 K_P 取较小的值 K_3。

(4)若$|e(t)|\leqslant M_2$，且 $e(t)\Delta e(t)\geqslant 0$，则进行较强的 PID 控制，其中 K_P 取较大的值 K_4。

(5)若$|e(t)|\leqslant M_2$，且 $e(t)\Delta e(t)<0$，则进行 PI 控制，其中微分时间常数 T_D 为零，而 K_P 取较大的值 K_5。

4.3.2　自适应 PID 控制器设计

城市污水处理过程自适应 PID 控制器设计拟采用辨识法实现，采用最优控制中优化二次型性能指标的思想，在加权系数的调整中使输出误差的平方和最小，从而实现自适应 PID 控制。

1. 辨识模型设计

采用核函数模型实现城市污水处理自适应 PID 控制参数的在线辨识。如图 4-9 所示，其中核函数定义为 f，利用微积分计算三个变量：

$$\begin{cases} x_1(t)=e(t) \\ x_2(t)=\Delta e(t)=e(t)-e(t-1) \\ x_3(t)=(\Delta e(t))^2=e(t)-2e(t-1)+e(t-2) \end{cases} \quad (4\text{-}19)$$

核函数的输出为

$$u(t)=u(t)+Kf\left(\sum_{i=1}^{3}w_i(t)x_i(t)\right) \quad (4\text{-}20)$$

其中，K 为增益系数；$w_i(t)$ 为对应状态变量的系数，$i=1,2,3$。核函数具体选用如下 S 型函数，即

$$f(x)=\frac{2}{1+\exp(-2x)}-1 \quad (4\text{-}21)$$

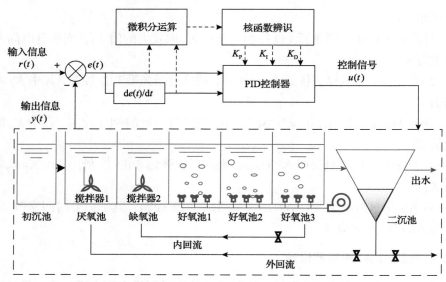

图 4-9　基于参数辨识的城市污水处理自适应 PID 控制

2. 参数优化设计

采用梯度下降法实现 PID 控制器参数的更新，取目标函数：

$$J(t) = \frac{1}{2} e^2(t) \tag{4-22}$$

为了确保权值的调整是按照与损失函数 $J(k)$ 相对于权值 $w_i(k)$ 的负梯度方向进行的，必须有

$$w_i(t+1) = w_i(t) + \Delta w_i(t) = w_i(t) - \eta_i \frac{\partial J(t)}{\partial w_i(t)} \tag{4-23}$$

其中，η_i 为学习率，$\eta_i > 0$；

$$\frac{\partial J(t)}{\partial w_i(t)} = \frac{\partial J(t)}{\partial e(t)} \frac{\partial e(t)}{\partial u(t)} \frac{\partial u(t)}{\partial w_i(t)} \tag{4-24}$$

其中，$\partial J(t)/\partial e(t) = e(t)$；$\partial u(t)/\partial w_i(t) = K(1-f^2(x))x_i(t)$；$\partial e(t)/\partial u(t) = -\partial y(t)/\partial u(t)$，被控对象的特性未知时，$\partial y(t)/\partial u(t)$ 难以求得，因此采用近似求此式的方法，该方法既有较高的速度，又具有较快的收敛速度，适合在线实时控制。

$$\frac{\partial y(t)}{\partial u(t)} = \frac{\Delta y(t) - \Delta y(t-1)}{\Delta u(t) - \Delta u(t-1)} \tag{4-25}$$

令 $\xi(t) = (\Delta y(t) - \Delta y(t-1))/(\Delta u(t) - \Delta u(t-1))$，三个权值的更新规则可以写为

$$\begin{cases} w_1(t) = w_1(t-1) + \eta_1 K(1 - f^2(x))e(t)x_1(t)\xi(t) \\ w_2(t) = w_2(t-1) + \eta_2 K(1 - f^2(x))e(t)x_2(t)\xi(t) \\ w_3(t) = w_3(t-1) + \eta_3 K(1 - f^2(x))e(t)x_3(t)\xi(t) \end{cases} \tag{4-26}$$

其中，η_1、η_2、η_3 分别为比例、积分、微分的学习速率。

增益系数 K 的选取对控制性能影响很大，K 取值较大时，系统动态启动快，但超调量大且超调时间长；K 取值较小时，系统响应变慢，超调量下降；若 K 取得太小，则响应无法跟踪给定信号。在此，考虑使系数 K 进行在线调整。调整思想为：误差较大时，K 取值较大以保证较快的启动速度；误差减小时，K 值相应减小以防止超调。设置 K 的非线性调整公式为

$$K(t) = K_0 + ae^3(t)/r^2(t) \tag{4-27}$$

其中，K_0 为稳态时比例系数；$r(t)$ 为 t 时刻的目标状态；a 为调整系数，可以先取 $0.1K_0$，为初始值，根据实际情况调整。这种方法的优点在于当初期误差较大时，其三次方增大了后项的作用，使 K 值较大时系统启动速度较理想；当误差较小尤其是小于 1 时，后项的三次方大大地减小了后项对 K 的影响，使系统不至于有较大的超调。

4.3.3　自适应 PID 控制器仿真实验

为验证本节介绍方法的可行性，将其应用于污水处理溶解氧浓度控制中，进行仿真实验。以基准仿真模型 BSM1 为基础，控制量为第五单元的氧传递系数 K_La_5，控制器分别采用常规增量式 PID 控制算法和自适应 PID 控制算法。采用晴天天气下输入文件中前 7 天的数据，图 4-10 是对晴天天气下前 7 天对 BSM1 中的溶解氧浓度的控制效果。

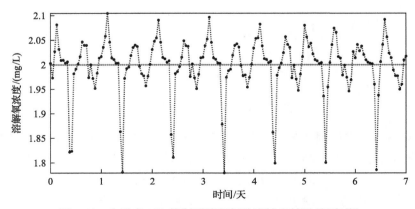

图 4-10　自适应 PID 控制下溶解氧浓度输出结果(恒定值)

一般情况下，污水处理厂要求溶解氧浓度维持在1～5mg/L，仿真实验取期望值输出恒定为2mg/L。控制结果与常规PID控制以及反馈控制结果进行对比，其中常规增量式PID控制算法的参数K_P、K_I、K_D初始分别取10、5、1。自适应PID控制算法的K_0取2，三个学习率均取0.1，初始系数分别与常规增量式PID控制算法的K_P、K_I、K_D相同。测试的响应曲线如图4-10中的虚线所示，可见溶解氧浓度的控制轨迹在2mg/L线上下浮动。溶解氧浓度误差和曝气量分别如图4-11和图4-12所示。由仿真结果可知，自适应PID控制器具较好的动态特性。

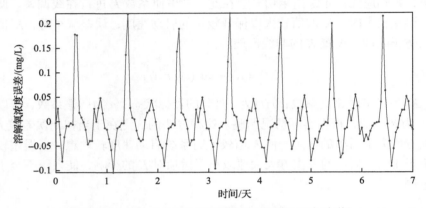

图 4-11　自适应 PID 控制下溶解氧浓度误差(恒定值)

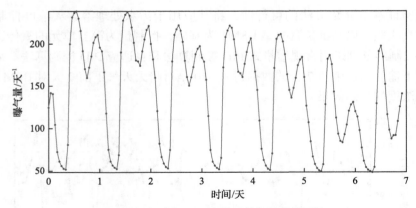

图 4-12　自适应 PID 控制下曝气量(恒定值)

针对城市污水处理系统，不同的时间段进水的水质不同，而且要求的溶解氧浓度也不同，这要求控制器具有较强的自调节能力。为进一步验证控制系统的跟踪性能，在3.5天处期望溶解氧浓度分别设置为2.2mg/L和2.0mg/L，仿真结果如图4-13所示。由仿真结果可得，自适应PID控制器能够快速跟踪期望输出轨迹，具有良好的动态特性和抗干扰能力。图 4-14 为自适应 PID 控制的溶解氧浓度误差，可以看出控制量波动较小，控制平稳。

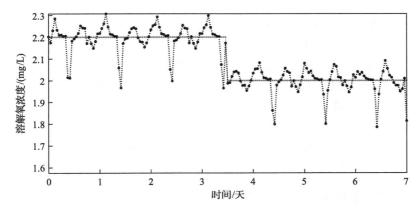

图 4-13 自适应 PID 控制下溶解氧浓度输出结果(变化值)

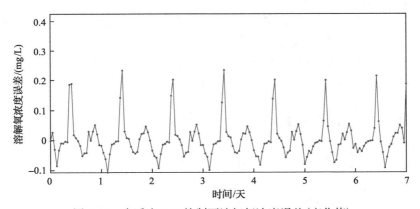

图 4-14 自适应 PID 控制下溶解氧浓度误差(变化值)

表 4-3 给出了三种不同控制器 4h 控制时间内的控制性能比较。从表中可以看出，与常规增量式 PID 控制算法相比，自适应 PID 控制作用下平方误差积分(ISE)绝对误差积分(IAE)、最大误差(MAE)均较小，并且控制量波动更小，控制更平稳。

表 4-3   晴天溶解氧浓度跟踪控制指标   (单位：mg/L)

控制器	ISE	IAE	MAE
自适应 PID 控制	2.12×10^{-6}	3.31×10^{-3}	6.17×10^{-3}
PID 控制	5.88×10^{-3}	2.18×10^{-2}	1.40×10^{-2}
反馈控制	5.21×10^{-2}	4.18×10^{-2}	3.40×10^{-2}

4.4　城市污水处理过程 PID 控制系统

为将城市污水处理过程控制方法应用于实际污水处理厂中，需要设计相应的控制系统。城市污水处理过程 PID 控制系统可实现生产参数的自动检测辨识、参数调整、控制算法嵌入与修改、信息交互、数据存储等，保证城市污水处理后水质的稳定性，降低污水治理的成本，在城市污水处理厂中具有重要的实际应用价值。

本节主要介绍城市污水处理过程 PID 控制系统：首先，对用户需求进行分析，获得需要实现的模块与包含的系统功能；其次，对介绍 PID 控制系统的硬件设备进行描述，详述 PID 控制系统的软件功能；最后，将控制系统应用到实际污水处理厂中，验证该系统的实际效果。

4.4.1　PID 控制系统设计

城市污水处理过程 PID 控制系统设计需要考虑系统功能以及实际控制需求。系统设计方案如图 4-15 所示，需实现的系统功能主要包括注册、登录、控制参数配置与更新等。实际控制需求效果则包括：

（1）城市污水处理过程 PID 控制系统多个模块间可以进行信息交互；

（2）实现对城市污水处理过程关键控制变量的准确控制，保证运行系统的平稳性；

（3）通过内嵌 PID 控制和在线自组织参数调整方法，实现实时修正，减少对

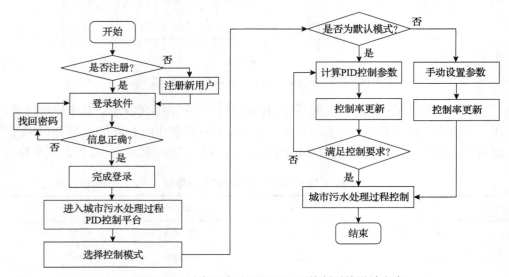

图 4-15　城市污水处理过程 PID 控制系统设计方案

外部环境的依赖；

（4）结果可视化，方便操作人员掌握城市污水处理过程的运行状态，为实时调节运行系统提供依据；

（5）具有可移植性，便于应用于其他城市污水处理过程中。

除了控制系统的设计方案和需求，模块设计是实现城市污水处理过程 PID 控制系统功能的核心，其设计架构如图 4-16 所示。该系统分为用户管理操作系统和 PID 控制平台两部分，其中，用户管理操作系统主要包括用户信息操作模块，完成用户信息的注册与管理以及登录密码的找回等；PID 控制平台主要包括数据存储与处理、PID 控制、人机交互三个模块。

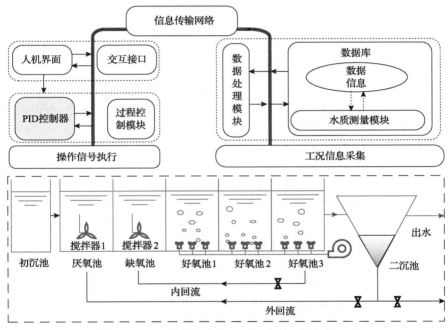

图 4-16　城市污水处理 PID 控制系统架构

1. 用户管理操作系统

用户管理操作系统主要包括登录注册界面、用户信息注册界面及用户信息管理三部分，具体功能如下。

1）登录注册界面

为便于用户的使用以及提高污水处理过程管控信息的保密性，设计登录注册界面，仅授权用户具有权限登录查看控制效果及相关性变量的水质参数动态信息，同时，只有工程师才能从登录注册界面实现对内部程序运行的修改和校正。

系统在初次使用时默认为管理员账户，用户需要根据自己的个人信息进行注册。所有用户的注册信息和过程获取的数据均统一存放于城市污水处理过程的数据库中，该数据库分为两部分，一部分为用户信息，另一部分为过程运行信息，便于管理员对用户信息和过程运行状态信息的管理。软件的登录注册界面主要包括登录、注册及密码找回三个部分。

2）用户信息注册界面

为实现 PID 控制系统在城市污水处理厂应用中具有各类用户操作的能力，同时保证不同用户之间的信息保密，新用户或工程师通过个人注册信息即可获取登录权限，进入控制系统的界面，当登录信息发生错误时，弹出提示框，说明登录信息有误。

2. PID 控制平台

1）数据存储与处理模块

用户根据个人注册信息成功登录后，即可进入 PID 控制系统软件的主界面。主界面主要包括数据采集、离线训练及仿真、关键变量在线控制及帮助四个模块入口。其中，数据采集模块可以实现两部分功能：

（1）根据指示信息选择已保存至数据库的历史数据，并实现对数据的读取和显示；

（2）通过接口与实际城市污水处理厂的中控室组态软件进行连接，通过数据读取请求、实时现场数据的获取和查看，为后续溶解氧浓度、总磷浓度的在线控制做准备。

2）PID 控制模块

PID 控制模块包括对控制变量的目标值设定、过程约束的录入以及控制算法的启停控制操作，并对控制结果、底层控制输出及出水水质等信息进行在线实时显示。通过调用控制算法的界面，依据当前污水处理厂运行状态，对控制算法的相关参数进行在线调整，实现与当前运行状态的匹配，具体操作如下：

（1）控制变量设定。所研发的界面包含了运行模式选择，依据污水处理厂现场运行的需求，运行模式分为两种，即无监督模式和监督模式。其中，无监督模式是指在自动给出设定值后直接下载到底层控制器中作为相应控制变量设定值；监督模式是指在自动给出设定值后，需要经过操作人员确认，若没有问题，则直接下载到底层控制器中，否则进行修改后再手动下载到底层控制器中作为相应控制变量设定值。

（2）算法参数设定。当操作管理员用户登录后，方可进入算法参数界面。在此参数界面中，管理员和用户可对 PID 控制参数进行修改。

（3）控制操作。该控制系统设计了手动和自动两种模式。在启动之前系统默认处于手动模式,并且污水处理过程相应设备处于停滞状态。当系统启动后,相应处理环节会进入自动模式,通过自适应调整 PID 控制参数进行控制,手动模式根据需求人为进行手动参数修改。

(4)结果分析。操作人员利用趋势图及表格等工具,通过观察控制变量的实际值与目标值对比曲线,以及控制误差曲线,了解系统控制效果,实现对整个控制模块的验证。

3)人机交互模块

城市污水处理过程 PID 控制系统人机交互模块主要提供了在实际应用过程中的图形显示、过程数据处理、归档等信息显示,其主要功能包括如下几个方面:

(1)为城市污水处理过程 PID 控制系统提供数据录入和相关参数设定的人机接口,通过与数据存储与处理模块、运行状态预测模块和 PID 控制模块连接,完成城市污水处理过程的流程显示,以及各功能的按钮模式选择等。

(2)显示并记录城市污水处理过程中关键变量的在线实时测量值,如进水流量、氨氮浓度值、溶解氧浓度值、温度值等,对数据进行归档并生成走势图完成记录。

(3)对整个城市污水处理过程 PID 控制系统运行状态进行监控,显示并记录来自不同工况条件下系统的运行效果图,并依据不同的运行效果,为操作人员提供不同的信息。

4.4.2　PID 控制系统配置

城市污水处理过程 PID 控制系统的硬件设备主要包括电气设备和现场仪器仪表。电气设备包括变频器、可编程逻辑控制器(programmable logic controller,PLC)、继电器、鼓风机等,此类设备选型根据城市污水处理厂污水处理规模与需求确定。现场仪器仪表设备选择将依据处理流程的特点、规模和操作规则等因素进行选型,具体原则如下:

(1)设备性能优越,运行安全稳定;

(2)在满足工艺流程的规范下,以节省投资成本为主要目的,无须追求具备过高精度但价格昂贵的设备;

(3)设备的防护等级应不低于 IP65,若实际应用时需要长期浸水则应不低于 IP68;

(4)设备应具有易安装、方便检修、易更换等特点;

(5)在同一控制系统中,设备品种应尽量保持统一。

4.4.3　PID 控制系统界面设计

城市污水处理过程 PID 控制系统主要包括上位机功能模块和下位机功能模

块，其中，上位机功能模块主要包括用户管理平台和控制功能平台；下位机功能模块是接收上位机的命令，再根据命令完成对底层设备的控制，底层设备主要包括 PLC、鼓风机、变频器等电气设备，系统界面如图 4-17 所示。

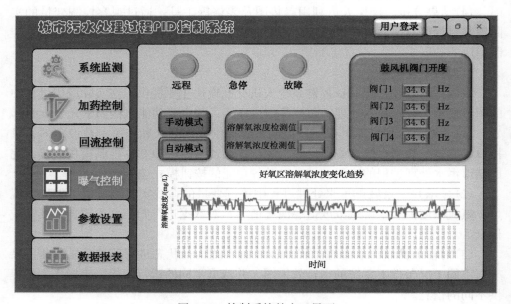

图 4-17　控制系统的交互界面

　　整个控制系统的设计遵循"分布式检测、集中式管理"的原则，数据采集显示、数据处理、状态检测、运行实时监控等功能均由上位机系统在中控室完成，PLC 等设备不具备人机交互功能，当现场操作人员需要获取设备及运行工作状态，或者需要进行手动控制等人机交互操作时，需要在结合人机交互模块的同时，通过具有通信功能的人机交互模块和使用具有触摸操作和通信功能的人机界面完成。

　　上位机功能模块的主要功能是根据用户需求设计城市污水处理过程 PID 控制软件系统，其中，用户管理平台主要包括用户注册模块、用户登录模块、用户信息管理模块。控制平台主要包括数据采集与处理模块、PID 控制模块。

　　下位机功能模块主要通过通信协议完成对上位机命令的接收，并根据上位机的命令完成底层设备的控制，其底层设备主要包括 PLC、鼓风机及其变频器等电气设备。

4.4.4　PID 控制系统操作实现

　　为了实现上层运行控制与底层基础回路控制的协调运行，利用控制软件与底层的 PLC 设备进行连接，实现控制回路的选择、启停等功能。对于系统的控制回路，在监控软件中需要明确指出，哪些回路需要进行手动模式设定，对于未选择的回路，回路将按照开始所给的设定值进行常规运行。对于系统中任一个控制回路，在系统启动之前，所有的回路按照开始设定的模式进行运行。但上述可能出现一些回路未被选择的情况，导致设定值不符合当前实际运行的工况，只需要将该回路的运行模式选择为手动模式，提示操作人员对其进行人工设定，然后完成启动运行。需要指出的是，上层控制算法是根据整体的控制系统运行状态得出的控制方案，因此在所有的控制回路得到控制指令之前，都将按照之前设定的指令运行，一旦上层控制接收到指令后，将传送到底层控制系统，从而实现整个控制系统的运行。另外，操作员可以根据现场工况的需求，将运行模式在监督模式和无监督模式下来回切换，以达到安全稳定运行的目的。在满足出水水质达标的基础上，关键变量的目标值需提前设定，控制在目标值上下，并尽可能地无限接近于目标值。此外，城市污水处理厂将根据实际的运行工况，确定关键过程变量相关参数及正常操作范围。

4.5　本　章　小　结

本章围绕城市污水处理过程数学模型难以精确建立、系统参数动态变化等问题，介绍了城市污水处理过程 PID 控制方法，该方法通过调节系统输出与实际输出之间的偏差量，使得系统的输出逼近城市污水处理过程所需控制对象的设定值，能够实现关键可控变量的实时在线调节。为了进一步提高 PID 控制性能，介绍了一种城市污水处理过程自适应 PID 控制方法，阐述了该控制方法的基本原理、控制器组成及设计步骤，最后将 PID 控制方法应用在实际污水处理过程中，形成了城市污水处理 PID 控制系统，具体内容如下：

首先，概述了传统 PID 控制的基本原理与组成，详细描述了 PID 控制系统的组成部分、参数作用与效果、参数调试方法等内容。以城市污水处理过程溶解氧浓度控制为例，介绍了城市污水处理过程 PID 控制器设计方法，并结合简化的城市污水处理过程曝气模型，运用仿真系统测试了该控制方法的性能，仿真结果表明城市污水处理过程 PID 控制算法具有简单实用、参数易于调节等优势。

然后，针对传统 PID 控制难以根据被控对象状态在线整定参数的问题，引出了自适应 PID 控制方法，介绍了基于参数辨识和规则的自适应 PID 控制方法的设计思路。以基于参数辨识的自适应 PID 控制方法为例，设计了城市污水处理过程自适应 PID 控制方法，实现了 PID 参数自适应调整。最后将该控制器应用于 BSM1 中实现对溶解氧浓度的控制，仿真结果表明，与常规 PID 控制及反馈控制方法相比，自适应 PID 控制方法具有更优越的控制性能。

　　最后，阐述了城市污水处理过程 PID 控制系统的设计架构。从城市污水处理厂实际运行状况出发，介绍了控制设备以及控制系统参数的分析和选择方法，给出了控制系统的安装调试与应用验证思路，在实际城市污水处理厂中进行应用并对应用效果进行了详细的分析。此外，介绍了 PID 控制系统架构和相关的软硬件构成，其中包含数据采集模块、关键水质参数检测模块及 PID 控制模块等，确保能够实现 PID 控制功能。该系统在城市污水处理厂的成功应用表明所提出的控制方法以及据此研制的控制系统在解决城市污水处理过程控制难题方面是有效的，这对于实现城市污水处理过程溶解氧浓度、硝态氮浓度以及出水总磷浓度的控制具有重要的实际应用价值。

第5章 城市污水处理过程神经网络控制

5.1 引　　言

城市污水处理过程由于其过程复杂、机理不清、缺乏必要有效的检测手段或者检测装置等，难以建立被控过程系统的精确数学模型。城市污水处理过程存在非线性、强耦合等特点，涉及的过程参数也具有时变性。因此，利用传统基于模型的控制理论和现代控制理论来解决这类对象的控制问题往往难以奏效，无法有效解决城市污水处理过程控制问题。近年来，神经网络控制已成为自动控制发展的一个新方向，并得到了广泛的应用研究。该控制方法不需要操作对象与环境被控系统的定量数学模型，也无须求解任何微分方程，仅通过过程变量与操作变量之间的关系即可计算出控制律，实现对具有不确定性、复杂系统的控制。相对于一般的控制方法，神经网络控制具有强大的学习能力、潜在的分布并行计算能力，以及对多传感信息的处理性能等优势。因此，神经网络控制已经成为城市污水处理过程控制的重要选择，能克服污水处理过程强非线性的影响，实现城市污水处理非线性过程状态的辨识和控制。

神经网络的结构类型多种多样，常见的有前馈神经网络和递归神经网络（recurrent neural network, RNN），不同的神经网络结构具有不同的适用范围。因此，神经网络控制方法也有不同的分类和适用范围。例如，在城市污水处理过程中，递归神经网络控制方法可以将序列信息和前置输入有机结合，能够有效解决城市污水处理过程存在的时滞问题。此外，由于城市污水处理过程具有显著的时变特征，一些研究学者开发了自组织神经网络控制器，其控制器结构能够随污水处理过程工况的变化自适应调整而变化，可有效地提高神经网络控制器的控制性能。

本章围绕城市污水处理过程强非线性和时变特点，旨在突破城市污水处理过程关键变量精准控制的难题，给出基于前馈神经网络的城市污水处理过程控制、基于递归神经网络的城市污水处理过程控制、基于自组织神经网络的城市污水处理过程控制的整体设计方法，通过相关案例验证三种控制方法在城市污水处理过程实际应用中的有效性。

5.2 城市污水处理过程前馈神经网络控制器

针对城市污水处理过程具有非线性的特点，本节介绍一种前馈神经网络控制方法，实现对生化反应池溶解氧浓度的控制。通过分析城市污水处理过程非线性特征和前馈神经网络控制原理，引出一种城市污水处理过程前馈神经网络控制方法，并结合仿真实验验证该控制方法的性能。在仿真实验验证中，以 BSM1 仿真为基准，对比城市污水处理过程在晴天天气、阴雨天气和暴雨天气三种工况下前馈神经网络控制方法的溶解氧浓度控制效果。

5.2.1　非线性特征分析

城市污水处理过程微生物活性受微生物种类、环境状况、群落间耦合等因素的影响，导致城市污水处理过程呈现出复杂的非线性，主要体现在如下几个方面。

1. 不同生化反应的关联非线性

例如，城市污水处理过程 A/O 工艺中的脱氮过程，首先在生化反应池中利用硝化细菌和亚硝化细菌将氨氮转化为亚硝态氮和硝态氮；其次，在缺氧条件下通过反硝化作用将硝态氮转化为氮气，再通过气体形式溢出水面，从而使污水中含氮物质大量减少，达到脱氮的目的。两段化学反应规律均符合非线性特征。

2. 不同过程单元的关联非线性

城市污水处理过程作为典型的流程工业，工艺过程单元间联系紧密，涉及的生化反应过程复杂。例如，不同曝气池间的溶解氧浓度相互影响，曝气池中好氧区与厌氧区之间也存在溶解氧浓度的非线性关联。由于单个区域的反应过程具有非线性，不同区域反应过程的叠加，污水处理过程具有显著的非线性特征。

3. 不同过程变量的关联非线性

在脱氮除磷各反应阶段泥水混合中，溶解氧浓度、固体悬浮物浓度、硝态氮浓度等对反应过程影响大，因此过程控制需要不断根据泥水混合物中微生物的状态，调节关键影响变量，实现对脱氮除磷过程的衡量，以最大效率地脱氮除磷。由此可见，城市污水处理过程的溶解氧浓度等变量将影响出水水质参数如总磷、总氮等的浓度，不同变量间也具有复杂的非线性特征。

5.2.2　前馈神经网络控制原理及方法设计

神经网络是由大量处理单元相互连接组成的信息处理系统，具有非线性、并行分布/处理、容错性、自适应性等显著优点。随着神经网络控制研究的发展，其在城市污水处理过程控制中的适用性逐渐增加。

针对城市污水处理过程溶解氧浓度，前馈神经网络控制器是建立含有溶解氧浓度的城市污水处理过程的模型，以溶解氧浓度的跟踪误差以及跟踪误差的导数作为前馈神经网络控制器的输入，通过学习在线调整网络的权值，根据过程变量与操作变量之间的关系计算出控制律，使反馈控制输入趋近于零。

5.2.3　前馈神经网络控制器设计

以城市污水处理过程为目标，根据上述前馈神经网络控制原理建立一种神经网络控制器，控制结构如图 5-1 所示。设置神经网络控制器的训练指标为

$$J(k) = 0.5e^2(k) \tag{5-1}$$

其中，$e(k)$ 为第 k 时刻的控制误差，为控制输出与待跟踪信号之间的差值。

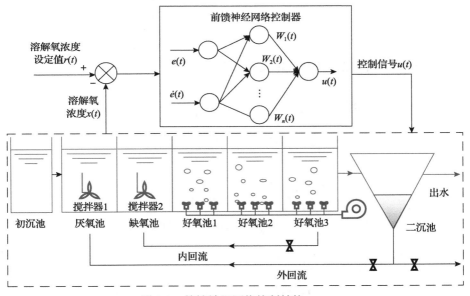

图 5-1　前馈神经网络控制结构

根据式(5-2)，对神经网络控制器进行在线修正：

$$\frac{\partial(0.5e^2(k))}{\partial W_2(k)} = \frac{\partial(r(k)-y(k))}{\partial W_2(k)} = -\frac{\partial y(k)}{\partial W_2(k)} = -\frac{\partial y(k)}{\partial u(k)}\frac{\partial u(k)}{\partial W_2(k)} \tag{5-2}$$

其中，$r(k)$ 为 k 时刻的跟踪信号；$y(k)$ 为 k 时刻的状态输出；$W_2(k)$ 为 k 时刻的权值矩阵。由于城市污水处理系统的时变、非线性等特征，其模型传递函数未知，无法确定 y 与 u 之间的函数关系，式(5-2)无法进行下一步的计算。针对该问题，需要建立城市污水处理过程模型，确定污水处理系统的传递函数，建立模型输入 u 与模型输出 y 之间确定的函数关系。

    针对污水处理系统非线性、大时变的特点，神经网络控制器以系统溶解氧浓度的预测输出与溶解氧浓度设定值的误差 $e(k)=r(k)-y(k)$ 及误差的导数作为神经网络控制器的输入，神经网络控制器的输出作为曝气量的变化量，实现溶解氧浓度的控制。神经网络控制器的输出为

$$u(k) = W_2^c(k) f(W_1^c(k) e(k)) \tag{5-3}$$

其中，$W_1^c(k)$ 为神经网络控制器输入层到隐含层之间的连接权值矩阵；$W_2^c(k)$ 为神经网络控制器隐含层到输出层之间的连接权值矩阵。

    设置神经网络控制器的训练指标为

$$J_c(k) = \frac{1}{2} e^2(k) \tag{5-4}$$

    根据梯度下降法，$W_1^c(k)$ 的变化量为

$$
\begin{aligned}
\Delta W_1^c(k) &= \frac{\partial J_c(k)}{\partial W_1^c(k)} = e(k) \frac{\partial (r - y(k))}{\partial W_1^c(k)} \\
&= -e(k) \frac{\partial y_m(k) + e_m(k)}{\partial W_1^c(k)} \\
&= -e(k) \frac{\partial W_2^m(k) f(W_1^m(k) u(k))}{\partial W_1^c(k)} \\
&= -e(k) W_2^m(k) \Phi(k) W_1^m(k) W_2^c(k) \Psi(k) e(k)
\end{aligned}
\tag{5-5}
$$

其中

$$\Psi(k) = f(W_1^c(k) e(k))(1 - f(W_1^c(k) e(k))) \tag{5-6}$$

    神经网络控制器中的网络建模误差 $e_m(k)$ 是有界的，因此 $e_m(k)$ 关于权值矩阵 $W_1^c(k)$ 的偏导数为 0。

    权值矩阵 $W_1^c(k)$ 的更新可由式 (5-7) 表示：

$$W_1^c(k+1) = W_1^c(k) + \eta_1^c(k) W_2^m(k) H(k)(1 - H(k)) W_1^m(k) W_2^c(k) M(k)(1 - M(k)) e(k) \tag{5-7}$$

其中，$\eta_1^c(k)$ 为权值矩阵 $W_1^c(k)$ 调整的学习率；权值矩阵 $W_2^c(k)$ 的更新方法为

$$W_2^c(k+1) = W_2^c(k) + \eta_2^c(k) W_2^m(k) \Phi(k) W_1^m(k) f(W_1^c(k) e(k)) \tag{5-8}$$

其中，$\eta_2^c(k)$ 为权值矩阵 $W_2^c(k)$ 更新的学习率。

5.2.4　前馈神经网络控制器仿真实验

为了验证城市污水处理过程前馈神经网络控制器的性能，本节通过理论分析和仿真实验进行验证。

1. 城市污水处理过程前馈神经网络控制器性能分析

为了确保城市污水处理过程前馈神经网络控制器精确的跟踪控制性能，本节详细讨论城市污水处理过程前馈神经网络控制器的稳定性。

定理 5-1　对于神经网络控制器，若如下不等式成立：

$$0 < \eta_2^c(k) < \frac{2}{n_1 G(k)} \tag{5-9}$$

则基于神经网络建模控制方法的控制系统是稳定的。其中，$G(k) = \left\| W_2^m(k) \right\|^2 \cdot \left\| W_1^m(k) \right\|^2 \Phi^2(k)$；$n_1$ 为神经网络控制器隐含层神经元数。

证明　定义建模控制系统的 Lyapunov 函数为

$$V(y(k)) = \frac{1}{2}(r - y(k))^2 = \frac{1}{2}e^2(k) \tag{5-10}$$

该函数的梯度为

$$\begin{aligned} \Delta V(y(k)) &= V(y(k+1)) - V(y(k)) \\ &= \frac{1}{2}(e^2(k+1) - e^2(k)) \end{aligned} \tag{5-11}$$

其中

$$e(k+1) = e(k) + \Delta e(k) \tag{5-12}$$

根据全微分定理对 $\Delta e(k)$ 展开有

$$\Delta e(k) = -\eta_2^c(k)e(k)G(k)\left\| \frac{\partial u(k)}{\partial w_{2,i}^c(k)} \right\|^2 \tag{5-13}$$

$$\Delta V(y(k)) = \frac{1}{2}e^2(k)\left[\left(1 - \eta_2^c(k)G(k)\left\| \frac{\partial u(k)}{\partial w_{2,i}^m(k)} \right\|^2 \right)^2 \right] \tag{5-14}$$

同样，对于采用 Sigmoid 函数作为隐含层激活函数并具有 n_1 个神经元的神经网络控制器：

$$0 < \left\| \frac{\partial u(k)}{\partial w_{2,i}^c(k)} \right\| < \sqrt{n_1} \tag{5-15}$$

则有当 $0 < \eta_2^c(k) < 2/(n_1 G(k))$ 时，有

$$\left[\left(1 - \eta_2^c(k)G(k) \left\| \frac{\partial y_m(k)}{\partial W_i^{L2}(k)} \right\|^2 \right)^2 - 1 \right] < 0 \tag{5-16}$$

同时，$e^2(k) \geq 0$，因此 $\Delta V(y(k)) \leq 0$。当 $\|y(k)\| \to \infty$ 时，$V(y(k)) \to \infty$。

根据 Lyapunov 定理，定理 5-1 得证。因此，前馈神经网络建模控制方法根据定理 5-1 选取合适的 $\eta_2^c(k)$ 即可保证控制系统的稳定性。在城市污水处理过程前馈神经网络控制中，严格按照稳定条件选取关键参数，即可保证污水处理过程控制的效果。

2. 仿真实验

利用 Benchmark 仿真平台，将前馈神经网络控制器应用于不同工况中，验证其控制效果。选择晴天天气、阴雨天气、暴雨天气三种天气工况下的城市污水处理过程 14 天的运行数据为实验数据。控制与采样周期均为 15min。

仿真实验以溶解氧浓度跟踪控制为例，构建前馈神经网络控制器，并分别采用前馈神经网络控制、PID 控制、反馈控制方法对生化反应池的溶解氧浓度进行跟踪控制实验。前馈神经网络的结构设定为 1-12-1，学习率设定为 0.5。PID 控制参数设定为 K_P=5，K_I=1，K_D=0.5。为保证对比公平性，在相同的环境和数据下测试前馈神经网络控制方法、PID 控制方法、反馈控制方法，对所得仿真结果进行对比分析。

1) 晴天天气下的溶解氧浓度跟踪控制结果

图 5-2 是在晴天天气下前馈神经网络的建模效果。从中可以看出，神经网络建模可获得较高的精度。图 5-3 中是前馈神经网络控制方法下的溶解氧浓度跟踪效果。表 5-1 中对前馈神经网络控制、PID 控制以及反馈控制的控制结果进行了定量对比，前馈神经网络控制方法的 ISE、IAE 和 MAE 指标均优于其他方法。因此，在晴天天气下，前馈神经网络控制效果最优。

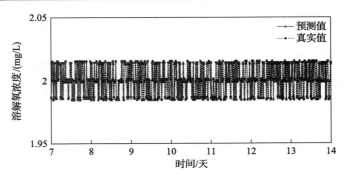

图 5-2　晴天天气下前馈神经网络溶解氧浓度的建模效果

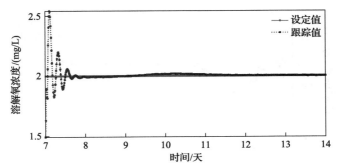

图 5-3　晴天天气下前馈神经网络溶解氧浓度的控制效果

表 5-1　晴天天气下溶解氧浓度控制指标　　　　　　　（单位：mg/L）

控制器	ISE	IAE	MAE
前馈神经网络控制	1.12×10^{-6}	2.54×10^{-4}	1.17×10^{-3}
PID 控制	5.88×10^{-3}	2.18×10^{-2}	1.40×10^{-2}
反馈控制	5.21×10^{-2}	4.18×10^{-2}	3.40×10^{-2}

2）阴雨天气下的溶解氧浓度跟踪控制结果

图 5-4 是在阴雨天气下的前馈神经网络建模结果，从中可以看出，前馈神经网络模型具有很高的精度。图 5-5 是前馈神经网络控制方法下溶解氧浓度的跟踪效果图。表 5-2 分别是前馈神经网络控制方法、PID 控制方法以及反馈控制方法的控制性能评价结果，前馈神经网络控制的 ISE、IAE 和 MAE 指标均小于其他两种方法，所以前馈神经网络控制方法的性能最优。

3）暴雨天气下的溶解氧浓度跟踪控制结果

图 5-6 是暴雨天气下前馈神经网络建模效果，从中可以看出暴雨天气下，前馈神经网络模型具有很高的精度。与阴雨天气下的建模结果相比，前馈神经网络对暴雨天气的短时间、大幅变化工况建模效果更优。

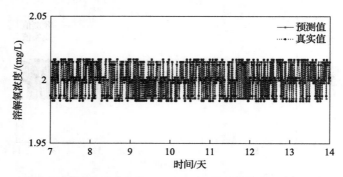

图 5-4　阴雨天气下前馈神经网络溶解氧浓度的建模效果

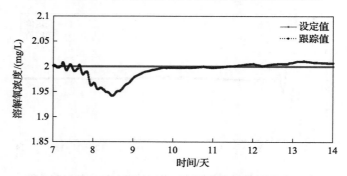

图 5-5　阴雨天气下前馈神经网络溶解氧浓度的控制效果

表 5-2　阴雨天气下溶解氧浓度控制指标　　　　　　　　　（单位：mg/L）

控制器	ISE	IAE	MAE
前馈神经网络控制	$1.77×10^{-5}$	$1.94×10^{-4}$	$7.00×10^{-5}$
PID 控制	$4.59×10^{-4}$	$1.89×10^{-2}$	$5.40×10^{-2}$
反馈控制	$4.64×10^{-4}$	$1.99×10^{-2}$	$6.04×10^{-2}$

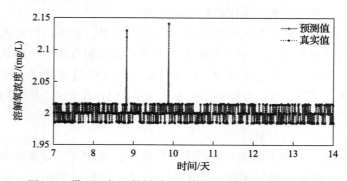

图 5-6　暴雨天气下前馈神经网络溶解氧浓度的建模效果

图 5-7 是暴雨天气下前馈神经网络控制方法的控制效果。表 5-3 分别是前馈神经网络控制和 PID 控制、反馈控制的对比，前馈神经网络控制的 ISE、IAE 和 MAE 指标均小于其他两种控制方法，所以前馈神经网络控制方法的控制性能优于 PID 控制和反馈控制方法。

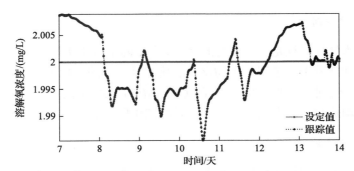

图 5-7　暴雨天气下前馈神经网络溶解氧浓度的控制效果

表 5-3　暴雨天气溶解氧浓度控制指标　　　　　（单位：mg/L）

控制器	ISE	IAE	MAE
前馈神经网络控制	7.5×10^{-8}	2.12×10^{-4}	1.69×10^{-3}
PID 控制	5.96×10^{-3}	2.20×10^{-2}	7.20×10^{-2}
反馈控制	4.59×10^{-2}	8.89×10^{-2}	9.40×10^{-2}

5.3　城市污水处理过程递归神经网络控制器

针对城市污水处理过程的时变特点，本节介绍一种递归神经网络控制方法，实现对生化反应池溶解氧浓度和硝态氮浓度的控制。通过分析城市污水处理过程时变特征和递归神经网络控制原理，引出递归神经网络控制方法。仿真实验中，以 BSM1 仿真为基准，在晴天天气以及动态溶解氧浓度和硝态氮浓度设定工况下，验证城市污水处理过程递归神经网络控制效果，并与其他控制方法进行对比，说明递归神经网络控制器的优势。

5.3.1　时变特征分析

城市污水处理过程具有显著的时变特征，具体如下。

1. 进水时变

在城市污水处理过程中进水类型的变化影响城市污水处理厂的可持续平稳运

行。城市污水处理厂进水负荷的动态变化反映了水质、水量的频繁波动和长期变化，可将其分为常规负荷源和影响负荷源。居民生活作息和周期性生产导致污水白天和晚上存在差异，管网提升泵站的形成和运行导致污水的不规律排放，使污水进水流量和水质不规律。

2. 反应过程时变

城市污水处理过程是一个时变的操作系统，除了进水水质、水量等被动接受，其微生物活性随着曝气过程、生物反应、化学反应等的影响也是动态变化的。例如，硝化细菌受到不同的温度、pH 值以及溶解氧浓度等因素影响，细菌的菌落以及生长状态均随时间而发生变化，直接影响硝化反应的效果。

3. 外部环境时变

城市污水处理过程运行环境复杂，多处于泥水混合状态，并且受到外界天气变化的影响，具有腐蚀性强、干扰多、工况不稳定等特点。城市污水处理过程运行环境具有随机性和不确定性，导致运行过程常常受环境的影响较大。

以上时变特征导致城市污水处理在进水水量与水质等方面表现出快过程的时变特征；而在生化反应池内部，微生物消耗污染过程虽然发生时变，但相对进水水量与水质的变化又是一个"慢过程"。因此，面向城市污水处理过程的时变特征，过程控制需要选择一种具有较强学习和自适应能力的控制方法，同时适应快和慢两种共存的时变过程。

5.3.2　递归神经网络控制原理及方法设计

递归神经网络控制具有较好的动态响应能力，它能够有效地模拟城市污水处理过程的动态特性，为获取控制律奠定基础。本节基于递归神经网络设计城市污水处理过程控制方法，由于需要同时控制溶解氧浓度和硝态氮浓度，递归神经网络的输出为两个控制量，多控制变量之间的耦合性增加了控制器设计的难度。多输入多输出递归神经网络的输入输出关系表达式为

$$Y(k) = G(X_1(k), X_2(k)) \tag{5-17}$$

其中，$X_1(k)$ 和 $X_2(k)$ 均为未知的状态变量，分别模拟一个网络输出和网络输入之间的关联关系；$Y(k)$ 为递归神经网络的输出。

5.3.3　递归神经网络控制器设计

递归神经网络可以较好地模拟城市污水处理过程中状态变量的变化。基于递

归神经网络的城市污水处理控制如图 5-8 所示，$r_1(t)$、$r_2(t)$ 分别为溶解氧浓度和硝态氮浓度设定值，$y_1(t)$、$y_2(t)$ 分别为溶解氧浓度和硝态氮浓度实际输出值，$e(t)$ 为被控变量设定值与实际输出值之间的偏差。

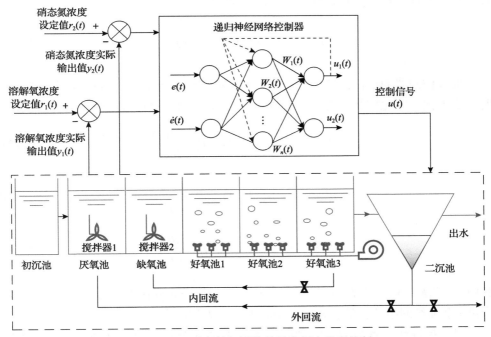

图 5-8　基于递归神经网络的城市污水处理控制

1. 控制器结构设计

首先，设计递归神经网络控制器结构，表示为

$$Y^C(k) = G^C(X_1^C(k), X_2^C(k), u^C(k)) \tag{5-18}$$

$$u^C(k) = [e_1(k)\quad e_2(k)]^T \tag{5-19}$$

$$Y^C(k) = [K_L a_5(k)\quad Q_a(k)]^T \tag{5-20}$$

其中，$e_1(k)$ 为溶解氧浓度设定值与实际输出值之间的偏差；$e_2(k)$ 为硝态氮浓度设定值与实际输出值之间的偏差；$K_L a_5(k)$ 为第五分区的曝气量；$Q_a(k)$ 为从第五分区到第二分区的回流量；$X_1^C(k)$ 为 $e_1(k)$、$e_2(k)$ 与 $K_L a_5(k)$ 之间的非线性映射关系；$X_2^C(k)$ 为 $e_1(k)$、$e_2(k)$ 与 $Q_a(k)$ 之间的非线性映射关系。

2. 控制器参数学习

递归神经网络控制器的参数学习算法采用梯度下降法，在线学习参数包括前件参数和后件参数，设置在线学习性能指标为

$$J(k) = \frac{1}{2}\sum_{p=1}^{2}(y_p(k) - y'_p(k))^2 \tag{5-21}$$

根据控制器的结构设计，$y'_1(k)$ 对 $y_1(k)$ 的逼近及 $y'_2(k)$ 对 $y_2(k)$ 的逼近在学习时互不干扰，因此控制器的参数更新分为两部分同时进行。各参数更新公式为

$$w_{ij}^p(k+1) = w_{ij}^p(k+1) - \eta_{p,ij}^w \frac{\partial J(k)}{\partial w_{ij}^p} \tag{5-22}$$

$$\mu_{ij}^p(k+1) = \mu_{ij}^p(k+1) - \eta_{p,ij}^\mu \frac{\partial J(k)}{\partial \mu_{ij}^p} \tag{5-23}$$

$$\sigma_{ij}^p(k+1) = \sigma_{ij}^p(k+1) - \eta_{p,ij}^\sigma \frac{\partial J(k)}{\partial \sigma_{ij}^p} \tag{5-24}$$

其中，$w_{ij}^p(k+1)$、$\mu_{ij}^p(k+1)$ 和 $\sigma_{ij}^p(k+1)$ 分别为神经元 p 在 $k+1$ 时刻第 i 个输入对应第 j 个神经网络的权值、宽度及中心值；η 为学习率。

根据梯度法，各参数 k 时刻的梯度值如式(5-25)～式(5-27)所示。控制器的参数学习采用梯度下降法，在线学习参数包括前件参数和后件参数。控制器参数更新过程在式(5-21)的模型信息的基础上与式(5-25)～式(5-27)一致，只需将 e_p 替换即可。

$$\Delta w_{ij}^p = \eta_{p,ij}^w \frac{\partial J(k)}{\partial w_{ij}^p} = \eta_{p,ij}^w \frac{\partial J(k)}{\partial y_p} \frac{\partial y_p}{\partial o_{pj}^{(5)}} \frac{\partial o_{pj}^{(5)}}{\partial w_{ij}^p} = -e_p \frac{o_{pj}^{(4)}}{\sum_{j=1}^{m} o_{pj}^{(4)}} \tag{5-25}$$

$$\Delta \mu_{ij}^p = \eta_{p,ij}^\mu \frac{\partial J(k)}{\partial \mu_{ij}^p} = \eta_{p,ij}^\mu \frac{\partial J(k)}{\partial y_p} \frac{\partial y_p}{\partial u_{pj}^{(5)}} \frac{\partial u_{pj}^{(5)}}{\partial u_{pj}^{(5)}} \frac{\partial u_{pj}^{(5)}}{\partial u_{pj}^{(4)}} \frac{\partial u_{pj}^{(4)}}{\partial u_{pj}^{(3)}} \frac{\partial u_{pj}^{(3)}}{\partial \mu_{ij}^p}$$
$$= -2\eta_{p,ij}^\mu \beta (o_j^{(2)} - \mu_{ij}^p) \frac{o_{pj}^{(3)}}{\left(\sum_{j=1}^{m} o_{pj}^{(4)}\right)^2 (\sigma_{ij}^p)^2} \tag{5-26}$$

$$\Delta \sigma_{ij}^p = \eta_{p,ij}^{\sigma} \frac{\partial J(k)}{\partial \sigma_{ij}^p} = \eta_{p,ij}^{\sigma} \frac{\partial J(k)}{\partial y_p} \frac{\partial y_p}{\partial u_{pj}^{(5)}} \frac{\partial u_{pj}^{(5)}}{\partial u_{pj}^{(5)}} \frac{\partial u_{pj}^{(5)}}{\partial u_{pj}^{(4)}} \frac{\partial u_{pj}^{(4)}}{\partial u_{pj}^{(3)}} \frac{\partial u_{pj}^{(3)}}{\partial \sigma_{ij}^p}$$

$$= -2\eta_{p,ij}^{\sigma} \beta (o_j^{(2)} - \mu_{ij}^p)^2 \frac{o_{pj}^{(3)}}{\left(\sum_{j=1}^m o_{pj}^{(4)}\right)^2 \left(\sigma_{ij}^p\right)^2} \tag{5-27}$$

通过控制器结构和参数设计即可完成城市污水处理过程递归神经网络控制器的构建。

5.3.4　递归神经网络控制器仿真实验

为了验证城市污水处理过程递归神经网络控制器的性能，本节通过递归神经网络控制器理论分析，获取关键参数的设置，确保控制器的稳定收敛，同时结合仿真实验验证控制器的性能。

1. 城市污水处理过程递归神经网络控制器性能分析

针对城市污水处理过程递归神经网络控制器，递归神经网络学习过程中学习率的大小具有决定性作用，学习率过小会导致整个学习过程缓慢，学习率过大又会造成网络不稳定从而破坏整个学习过程。针对此问题，城市污水处理过程递归神经网络控制参数学习算法采用基于 Lyapunov 构架下的自适应变化方法，公式如下：

$$\eta_p^w(t) = 1 \Big/ \max_t \left(\frac{\partial y_p(t)}{\partial w_{ij}^p} \right)^2 \tag{5-28}$$

$$\eta_p^{\mu}(t) = 1 \Big/ \max_t \left(\frac{\partial y_p(t)}{\partial \mu_{ij}^p} \right)^2 \tag{5-29}$$

$$\eta_p^{\sigma}(t) = 1 \Big/ \max_t \left(\frac{\partial y_p(t)}{\partial \sigma_{ij}^p} \right)^2 \tag{5-30}$$

自适应学习率的变化可以加快收敛过程，并能保证网络的收敛性。本节通过构造 Lyapunov 函数的方法来获得其收敛性证明。首先构造如下所示的 Lyapunov 函数：

$$V(t) = J(t) = \frac{1}{2} \sum_{p=1}^{N_0} e_p^2 \tag{5-31}$$

由式(5-31)可得

$$\Delta V(t) = V(t+1) - V(t) = \frac{1}{2} \sum_{p=1}^{N_0} (e_p^2(t+1) - e_p^2(t)) \tag{5-32}$$

根据 Lyapunov 稳定性原理，若能证明 $\Delta V \leqslant 0$ 成立，则闭环系统可达到 Lyapunov 意义下的稳定。由模型结构可得

$$\Delta V(t) = \Delta V_1(t) + \Delta V_2(t) + \cdots + \Delta V_{N_0}(t) \tag{5-33}$$

$$\Delta V_p(t) = V_p(t+1) - V_p(t) = \frac{1}{2}(e_p^2(t+1) - e_p^2(t)) \tag{5-34}$$

$$\Delta e(t) = e(t+1) - e(t) \approx \left[\frac{\partial e(t)}{\partial X} \right]^{\mathrm{T}} \Delta X \tag{5-35}$$

其中

$$\left[\frac{\partial e(t)}{\partial X} \right] = \left[\frac{\partial e(t)}{\partial w} \quad \frac{\partial e(t)}{\partial \mu} \quad \frac{\partial e(t)}{\partial \sigma} \right] \tag{5-36}$$

$$\Delta X = \left[\Delta w \quad \Delta \mu \quad \Delta \sigma \right]^{\mathrm{T}} \tag{5-37}$$

定理 5-2　当满足

$$\eta_p^w(t) \leqslant 2 \bigg/ \max_t \left(\frac{\partial y_p(t)}{\partial w_{ij}^P} \right)^2 \tag{5-38}$$

$$\eta_p^\mu(t) \leqslant 2 \bigg/ \max_t \left(\frac{\partial y_p(t)}{\partial \mu_{ij}^P} \right)^2 \tag{5-39}$$

$$\eta_p^\sigma(t) \leqslant 2 \bigg/ \max_t \left(\frac{\partial y_p(t)}{\partial \sigma_{ij}^P} \right)^2 \tag{5-40}$$

时，基于递归神经网络控制器的城市污水处理过程闭环系统是稳定的。

证明　由污水处理过程递归神经网络控制器参数更新公式(5-22)～式(5-27)、式(5-33)～式(5-37)可得

$$\Delta e_p(t) = -e_p(t)\left[\sum_{j=1}^{N_p}\sum_{i=0}^{n}\eta_{p,ij}^{w}\left(\frac{\partial y_p(t)}{\partial w_{ij}^p}\right)^2 + \sum_{j=1}^{N_p}\sum_{i=0}^{n}\eta_{p,ij}^{\mu}\left(\frac{\partial y_p(t)}{\partial \mu_{ij}^p}\right)^2 + \sum_{j=1}^{N_p}\sum_{i=0}^{n}\eta_{p,ij}^{\sigma}\left(\frac{\partial y_p(t)}{\partial \sigma_{ij}^p}\right)^2\right]$$

(5-41)

$$\Delta V_p(t) = -\frac{1}{2}e_p^2(t)\left\{\sum_{j=1}^{N_p}\sum_{i=0}^{n}\eta_{p,ij}^{w}\left(\frac{\partial y_p(t)}{\partial w_{ij}^p}\right)^2\left[2-\eta_{p,ij}^{w}\left(\frac{\partial y_p(t)}{\partial w_{ij}^p}\right)^2\right]\right.$$
$$\left. + \sum_{j=1}^{N_p}\sum_{i=1}^{n}\eta_{p,ij}^{\sigma}\left(\frac{\partial y_p(t)}{\partial \sigma_{ij}^p}\right)^2\left[2-\eta_{p,ij}^{\sigma}\left(\frac{\partial y_p(t)}{\partial \sigma_{ij}^p}\right)^2\right]\right\}$$

(5-42)

由于 $e_p^2 \geqslant 0$，只要式(5-42)花括号中的式子不小于零，就能保证 $\Delta V \leqslant 0$，因此可得出如下条件：

$$\eta_{p,ij}^{w}(t) \leqslant 2\left/\left(\frac{\partial y_p(t)}{\partial w_{ij}^p}\right)^2\right.$$

(5-43)

$$\eta_{p,ij}^{\mu}(t) \leqslant 2\left/\left(\frac{\partial y_p(t)}{\partial \mu_{ij}^p}\right)^2\right.$$

(5-44)

$$\eta_{p,ij}^{\sigma}(t) \leqslant 2\left/\left(\frac{\partial y_p(t)}{\partial \sigma_{ij}^p}\right)^2\right.$$

(5-45)

为了使每一类参数具有统一的学习率标准，计算每类参数 t 时刻的最大梯度值，可以通过式(5-46)～式(5-48)来制定每类参数学习率的统一标准：

$$\eta_p^{w}(t) \leqslant 2\left/\max_t\left(\frac{\partial y_p(t)}{\partial w_{ij}^p}\right)^2\right.$$

(5-46)

$$\eta_p^{\mu}(t) \leqslant 2\left/\max_t\left(\frac{\partial y_p(t)}{\partial \mu_{ij}^p}\right)^2\right.$$

(5-47)

$$\eta_p^\sigma(t) \leqslant 2 \left/ \max_t \left(\frac{\partial y_p(t)}{\partial \sigma_{ij}^p} \right)^2 \right. \tag{5-48}$$

因此，当学习率满足式(5-46)～式(5-48)时，此算法是收敛的，定理 5-2 证毕。

综上，基于 Lyapunov 构架下的自适应方法，对递归神经网络学习过程中学习率参数进行调整，可以保证递归神经网络控制作用下闭环系统的稳定性。

2. 城市污水处理过程递归神经网络控制器仿真实验

通过 BSM1 平台对第五分区中的溶解氧浓度和第二分区中硝态氮浓度控制进行动态仿真实验，并对比 PID、前馈神经网络与递归神经网络的控制效果。

城市污水处理过程递归神经网络控制参数设置如下：通过试凑法确定递归神经网络的规则数为 6，溶解氧浓度控制器和硝态氮浓度控制器参数学习率 η_{DO} 和 η_{NH} 均采用自适应策略，动量项学习率 λ_{DO} 和 λ_{NH} 均为 0.005。仿真实验基于 BSM1 平台进行，实验数据采用 BSM1 中定义的 14 天进水数据，前 7 天数据作为训练样本训练网络，后 7 天数据作为测试样本来验证方法的有效性。辨识器网络输入为 K_La_5、进水流量，输出为溶解氧浓度，采用在线建模的形式进行辨识。控制器网络输入为设定值与实际输出值之间的偏差，输出为 K_La_5 的变化量和进水流量的变化。

为了更好地测试所提方法的性能，实验采用设定值变动的方式进行，在 8～10 天内溶解氧浓度设定值为 2mg/L 到 1.3mg/L，再从 1.3mg/L 到 2.2mg/L，其他时间固定为 2mg/L；硝态氮浓度设定值在 7～10 天内设置为 1mg/L 到 0.8mg/L，再从 0.8mg/L 到 1mg/L，其他时间固定为 1.2mg/L。仿真结果如图 5-9 和图 5-10 所示，从图中可以看出，一方面，即使设定值变化，城市污水处理过程递归神经网络控制器也可以很好地控制溶解氧浓度和硝态氮浓度在很小的误差范围内。

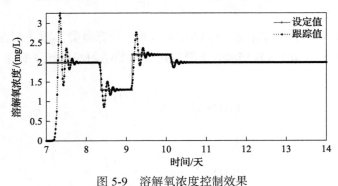

图 5-9　溶解氧浓度控制效果

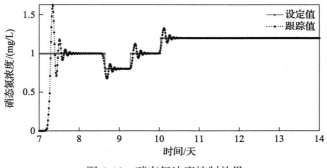

图 5-10　硝态氮浓度控制效果

　　表 5-4 为不同控制方法下溶解氧浓度跟踪效果比较，相较于 PID 和前馈神经网络控制方法对溶解氧浓度的控制，递归神经网络控制方法在 IAE、ISE 和 MAE 三个指标方面都有很大提高。表 5-5 为不同控制方法下硝态氮浓度跟踪效果，相较于 PID 控制和前馈神经网络控制方法对硝态氮浓度的控制，递归神经网络控制方法在 IAE、ISE 和 MAE 三个指标整体也有很大提高。因此，实验验证了递归神经网络控制方法的有效性，所提方法可以提高对溶解氧浓度和硝态氮浓度的跟踪控制效果。

表 5-4　不同控制方法下溶解氧浓度性能指标对比　　　（单位：mg/L）

控制器	IAE	ISE	MAE
递归神经网络控制	0.24	2.4×10^{-4}	0.0563
PID 控制	0.218	3.1×10^{-4}	0.1885
前馈神经网络控制	0.039	5.3×10^{-4}	0.0725

表 5-5　不同控制方法下硝态氮浓度性能指标对比　　　（单位：mg/L）

控制器	IAE	ISE	MAE
递归神经网络控制	0.026	3.18×10^{-4}	0.0827
PID 控制	0.220	1.44×10^{-4}	0.2584
前馈神经网络控制	0.049	7.18×10^{-4}	0.1626

5.4　城市污水处理过程自组织神经网络控制器

　　针对城市污水处理过程工况动态变化的特点，本节介绍一种城市污水处理过程自组织神经网络控制，实现对生化反应池溶解氧浓度的自组织控制，并结合仿真实验验证了该控制方法的性能。在仿真实验验证中，以 BSM1 为基准，对比了城市污水处理过程在晴天天气、阴雨天气和暴雨天气三种工况下自组织神经网络控制方法的溶解氧浓度跟踪效果。

5.4.1　自组织神经网络控制原理及方法设计

为了对溶解氧浓度进行控制，控制器中的神经网络采用四层单输入单输出前馈网络结构，神经网络的输入和输出分别为被控变量的跟踪误差 s 和控制量 u_{nn}，期望的目标是使得网络的输出 u_{nn} 尽可能逼近 u^*。具体的 T-S 模糊神经网络（Takagi-Sugeno fuzzy neural network，TS-FNN）各层函数功能描述如下：

第一层为输入层，作用为传递系统输入信息。

第二层为隶属度函数层，所设计的隶属度函数为高斯函数，则第 i 个隐含层节点的输出为

$$h_i(c_i, \sigma_i, s) = \exp\left(-\frac{(s - c_i)^2}{\sigma_i^2}\right), \quad i = 1, 2, \cdots, n \tag{5-49}$$

其中，c_i 为隶属度函数的中心；σ_i 为隶属度函数的宽度。

第三层为乘积层，乘积层中每个神经元均包含两部分输入，输出为两者的乘积。该层输入为对应隶属度函数层神经元的输出和相应规则后件参数的线性组合，因此第 i 个神经元的输出为

$$h_i(c_i, \sigma_i, s)(\alpha_i^{\mathrm{T}}\xi) = h_i(c_i, \sigma_i, s)\left(\begin{bmatrix} \alpha_{i0} \\ \alpha_{i1} \end{bmatrix}^{\mathrm{T}} \begin{bmatrix} 1 \\ s \end{bmatrix}\right) \tag{5-50}$$

其中，$\xi = [1 \quad s]^{\mathrm{T}}$；$\alpha_i = [\alpha_{i0} \quad \alpha_{i1}]^{\mathrm{T}}$ 为参数。设置乘积层与隶属度函数层中的神经元个数相同，当对神经元进行增减操作时，两层中的神经元个数变化保持一致。

第四层为输出求和层，可表达为

$$u_{nn} = \sum_{i=1}^{n} \alpha_i^{\mathrm{T}} \xi h_i(c_i, \sigma_i, s) \tag{5-51}$$

其中，现存隐含层神经元个数为 n。

由于城市污水处理的控制过程具有复杂的动态特性，包括非线性、时变等特征，结构固定的神经网络控制效果受到很大的挑战。若神经元过少，则系统不能完全包含输入-输出状态空间，导致控制性能较差；反之若规则数过多，则网络复杂性会增加，导致计算负担加重，网络泛化能力变差。因此，利用控制器中神经元的相似性和对不同控制输出的独立贡献度调整控制器结构，可以适应实际信息处理的各种需求，从而提高控制器的性能。

5.4.2   自组织神经网络控制器设计

本节根据自组织神经网络控制原理设计一种溶解氧浓度的自适应控制器。针对污水处理过程的溶解氧浓度控制问题，一般可用 n 阶单输入单输出非线性微分方程描述，具体数学表达为

$$x^{(n)} = f(x,t) + g(x,t)u(t) + d \tag{5-52}$$
$$y = x(t)$$

其中，$f(x,t)$ 和 $g(x,t)$ 为未知连续函数；$u(t) \in \mathbf{R}$ 为系统的控制律；d 为系统干扰；$y \in \mathbf{R}$ 为系统输出；$x = [x_1, x_2, \cdots, x_n]^\mathrm{T} = [x_1, \dot{x}_1, \cdots, x_1^{(n-1)}]^\mathrm{T} \in \mathbf{R}^n$。

系统误差 $e(t)$ 和滤波误差 s 定义如下：

$$e(t) = y_\mathrm{d}(t) - y(t) \tag{5-53}$$

$$s = e^{(n-1)} + k_1 e^{(n-2)} + \cdots + k_n \int_0^t e(\tau)\mathrm{d}\tau \tag{5-54}$$

假设已知系统的动态特性，则可获得理想控制律：

$$u^* = \frac{1}{g(x,t)}\Big[-f(x,t) + y_\mathrm{d}^{(n)} + k^\mathrm{T}e - d\Big] \tag{5-55}$$

其中，y_d 为系统期望输出；$k = [k_1, k_2, \cdots, k_n]^\mathrm{T}$，且 $k_1, k_2, \cdots, k_n$ 均大于零。由式(5-53)和式(5-54)，将式(5-55)代入式(5-52)中，则有 $e^{(n)} + k_1 e^{(n-1)} + \cdots + k_n e = 0$。说明系统误差在 k 设定为 Hurwitz 多项式系数时收敛到零，即 $\lim\limits_{t \to 0} e(t) = 0$。因此，在系统模型已知的情况下，假定 $g(x,t)$ 不为零，利用式(5-55)求出的控制律 u^* 可以保证系统具有稳定的跟踪控制性能。

1. 控制系统整体结构

选取动态神经网络为控制系统结构的数据驱动控制器，则数据驱动的城市污水处理过程直接自适应溶解氧浓度控制方法的整体结构如图 5-11 所示。由图 5-11 可以看出，所设计的控制系统包含数据驱动控制器和补偿控制器两部分。其中，采用神经网络设计完成数据驱动的控制输入，设计控制器以逼近理想控制律 u^*。神经网络的在线学习过程包括结构学习和参数学习两部分，前者采用增长-修剪-合并算法来确定隐含层节点个数，后者由梯度下降法给出。补偿控制器 u_sc 用来补偿网络逼近误差。整体控制的目标是通过计算出匹配的控制量 u(氧传递系数 $K_\mathrm{L}a_5$)，以使系

统的输出 y(第五分区溶解氧浓度 S_O)可以跟踪溶解氧浓度设定值 y_d。

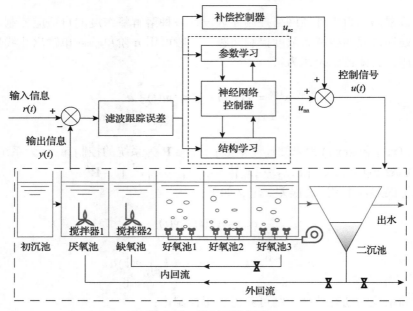

图 5-11 控制系统框图

2. 结构学习算法

自组织神经网络控制器的在线学习任务包括结构学习和参数学习。其中，结构学习主要采用增长-修剪-合并算法确定隐含层节点数，即模糊规则数；参数学习主要是求取隶属度函数中心和宽度，以及规则后件参数。网络中隐含层神经元个数相同，以下将交替使用两者。

1) 结构增长策略

该算法的思想是将隐含层神经元激活强度和系统输出误差作为判断准则，以此进行结构增长操作。当隶属度函数层神经元输出较小时，意味着当前输入对该隐含层节点的激活强度不够。因此，当输入数据导致隶属度函数层中所有神经元的激活强度均未超过某个设定的阈值时，需要考虑增加一个隐含层节点，增加准则可由式(5-56)和式(5-57)描述：

$$h_{max} = \max_{1 \leqslant i \leqslant n}(h_i(c_i, \sigma_i, s)) \tag{5-56}$$

$$h_{max} \leqslant G_{th} \tag{5-57}$$

在污水处理过程控制中，当系统输出误差较大时，说明网络的逼近能力不足，应考虑增加隐含层节点。为避免异常数据带来影响，利用滑动窗口内的平均误差式(5-58)作为判断准则，当满足式(5-59)时，增加隐含层节点：

$$\text{error} = \frac{\sum\limits_{i=t-M+1}^{t} \text{error}_i}{M} \tag{5-58}$$

$$|\text{error}| \geqslant E_{\text{th}} \tag{5-59}$$

其中，$\text{error}_i = y(i) - y_{\text{d}}(i)$；$M$ 为滑动窗口内的数据个数；E_{th} 和 $G_{\text{th}} \in (0,1)$ 为选定的合适阈值。

假设 t 时刻增长条件满足，则增加一个隐含层节点(规则)，初始参数设置为

$$c_{n+1} = s, \quad \sigma_{n+1} = \sigma, \quad \alpha_{n+1} = 0 \tag{5-60}$$

隐含层节点个数(规则数)加 1，即 $n(t+1) = n(t) + 1$。

2) 结构修剪策略

为避免隐含层节点个数过度增长，出现结构冗余的问题，设计网络在线修剪算法，提出一种基于规则无用率的删减算法。其设计思想为，从某条规则(假设第 j 条)开始使用起，计算规则在网络学习过程中起重要作用和不重要作用的次数，由式(5-61)和式(5-62)表达；同时，根据式(5-63)计算现存每条规则的无用率。当 t 时刻现存规则满足式(5-64)时，删除该条规则：

$$R_j(t+1) = \begin{cases} R_j(t)+1, & h(j) < \beta \\ R_j(t), & h(j) \geqslant \beta \end{cases} \tag{5-61}$$

$$M_j(t+1) = \begin{cases} M_j(t)+1, & h(j) > \beta \\ M_j(t), & h(j) \leqslant \beta \end{cases} \tag{5-62}$$

$$\text{Rate\_useless}_j = \frac{R_j}{R_j + M_j} \tag{5-63}$$

$$\text{Rate\_useless}_j \geqslant R_{\text{th}} \tag{5-64}$$

其中，$\beta \in (0,1)$ 为隐含层节点在网络学习过程中是否起重要作用的设定值；$R_{\text{th}} \in (0,1)$ 时删除阈值，设置时需要将采样周期快慢考虑在内。由上述公式可知，所提结构删减算法具有计算量小的特点，非常适合在线控制。

为保证神经网络稳定输出，减少删除节点对网络的影响，对网络参数进行补

偿。假设 t 时刻第 j 个隐含层节点满足删除条件，找出与第 j 个神经元欧氏距离最近的隐含层神经元，记为 $j\text{-}j$，并进行如下参数调整：

$$
\begin{aligned}
c'_{j\text{-}j} &= c_{j\text{-}j} \\
\sigma'_{j\text{-}j} &= \sigma_{j\text{-}j} \\
\alpha'_{j\text{-}j} &= \alpha_{j\text{-}j} + \frac{\alpha_j h_j}{h_{j\text{-}j}}
\end{aligned}
\tag{5-65}
$$

其中，$c_{j\text{-}j}$、$\sigma_{j\text{-}j}$、$\alpha_{j\text{-}j}$ 为神经元 $j\text{-}j$ 在结构调整前的相应参数；$c'_{j\text{-}j}$、$\sigma'_{j\text{-}j}$、$\alpha'_{j\text{-}j}$ 为神经元 $j\text{-}j$ 在结构调整后的相应参数。

在实际生物神经网络中，神经元并非总处于活跃状态，一直不活跃的神经元最终将会衰亡，因此基于无用率的删减机制具有一定的生物学基础。

3）结构合并策略

在控制过程中，由于神经网络的隶属度函数的中心在学习过程中不断调整，某些中心在空间上可能会比较接近，从而产生冗余的隐含层节点。因此，在考虑隶属度中心分布情况的基础上设计了合并算法，以期获得更为紧凑的网络结构。同时，为了采用合并算法后保持网络的收敛性，对神经元参数进行了补偿。

首先，根据式(5-66)计算网络中现存所有隶属度函数中心间的欧氏距离；然后，根据式(5-67)找到各隶属度函数中心间的最小欧氏距离 $d_{\min}$；最后，根据式(5-68)判断规则是否需要合并。若 $d_{\min}$ 小于给定的阈值，则对应于该隶属度函数中心所在的两个神经元被合并成一个新神经元，即

$$
d_{ij} = \left\| c_i - c_j \right\|
\tag{5-66}
$$

$$
d_{\min} = \min_{i,j=1,2,\cdots,n} \{d_{ij}\}
\tag{5-67}
$$

$$
d_{\min} < d_{\text{th}}
\tag{5-68}
$$

其中，d_{th} 为设计者给定的较小的正数，在研究中一般给定为 0.02。

假定隐含层中第 i' 个和 j' 个神经元满足上述设计的合并准则，则它们将被合并为一个新的神经元，具体新神经元的中心、宽度及后件参数设置如下：

$$
\begin{aligned}
c_{i',\text{new}} &= \frac{c_{i'} + c_{j'}}{2} \\
\sigma_{i',\text{new}} &= \max\{\max\{\sigma_{i'}, \sigma_{j'}\}, (\sigma_{i'} + \sigma_{j'} + d_{\min})/2\} \\
\alpha_{i',\text{new}} &= \frac{\alpha_{i'} h(c_{i'}, \sigma_{i'}, s) + \alpha_{j'} h(c_{j'}, \sigma_{j'}, s)}{h(c_{i',\text{new}}, \sigma_{i',\text{new}}, s)}
\end{aligned}
\tag{5-69}
$$

其中，$c_{i',\text{new}}$、$\sigma_{i',\text{new}}$ 和 $\alpha_{i',\text{new}}$ 为合并后获得的新神经元(模糊规则)的参数。增加、修剪及合并神经元时考虑的参数补偿在理论上可以保证网络的收敛性。

3. 参数学习算法

为使系统快速收敛，将自组织神经网络控制器参数学习性能函数设置为

$$J = s\dot{s} \tag{5-70}$$

控制量包括神经网络控制器输出控制量和补偿控制量两部分，即

$$u = u_{\text{nn}} + u_{\text{sc}} \tag{5-71}$$

控制误差方程可表示为

$$\dot{s} = e^{(n)} + k_1 e^{(n-1)} + \cdots + k_n = g(x)(u^* - u_{\text{nn}} - u_{\text{sc}}) \tag{5-72}$$

利用梯度下降法，可推得

$$\begin{aligned}
\Delta c_i &= -\eta_c \frac{\partial J}{\partial c_i} = \eta_c s \alpha_i^{\mathrm{T}} \xi \frac{s - c_i}{\sigma_i^2} h_i \\
\Delta \sigma_i &= -\eta_\sigma \frac{\partial J}{\partial \sigma_i} = \eta_\sigma s \alpha_i^{\mathrm{T}} \xi \frac{(s - c_i)^2}{\sigma_i^3} h_i \\
\Delta \alpha_i &= -\eta_\alpha \frac{\partial J}{\partial \alpha_i} = \eta_\alpha s h_i \xi
\end{aligned} \tag{5-73}$$

令 $\theta = [\,c^{\mathrm{T}}\quad \sigma^{\mathrm{T}}\quad \alpha^{\mathrm{T}}\,]^{\mathrm{T}}$，则参数更新的公式为

$$\theta(t+1) = \theta(t) + \Delta\theta(t) \tag{5-74}$$

其中，$c = [c_1, c_2, \cdots, c_n]^{\mathrm{T}}$，$\sigma = [\sigma_1, \sigma_2, \cdots, \sigma_n]^{\mathrm{T}}$，$\alpha = [\alpha_1, \alpha_2, \cdots, \alpha_n]^{\mathrm{T}}$，$\eta_c \in (0,1)$、$\eta_\sigma \in (0,1)$ 和 $\eta_\alpha \in (0,1)$ 分别为网络中心、宽度和后件参数的学习率。

4. 补偿控制器设计

由于污水处理在线控制中，数据驱动模型不能绝对逼近理想控制律，因此存在逼近误差：

$$\varepsilon = u_{\text{nn}} - u^* \tag{5-75}$$

为了使控制系统稳定，设计补偿控制器来补偿逼近误差 ε。但由于难以精准获取实际逼近误差，因此利用逼近误差估计值设计如下补偿控制器：

$$u_{sc} = \hat{\varepsilon} + ks \tag{5-76}$$

其中，$\hat{\varepsilon}$ 为逼近误差估计值；k 为较小的正常数。逼近误差变化率设置为

$$\dot{\hat{\varepsilon}} = \eta_{\varepsilon}s \tag{5-77}$$

5.4.3　自组织神经网络控制器仿真实验

本节通过理论分析和仿真实验验证城市污水处理过程自组织神经网络控制器的性能。

1. 城市污水处理过程自组织神经网络控制器性能分析

数据驱动控制器的在线学习和保证控制系统稳定是数据驱动控制系统设计的主要任务，由于本章选取神经网络模型作为数据驱动模型，因此需要对自组织神经网络控制系统的稳定性和自组织神经网络模型的收敛性分别进行分析。

1) 自组织神经网络控制系统的稳定性分析

定理 5-3　对于可由式(5-52)描述的非线性系统，当采用式(5-71)计算出控制律，神经网络控制器和补偿控制器分别采用式(5-51)和式(5-76)进行计算，逼近误差变化率采用式(5-77)计算，神经网络参数由式(5-73)所示的梯度下降法调整，则可以保证自组织神经网络控制下的闭环系统是渐近稳定的。

证明　将式(5-76)、式(5-77)代入式(5-72)，得

$$\dot{s} = g(x)(\varepsilon - \hat{\varepsilon} - ks) = g(x)(\tilde{\varepsilon} - ks) \tag{5-78}$$

其中，$\tilde{\varepsilon} = \varepsilon - \hat{\varepsilon}$。

设 Lyapunov 函数为

$$V(t) = \frac{1}{2}s^2 + \frac{1}{2\eta_{\varepsilon}}\tilde{\varepsilon}^2 \tag{5-79}$$

其中，$\eta_{\varepsilon} \in (0,1)$ 为 $\dot{\hat{\varepsilon}}$ 的学习率。

对式(5-79)两边取微分，得

$$\begin{aligned}
\dot{V} &= s\dot{s} + \frac{1}{\eta_{\varepsilon}}\tilde{\varepsilon}\dot{\tilde{\varepsilon}} = s(g(x)(\tilde{\varepsilon} - ks)) + \frac{1}{\eta_{\varepsilon}}\tilde{\varepsilon}\dot{\tilde{\varepsilon}} \\
&= s(\tilde{\varepsilon} - ks) + \frac{1}{\eta_{\varepsilon}}\tilde{\varepsilon}\dot{\tilde{\varepsilon}} = \tilde{\varepsilon}\left(s + \frac{1}{\eta_{\varepsilon}}\dot{\tilde{\varepsilon}}\right) - ks^2 \\
&= \tilde{\varepsilon}\left(s - \frac{1}{\eta_{\varepsilon}}\dot{\hat{\varepsilon}}\right) - ks^2
\end{aligned} \tag{5-80}$$

将式(5-78)代入式(5-80)，整理得

$$\dot{V} = -ks^2 \leqslant 0 \tag{5-81}$$

由式(5-81)可知 $\dot{V}(t)$ 负半定，即 $V(t) \leqslant V(0)$ ，说明 $s(t)$ 和 $\tilde{\varepsilon}$ 是有界的。

令 $W(t) \equiv ks^2 \leqslant -\dot{V}(t)$ ，通过对两边积分，可得

$$\int_0^t W(t)\mathrm{d}t \leqslant V(0) - V(t) \tag{5-82}$$

$V(0)$ 有界， $V(t)$ 有界且为非增长函数，则存在

$$\lim_{t \to \infty} \int_0^t W(t)\mathrm{d}t < \infty \tag{5-83}$$

又由于 $\dot{W}(t)$ 有界，结合 Barbalat 引理[114]可知， $\lim_{t \to \infty} W(t) = 0$ ，表明 $t \to \infty$ 时，有 $S(t) \to 0$ ，因此可以保证自组织神经网络控制器的稳定性。

2) 自组织神经网络收敛性分析

自组织神经网络收敛性分析分为网络结构调整(增长、修剪及合并)阶段和网络结构不变阶段，以下分别进行讨论。

(1) 网络中神经元增长阶段。

假设第 t 个采样时刻，网络满足增长条件。增长前后神经网络的输出误差变化计算公式为

$$\varepsilon_{n+1}(t) = u_{\mathrm{nn}} - u^* = \sum_{i=1}^{n+1} \alpha_i^{\mathrm{T}} \xi h_i - u^* = \sum_{i=1}^{n} \alpha_i^{\mathrm{T}} \xi h_i - u^* + \alpha_{n+1}^{\mathrm{T}} \xi h_{n+1} \tag{5-84}$$

代入参数调整公式(5-65)，得

$$\varepsilon_{n+1}(t) = \sum_{i=1}^{n} \alpha_i^{\mathrm{T}} \xi h_i - u^* + \alpha_{n+1}^{\mathrm{T}} \xi h_{n+1} = \sum_{i=1}^{n} \alpha_i^{\mathrm{T}} \xi h_i - u^* = \varepsilon_n(t) \tag{5-85}$$

即 $\varepsilon_{n+1}(t) = \varepsilon_n(t)$ ，这表明增加节点后，采用式(5-60)的参数调整公式不改变网络的收敛性。

(2) 网络中神经元修剪阶段。

假设第 t 个采样时刻，第 j 个神经元满足删除条件。考察删除该神经元前后，神经网络的输出误差变化：

$$\varepsilon_{n-1}(t) = u_{\mathrm{nn}} - u^* = \sum_{i=1}^{n-1} \alpha_i^{\mathrm{T}} \xi h_i - u^* = \sum_{i=1}^{n} \alpha_i^{\mathrm{T}} \xi h_i - u^* - \alpha_j^{\mathrm{T}} \xi h_j$$

$$= \sum_{i=1, i \neq j \cdot j}^{n} \alpha_i^{\mathrm{T}} \xi h_i - u^* - \alpha_j^{\mathrm{T}} \xi h_j + \alpha_{j \cdot j}^{\mathrm{T}} \xi h_{j \cdot j}$$

(5-86)

代入参数调整公式(5-84)，得

$$\varepsilon_{n-1}(t) = \sum_{i=1, i \neq j \cdot j}^{n} \alpha_i^{\mathrm{T}} \xi h_i - u^* - \alpha_j^{\mathrm{T}} \xi h_j + \left(\alpha_{j \cdot j} + \frac{\alpha_j h_j}{h_{j \cdot j}} \right)^{\mathrm{T}} \xi h_{j \cdot j}$$

$$= \sum_{i=1, i \neq j \cdot j}^{n} \alpha_i^{\mathrm{T}} \xi h_i - u^* + \alpha_{j \cdot j}^{\mathrm{T}} \xi h_{j \cdot j}$$

(5-87)

$$= \sum_{i=1}^{n} \alpha_i^{\mathrm{T}} \xi h_i - u^*$$

$$= \varepsilon_n(t)$$

即 $\varepsilon_{n-1}(t) = \varepsilon_n(t)$，表明删除节点后，采用式(5-65)进行参数补偿，没有引起网络输出误差改变，即未改变网络的收敛性。

(3) 网络中神经元合并阶段。

假设第 t 个采样时刻，第 i' 个和第 j' 个神经元满足神经元合并条件。考察合并满足神经元前后，神经网络的输出误差变化：

$$\varepsilon_{n-1}(t) = u_{\mathrm{nn}} - u^* = \sum_{i=1}^{n-1} \alpha_i^{\mathrm{T}} \xi h_i - u^*$$

$$= \sum_{i=1, i \neq i', \mathrm{new}}^{n} \alpha_i^{\mathrm{T}} \xi h_i - u^* + \alpha'^{\mathrm{T}}_{i', \mathrm{new}} \xi h_{i', \mathrm{new}}$$

(5-88)

代入参数调整公式(5-88)，得

$$\varepsilon_{n-1}(t) = \sum_{i=1, i \neq i', \mathrm{new}}^{n} \alpha_i^{\mathrm{T}} \xi h_i - u^* + \alpha'^{\mathrm{T}}_{i', \mathrm{new}} \xi h_{i', \mathrm{new}}$$

$$= \sum_{i=1, i \neq i', \mathrm{new}}^{n} \alpha_i^{\mathrm{T}} \xi h_i - u^* + \left(\frac{\alpha_{i'} h(c_{i'}, \sigma_{i'}, s) + \alpha_{j'} h(c_{j'}, \sigma_{j'}, s)}{h(c_{i', \mathrm{new}}, \sigma_{i', \mathrm{new}}, s)} \right)^{\mathrm{T}} \xi h_{i', \mathrm{new}}$$

$$= \sum_{i=1, i \neq i', \mathrm{new}}^{n} \alpha_i^{\mathrm{T}} \xi h_i - u^* + \alpha_{i'}^{\mathrm{T}} \xi h_{i'} + \alpha_{j'}^{\mathrm{T}} \xi h_{j'}$$

(5-89)

$$= \sum_{i=1}^{n} \alpha_i^{\mathrm{T}} \xi h_i - u^*$$

$$= \varepsilon_n(t)$$

即 $\varepsilon_{n-1}(t) = \varepsilon_n(t)$，表明在进行节点合并后，采用式(5-69)进行参数补偿，没有引起网络输出误差改变，即未改变网络的收敛性。

(4)网络结构不变阶段。

在神经网络结构不变阶段，采用基于梯度下降法进行参数调整学习，文献[115]和[116]已经给出了完整的网络收敛性证明。

综合上述分析，采用所提增长-修剪-合并算法对神经网络进行参数调整，可以同时保证网络结构不变和结构调整阶段的收敛性。

2. 城市污水处理过程自组织神经网络控制器仿真实验

为了评估所提方法的控制性能，本节基于 BSM1 设计两个仿真实验。仿真实验 1 为溶解氧浓度的恒定值(2mg/L)跟踪实验，目的是检验所提方法对控制精度的改进。仿真实验 2 为变化溶解氧浓度设定值(1.8~2.2mg/L)的跟踪实验，评估控制系统的自适应能力及控制平稳性。

1)实验设计及参数设定

实验中仿真平台使用的软件为 MATLAB R2010b，实验运行计算机采用的是双核 CPU(中央处理器)配置，主频为 2.94GHz。仿真时间为 14 天，采样间隔为 15min，后 7 天的工况数据用于性能测试。本实验将对 BSM1 基准中三种工况(晴天天气、阴雨天气及暴雨天气)进行仿真实验研究。对于污水处理系统底层控制效果评价，BSM1 基准中主要规范指标有 ISE、IAE 和误差的最大偏差 $\mathrm{Dev}^{\max}$：

$$\mathrm{Dev}^{\max} = \max\{|e(t)|\} \tag{5-90}$$

其中，$e(t)$ 为 t 时刻溶解氧浓度实际值与设定值间的偏差。

为了进行方法对比，分别采用 PID 控制方法进行跟踪控制实验，PID 控制器参数为 K_P=200、K_I=15、K_D=2。本章所提出的溶解氧浓度自适应控制方法中的参数设置为 η_c=0.01，η_σ=0.01，η_α=0.01，η_ε=1.0，k=1，G_th=0.7，β=3，E_th=0.02，R_th=0.85，σ=0.5，M=20。

2)溶解氧浓度恒定值跟踪实验

在晴天天气工况下，分别通过自组织神经网络控制、PID 控制和前馈控制方法进行城市污水处理过程溶解氧浓度恒定值跟踪实验，设定溶解氧浓度值为 2mg/L。图 5-12 是在晴天天气自组织神经网络控制下的溶解氧浓度跟踪控制性能，图 5-13 是三种天气自组织神经网络控制方法下的隐含层节点(模糊规则数)的变化图。

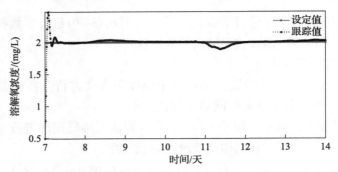

图 5-12　晴天天气自组织神经网络控制下的溶解氧浓度跟踪控制性能

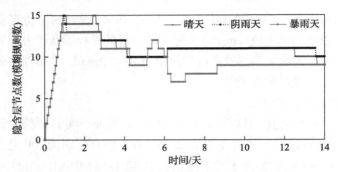

图 5-13　三种天气自组织神经网络控制下隐含层节点变化

　　由图 5-12 可以看出，在晴天天气工况下，自组织神经网络控制方法中溶解氧浓度的实际值与设定值间的偏差较小，具有良好的控制效果。表 5-6 给出了晴天天气自组织神经网络控制和 PID 控制方法的控制指标比较，表 5-7 为两种控制策略后的平均出水水质结果比较。

　　由图 5-13 可以看出，模糊规则数(网络隐含层节点数)是一种自适应动态变化过程。在第 9 天和第 11 天时出现暴雨天气，隐含层节点数增加，随后再逐渐下降。由于规则数(隐含层节点数)是个动态调整过程，不依赖于初始规则的设置，但根据先验知识确定初始节点数，可以有效避免不合适参数初始化带来的问题。

　　由表 5-6 可知，在自组织神经网络控制方法控制结果的 ISE、IAE 和 Dev^{max}指标均低于 PID 控制方法，所以自组织神经网络控制方法对控制系统的平稳性、对瞬态响应的反应均优于 PID 控制。模糊逻辑控制方法依赖于控制规则的合理

表 5-6　晴天天气控制器的部分性能指标比较

控制器	IAE/(mg/L)	ISE/(mg/L)	Dev^{max}/(mg/L)	$\Delta K_L a_5^{max}$/天$^{-1}$
自组织神经网络控制	0.018	1.49×10^{-4}	0.039	102.03
PID 控制	0.159	8.69×10^{-3}	0.112	101.44

表 5-7　晴天天气平均出水水质比较　　　　　　（单位：mg/L）

项目	平均出水水质				
	S_{NH}	S_{tot}	S_S	BOD₅	COD
水质标准	4	18	30	10	100
自组织神经网络控制	2.13	15.65	12.53	2.62	46.69
PID 控制	2.41	16.86	12.54	2.67	47.38

性，PID 控制方法依赖于参数设置。自组织神经网络控制方法的优越性在于最大增量（$\Delta K_L a_5^{max}$）高于 PID 控制方法。

由表 5-7 可以得到，在自组织神经网络控制方法下，出水氨氮浓度 S_{NH}、出水总氮浓度 S_{tot}、固体悬浮物浓度 S_S、生化需氧量 BOD₅、化学需氧量 COD 达到了规定的出水水质标准，出水水质得到了较好的控制。

为了进一步验证自组织神经网络控制方法的有效性，分别在阴雨天气、暴雨天气的工况下进行仿真研究，记录 IAE、ISE、MAE 和 $\Delta K_L a_5^{max}$ 到表 5-8 中，可以得出自组织神经网络控制方法在阴雨天气和暴雨天气的工况下仍有较好的控制性能。

表 5-8　阴雨天气和暴雨天气工况下的控制性能比较

天气	控制器	IAE/(mg/L)	ISE/(mg/L)	MAE/(mg/L)	$\Delta K_L a_5^{max}$ /天⁻¹
阴雨天	自适应神经网络控制	0.031	7.26×10^{-4}	0.036	98.24
	PID 控制	0.139	6.95×10^{-3}	0.125	97.11
暴雨天	自适应神经网络控制	0.025	8.63×10^{-4}	0.097	101.98
	PID 控制	0.153	7.82×10^{-3}	0.109	101.44

3）溶解氧浓度变化值跟踪实验

为了验证自组织神经网络控制方法的自适应能力，将溶解氧浓度设定在 1.8～2.2mg/L 范围内阶跃变化。具体控制器参数设置情况与溶解氧浓度恒定值跟踪仿真实例相同，测试工况为阴雨天气工况。图 5-14 为自组织神经网络控制和 PID 控制两种方法对溶解氧浓度的跟踪控制性能。图 5-15 展示了自组织神经网络控制下溶解氧浓度跟踪误差。

由图 5-14 可以看出，在对溶解氧浓度设定值进行跟踪时，自组织神经网络控制方法性能优于 PID 控制方法。由图 5-15 可以看出，在整个控制性能评估过程中，自组织神经网络控制方法下溶解氧浓度跟踪误差大部分时间始终保持在 0.04mg/L 内，并且在大多数情况下系统误差被控制在 0.02mg/L 以内，说明自组织神经网络控制方法具有较好的控制效果，其有着更好的自适应性和更高的控制精度。表 5-9 给出了在阴雨天气工况下不同控制策略获得的部分控制性能指标比较。

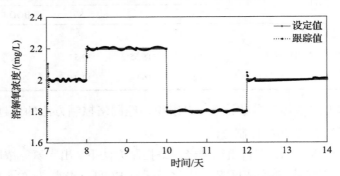

图 5-14　变化设定值下溶解氧浓度的跟踪控制性能

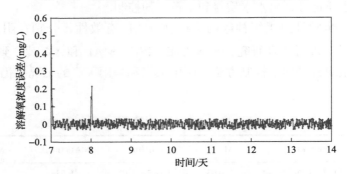

图 5-15　自组织神经网络控制下溶解氧浓度跟踪误差

表 5-9　阴雨天气工况下的部分控制性能指标比较

控制器	IAE/(mg/L)	ISE/(mg/L)	Dev^{max}/(mg/L)	$\Delta K_L a_5^{max}$/天$^{-1}$
自组织神经网络控制	0.022	2.86×10^{-4}	0.035	98.01
PID 控制	0.139	6.97×10^{-3}	0.130	97.12
无模型学习控制	0.200	1.44×10^{-2}	0.194	97.09

　　由表 5-9 可以得出，在阴雨天气工况下相较于 PID 控制方法，自组织神经网络控制方法跟踪变化设定值时的指标明显更好，尤其是 ISE 指标比其他方法更好。

　　由上述仿真结果可以看出，自组织神经网络控制方法对于变化或者恒定的溶解氧浓度设定值跟踪控制均可以获得较好的控制精度，具有良好的自适应能力。通过选取合适的结构学习和参数学习算法，自组织神经网络控制方法在控制过程中可以随污水处理过程工况变化按比例动态调整隐含层神经元个数和参数，网络结构具有弹性，且在网络结构及参数学习过程中没有使控制发生明显突变。

通过自组织神经网络控制方法可实时获取适应运行工况变化的神经网络结构及参数。

5.5　城市污水处理过程神经网络控制系统

　　为验证所设计的神经网络控制方法在实际城市污水处理过程中应用的效果，本节对神经网络控制器进行软件编辑，并安装嵌入至过程控制上位机中，构建城市污水处理过程神经网络控制系统，结合相应的数据采集设备和控制执行器设备实现控制功能，在北京市某城市污水处理厂中进行应用测试。

　　城市污水处理过程神经网络控制系统主要包括数据传输与处理模块、神经网络控制系统模块、人机交互模块等。数据传输与处理模块用于获取水质检测仪表的检测数据、控制系统控制信号、设定参数等数据，与神经网络控制系统模块、人机交互模块之间进行数据交互，对控制器性能指标等数据进行运算存储；神经网络控制系统模块用于计算系统控制输入并将控制信号下发给控制执行器；人机交互模块用于设置神经网络控制系统的结构、参数等，并显示控制效果，具体如下。

　　1）数据传输与处理模块

　　数据传输与处理模块主要利用数据库进行检测仪表数据、神经网络控制系统数据、人机交互数据等的传输和处理。通过组态软件连接上位机以传输检测仪表的数据，同时在数据库中根据存储格式统一各个数据的存储以方便调用与处理。此外，数据传输与处理模块可对来自神经网络控制系统的控制信号进行处理，转换为执行器可识别的电信号并下发至控制执行器。

　　2）神经网络控制系统模块

　　神经网络控制系统模块根据数据传输与处理模块的被控变量检测数据（溶解氧浓度和硝态氮浓度）和控制器结构、参数设定数据进行控制运算，输出控制信号。前馈神经网络控制器、递归神经网络控制器以及自组织神经网络控制器的控制算法均可在该模块中选择。

　　3）人机交互模块

　　人机交互模块主要包括控制器启停控制、参数设置、运行工况显示、控制器性能显示等功能。通过人机交互模块可向数据传输与处理模块发送控制器启停信号和控制器设定数据，从而对控制器的运行进行控制，并设定控制器的结构及参数。利用从数据传输与处理模块接收的控制信号和控制运行效果数据等进行处理并显示。

　　为确保城市污水处理过程神经网络控制系统具有较高的可移植性和兼容性，采用了 Visual Studio 开发平台，开发环境为 Microsoft Visual Studio 2010 版本，编程语言为 C#语言。人机交互模块的界面等内容通过 Visual Studio 2010 使用 C#语言设计为 Windows 窗体应用程序，并调用基于 MATLAB 平台编写的控制程序，实现工况与控制效果的显示。

城市污水处理过程神经网络控制系统运行于中控室中一台独立的工控机中，避免对污水处理厂原有控制系统的干扰。原城市污水处理厂对溶解氧浓度和硝态氮浓度的控制是调整鼓风机开启台数或运行频率和回流泵运行频率，并且数天调控一次鼓风机，对于回流泵的调控则基本保持不变，运行工况发生明显变化时无法及时调整鼓风机和回流泵。

在应用城市污水处理过程神经网络控制系统前，应配合厂方对鼓风机和回流泵进行检查，确保神经网络控制系统可以通过输出相应的控制量转换为电信号以控制鼓风机的运行频率和回流泵的运行频率。根据厂方自控工程师所提供的 PLC 点位地址，通过利用北京杰控科技有限公司的 Fameview 组态软件将鼓风机、回流泵、溶解氧浓度检测仪表、硝态氮浓度检测仪表等输入输出设备的点位进行配置，所采集的溶解氧浓度和硝态氮浓度的检测数据、鼓风机和回流泵的状态数据等均保存在数据库中以供神经网络控制系统算法调用。

城市污水处理过程神经网络控制系统应用于溶解氧浓度和硝态氮浓度控制时，通过输入相应的控制信号操控鼓风机和回流泵，控制好氧池中的曝气量和好氧池回流至缺氧池中混合液的回流量，达到溶解氧浓度和硝态氮浓度调节的目的。由图 5-16 可以看出，该控制系统可实现溶解氧浓度和硝态氮浓度的精准控制。

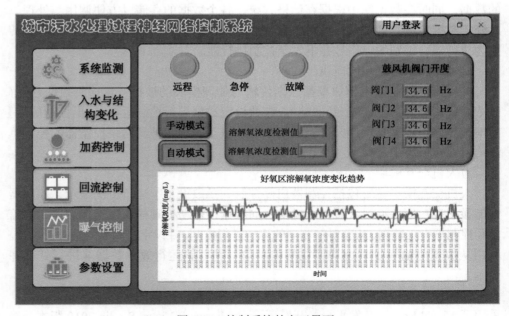

图 5-16　控制系统的交互界面

5.6　本　章　小　结

　　本章围绕城市污水处理过程的强非线性和时变性两个特性，给出城市污水处理过程智能控制方案的整体设计，根据神经网络控制原理，设计相应的城市污水处理过程神经网络控制器，并对其进行控制性能分析，完成城市污水处理过程溶解氧浓度控制仿真实验验证与性能分析。然后，以案例形式完成对城市污水处理过程溶解氧浓度的智能控制，构建城市污水处理过程神经网络控制系统，具体内容如下：

　　首先，概述了前馈神经网络控制的基本原理与组成。以城市污水处理过程溶解氧浓度控制为例，介绍了城市污水处理过程前馈神经网络控制器的设计方法，通过对建模神经网络和神经网络控制器隐含层学习率分析证明了建模神经网络的有界性以及整个系统的稳定性。基于 BSM1 仿真模型对该控制方法进行仿真，实验结果表明了前馈神经网络控制器可以解决具有非线性特征的污水处理过程的溶解氧浓度控制问题。

　　其次，分析了城市污水处理过程的时变特征，介绍了一种基于递归神经网络控制器的污水处理控制方法。该控制方法的设计思想主要利用递归神经网络建立污水处理过程的非线性动态模型，建立的模型可以为递归神经网络控制器提供污水处理过程中的状态变量信息，保证了控制器根据系统响应调整操作变量的精确性。将该控制器应用于 BSM1 中实现对溶解氧浓度的控制，仿真结果表明该控制方法与 PID 控制和反馈控制方法相比具有优越的控制性能。

　　再次，介绍了一种基于自组织神经网络的溶解氧浓度直接自适应控制方法以满足城市污水处理过程外界环境和操作条件变化的控制需求。设计了一种具有自组织特性的神经网络控制器，该控制器可以随污水处理工艺过程工况的变化动态调整网络的结构和参数，利用 Lyapunov 理论证明了系统的稳定性。同时，仿真实验验证了该控制器对溶解氧浓度的跟踪控制效果。

　　最后，介绍了城市污水处理过程神经网络控制系统的设计和应用情况。首先，对神经网络控制系统的运行环境进行分析，根据控制需要和运行环境选择合适的硬件并设计相应的软件框架和功能模块。其次，在污水处理厂中进行应用测试，应用效果表明，城市污水处理过程神经网络控制系统可以有效控制污水处理过程中的溶解氧浓度，并具备快速响应能力。

第6章 城市污水处理过程模糊控制

6.1 引　言

在经典控制理论中，控制系统动态模式下的控制精确度是影响控制优劣的关键，系统的动态信息越详细，越能达到精确控制的目的。然而，城市污水处理过程是一种复杂的不确定性系统，其进水流量、进水负荷以及进水组分均存在显著的不确定性。此外，城市污水处理过程的监测设备较多，部分设备可能会出现不可预见的参数变化，导致难以准确地描述系统的动态。

模糊控制的基本思想是利用计算机编程模拟专家控制经验，由于专家经验多为语言表达的形式，其经验性控制规则具有一定的模糊性。模糊逻辑可有效描述专家语言信息并将其转化为控制策略，能够解决难以精确建模且具有显著不确定性系统的控制问题。因此，模糊控制是处理推理系统和控制系统中不精确和不确定性问题的一种有效方法。模糊控制方法适用于处理城市污水处理过程不确定性问题，可将城市污水处理过程看成黑箱模型，直接从城市污水处理过程的运行数据中提取知识，保证模糊控制器的可应用性。此外，在实际城市污水处理过程中，可提取丰富的经验知识，根据经验知识建立控制模糊规则，设计模糊控制器，以获取理想的控制性能。

本章主要介绍三种控制器的设计方法，分别是模糊控制器、自适应模糊控制器和模糊神经网络控制器。首先，介绍模糊控制的基本原理，包括模糊规则的表示形式以及城市污水处理过程模糊控制器的方法设计，并给出基于模糊控制的城市污水处理过程溶解氧浓度仿真实验；其次，分析传统模糊控制方法的缺点与不足，介绍一种用于城市污水处理过程的自适应模糊控制方法，对该控制器的性能进行分析，并在基准仿真平台完成仿真测试；再次，结合神经网络和模糊控制的优点，提出一种不需要城市污水处理过程精确模型的模糊神经网络控制方法，并给出相应参数的自适应率，采用 Lyapunov 理论证明系统的稳定性，实现溶解氧浓度的单变量跟踪控制；最后，综合本章介绍的控制器方法，构建城市污水处理过程模糊控制系统。

6.2　城市污水处理过程模糊控制器

城市污水处理过程具有非线性等特点，难以对其建立精确的数学模型。因此，

在使用经典的控制方法时，城市污水处理效果不佳。与传统控制方法相比，模糊
控制可以更自然有效地将专家的控制策略和经验转换为机器可执行的控制策略，
使城市污水处理过程中溶解氧浓度波动得到有效控制。

6.2.1　模糊控制原理及方法设计

模糊控制是基于模糊数学理论衍生的一类智能控制方法，通过不确定性数学
语言构成模糊规则对被控对象进行控制。模糊控制规则的表现形式是 IF-THEN，
其中 IF 部分是条件部分，由被控变量组成，THEN 部分是结论部分，由控制变量
组成。该类控制方法的最大特点是以模糊规则的形式表示专家经验，适用于复杂
的非线性系统。

模糊控制算法的计算方式为：计算被控变量实际值与设定值的偏差 E；将 E
转化为模糊量，形成模糊集 e；将模糊集 e 与模糊控制规则 R 结合，获得模糊控
制输出

$$u = eR \tag{6-1}$$

将模糊控制输出 u 去模糊化处理得到精确量；最后将数字量转换成模拟量送给执
行机构进行控制。

以城市污水处理过程溶解氧浓度控制为例(图 6-1)，城市污水处理过程模糊控
制系统可以分为六个部分：

(1) A/D 即模拟数字转换器，是一个将模拟信号转变为数字信号的电子元件。

(2) 模糊控制器，是模糊控制系统的核心部分，实际是一台计算机，该部分主
要实现的功能包括模糊化处理、模糊控制规则、模糊控制推理以及去模糊化处理
四个部分。

(3) D/A 即数字模拟转换器，是一个将数字信号转变为模拟信号的电子元件。

(4) 执行机构，它的功能是根据控制器的输出信号直接对被控对象进行作用以
改变被控变量的输出。在城市污水处理过程控制系统中，执行机构通常指控制阀
或者变速驱动装置，用于调节气体、液体和固体流量。

(5) 被控对象，城市污水处理过程的被控对象包括但不限于溶解氧浓度、硝态
氮浓度。

(6) 传感器，是一种将监测到的数值转换为电信号(模拟或数字)的装置。监测
的数值通常是非电信号，如水温、湿度等。传感器在控制系统中占举足轻重的位
置，其准确性会直接影响控制系统的精度。

模糊控制算法的基本步骤一般分为四步：

(1) 计算溶解氧浓度设定值与实际输出值的偏差和偏差的导数；

(2) 将偏差和偏差的导数作为输入变量进行模糊化处理；

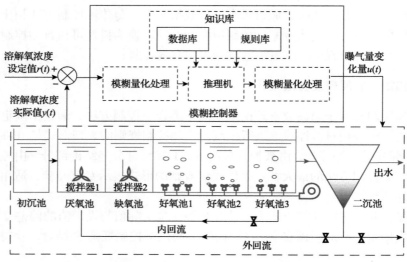

图 6-1　城市污水处理过程模糊控制的组成与原理框图

(3)将模糊处理后的输入变量按模糊推理合成规则计算控制量(污水处理过程中曝气量的变化量);

(4)将控制量进行去模糊化处理。

6.2.2　模糊控制器设计

城市污水处理过程是一类具有非线性和参数不确定性的复杂系统。模糊控制因具有设计简单、响应快速的优点在城市污水处理过程得到了广泛应用。溶解氧浓度是好氧处理过程中重要的控制参数,溶解氧浓度水平高低主要受曝气量大小的影响。溶解氧浓度的实际值是被控变量,对应的控制变量是曝气量的变化量(ΔU)。模糊控制系统的输入是溶解氧浓度的偏差 $E_{\mathrm{DO},i}$ 及其变化量 $\mathrm{CE}_{\mathrm{DO},i}$:

$$E_{\mathrm{DO},i} = \mathrm{DO}_i - \mathrm{DO}_{\mathrm{s}}, \quad i = 1, 2, \cdots \tag{6-2}$$

$$\mathrm{CE}_{\mathrm{DO},i} = E_{\mathrm{DO},i} - E_{\mathrm{DO},i-1}, \quad i = 1, 2, \cdots \tag{6-3}$$

其中,i 代表第 i 次采样;$E_{\mathrm{DO},i-1}$ 为第 i–1 次采样偏差。

确定模糊控制器的输入变量与输出变量后,按照以下步骤设计模糊控制器。

1. 精确量模糊化

将 $E_{\mathrm{DO},i}$ 及其变化量 $\mathrm{CE}_{\mathrm{DO},i}$ 表示为模糊量。定义误差 E_{DO}、误差变化 $\mathrm{CE}_{\mathrm{DO}}$ 及控制量 ΔU 的模糊集及其论域。

$\mathrm{CE}_{\mathrm{DO}}$ 和 ΔU 的模糊集 $\mathrm{ce}_{\mathrm{DO}}$ 和 Δu 均为{NB, NM, NS, O, PS, PM, PB},E_{DO} 的模糊集 e_{DO} 为{NB, NM, NS, NO, PO, PS, PM, PB}。其中 NB 表示负大,PB 表示正

大，NM 表示负中，PM 表示正中，NS 表示负小，PS 表示正小，NO 表示负零，PO 表示正零，O 表示零。e_{DO} 和 ce_{DO} 的论域均为 $\{-6, -5, -4, -3, -2, -1, 0, +1, +2, +3, +4, +5, +6\}$，$\Delta u$ 的论域为 $\{-7, -6, -5, -4, -3, -2, -1, 0, +1, +2, +3, +4, +5, +6, +7\}$。

将溶解氧浓度偏差 E_{DO} 转换为在 $[-6, +6]$ 区间变化，如表 6-1 所示的离散整型变量 XE_{DO}。溶解氧浓度的跟踪设定值为 2.0mg/L。

表 6-1　将偏差 E_{DO} 化为离散的整型变量 XE_{DO}

XE_{DO}	−6	−5	−4	−3	−2	−1	0
E_{DO}/(mg/L)	−∞~ −1.2	−1.2~ −1.0	−1.0~ −0.8	−0.8~ −0.6	−0.6~ −0.4	−0.4~ −0.2	−0.2~0
XE_{DO}	0	+1	+2	+3	+4	+5	+6
E_{DO}/(mg/L)	0~0.2	0.2~1.0	1.0~1.5	1.5~2.0	2.0~2.5	2.5~3.3	3.3~+∞

在确定 e_{DO}、ce_{DO} 及 Δu 的模糊集和论域后，需要构建模糊隶属度函数，即描述论域内各个元素对模糊规则的隶属度。假设 e_{DO}、ce_{DO}、Δu 均为正态模糊变量：

$$F(x) = \exp\left(-\left(\frac{x-a}{\sigma}\right)^2\right) \qquad (6-4)$$

其中，x 为论域中的元素；a 为隶属度为 1 时 x 的值；σ 为隶属度函数范围。式(6-4) 定义了模糊集的形状，可将连续的隶属度函数转换为有限点上的隶属度。

将偏差 E_{DO} 经整型化处理后转换为离散的整型数 XE_{DO}，再经隶属度函数曲线离散化处理后得到模糊变量 e_{DO} 的隶属度函数赋值 $\mu_{E,DO}$。

2. 分析溶解氧浓度与曝气量之间的关系，建立模糊控制规则

根据城市污水处理运行过程中可能遇到的各种情形，将控制策略总结为表 6-2。

表 6-2　模糊控制规则表

e_{DO}	ce_{DO}						
	NB	NM	NS	O	PS	PM	PB
	Δu						
NB	PB	PB	PB	PB	PM	PS	O
NM	PB	PB	PB	PM	PS	O	NS
NS	PB	PM	PM	PS	O	NS	NM
NO	PM	PM	PS	O	NS	NS	NM
PO	PM	PS	PS	O	NS	NM	NB
PS	PM	PS	O	NS	NM	NM	NB
PM	PS	O	NS	NM	NB	NB	NB
PB	O	NS	NM	NB	NB	NB	NB

它可以表述为如下模糊条件语句:误差 E_{DO}、误差变化 CE_{DO} 的模糊集及控制量 ΔU 的模糊集。

(1)IF 溶解氧浓度误差 E_{DO} 的模糊集 e_{DO} = NB or NM, and 溶解氧浓度误差变化 CE_{DO} 的模糊集 ce_{DO} = NB or NM, THEN 控制量 ΔU 的模糊集 Δu = PB。

(2)IF 溶解氧浓度误差 E_{DO} 的模糊集 e_{DO} = NB or NM, and 溶解氧浓度误差变化 CE_{DO} 的模糊集 ce_{DO} = NS, THEN 控制量 ΔU 的模糊集 Δu = PB。

……

特别地,当误差较大时,控制量的作用是快速消除误差;当误差较小时,控制量的作用是防止超调。

3. 模糊推理及其模糊量的去模糊化

在得到模糊控制变量 Δu 之后,为了实现精准控制,需要将 Δu 去模糊化转变为精确量。每条由模糊规则表示的模糊语句都有一个对应的模糊控制量 Δu。例如,第(1)条语句可以通过数学语言描述为

$$R = [(NB_E + NM_E)PB_u][(NB_{CE} + NM_{CE})PB_u] \tag{6-5}$$

如果此时得到的误差为 e_{DO} 且误差变化为 ce_{DO},那么 Δu_1 可以表示为

$$\Delta u_1 = e_{DO}[(NB_E + NM_E)PB_u]ce_{DO}[(NB_{CE} + NM_{CE})PB_u] \tag{6-6}$$

同理,可以通过其余模糊条件计算出对应的模糊控制量 $\Delta u_1, \Delta u_2, \cdots$,因为每个条件之间是逻辑"或"的关系,所以控制输出的模糊集 Δu 为

$$\Delta u = \Delta u_1 + \Delta u_2 + \cdots + \Delta u_n \tag{6-7}$$

其中得到的控制量是模糊集,无法直接用于被控对象,需转化为精确量。一般简单的去模糊方法是依据最大隶属度法则,即选取模糊子集中隶属度最大的元素作为控制量。在污水处理过程中,反应初期会将曝气量调整到合适的水平,后续反应过程中在此恒定曝气量下运行,溶解氧浓度不会产生较大的波动,直到反应结束时溶解氧浓度以较快的速度大幅度升高。但是,如果进水水质或微生物状态发生突变,反应初期的溶解氧浓度不足以反映后续过程的溶解氧浓度水平,随着化学需氧量的降解,溶解氧浓度可能发生大幅度变化,若超出正常水平,则需要对曝气量再一次调整,以保证正常的溶解氧浓度水平。

6.2.3 模糊控制器仿真实验

基于模糊推理的控制方法是按照"IF 条件,THEN 结果"语言规则来表达控制要求和控制信号的。其中 IF 条件反映了被控过程的状态,而 THEN 结果是为了

跟随期望的状态，控制器进行相应的动作。

选择反馈误差 E 和反馈误差的一阶导数 EC 作为模糊控制器的输入，选择好氧池的氧传递系数 K_La_5 作为溶解氧浓度模糊控制器的输出。选择隶属度函数，建立输入变量和氧传递系数 K_La_5 的关系。隶属度函数用来描述模糊元和模糊集之间的关系。这里选择三角形函数建立输入变量和输出变量的关系。

在建立模糊逻辑控制器之前，需要通过城市污水处理过程实际运行的数据建立模糊逻辑控制器的知识库，可以得出以下结论：对于第五分区，溶解氧浓度反馈误差 E 的范围在 $-1.5 \sim 1.5 \text{mg/L}$，溶解氧浓度反馈误差的一阶导数 EC 的范围为 $-15 \sim 15 \text{mg/(L·天)}$。$K_La_5$ 范围为 $0 \sim 240$ 天$^{-1}$。此外，隶属度函数的参数选择为 7 个，包括 NB、NM、NS、O、PS、PM、PB。这里 N 表示负，O 表示零，P 表示正，B 表示大，M 表示中，S 表示小。在语言条件参数为 7 个的情况下，可以形成 49 条"IF 条件，THEN 结果"语言规则。选择 Mamdani max-min 作为模糊推理机制，质心法作为去模糊化方法。

在实验部分选取了 BSM1 中晴天天气的数据文件，包含 14 天的污水数据，采样周期为 15min，这里选取 7 天的进水数据进行实验，仿真实验基于 BSM1 进行。

在仿真过程中，生化反应池第五分区采用恒定的溶解氧浓度设定值 2mg/L，用本章所提出的模糊控制器来控制第五分区的溶解氧浓度，跟踪控制效果如图 6-2 所示。由图 6-2 可以看出，模糊控制器可以使第五分区的溶解氧浓度在设定值 2mg/L 上下小范围内波动，模糊控制器具有较好的稳定性且误差可以达到满意的控制效果，满足第五分区生化反应对溶解氧的需求，实验表明模糊控制器对污水处理过程中溶解氧浓度具有较好的跟踪控制效果。图 6-3 是第五分区曝气量的变化图，即控制量变化图。从图 6-3 中可看出控制器的输出稍有波动，但整体效果较为稳定，这反映出模糊控制器具有较好的稳定性。

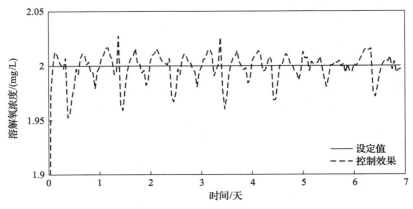

图 6-2　溶解氧浓度控制效果

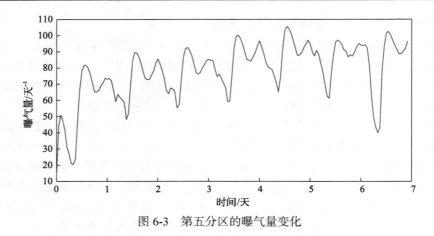

图 6-3　第五分区的曝气量变化

6.3　城市污水处理过程自适应模糊控制器

与传统控制方法相比，经典模糊控制具有一定的适应能力，但仍难以解决一些城市污水处理过程不确定性的控制问题：

(1)模糊控制是根据模糊规则控制被控对象，但模糊规则容易受主观性的影响，即模糊控制依赖于操作者的经验，缺乏适应过程系统动态连续变化的能力。

(2)模糊控制器的设计缺乏系统性，例如，模糊规则的制定和比例因子主要用试错法分析确定。

为了解决城市污水处理过程不确定性导致难以控制的问题，本节主要介绍自适应模糊控制器。

6.3.1　自适应模糊控制原理及方法设计

自适应模糊控制(adaptive fuzzy control, AFC)是指具有自适应学习算法的模糊逻辑控制(fuzzy logic control, FLC)方法，其学习算法是根据数据信息调整模糊逻辑系统的参数。一个自适应模糊控制器可以用一个单一的自适应模糊系统构成，也可以用若干个自适应模糊系统构成。自适应模糊控制器设计思想基于 Lyapunov 稳定性原理和自适应控制等理论，与传统的自适应控制相比，该控制器的优越性在于它可以利用操作人员提供的语言性模糊信息，适用于具有强不确定性的系统。

自适应模糊控制器根据是否可以利用系统的模糊控制规则和模糊描述信息，分为直接自适应模糊控制器和间接自适应模糊控制器。

1)直接自适应模糊控制器

如果一个自适应模糊控制器中的模糊逻辑系统作为控制器使用，则这种自适应模糊控制器就称为直接自适应模糊控制器。以城市污水处理过程为例，首先通过技术人员获得相关的控制规则；其次，根据溶解氧浓度设定值与实际值之间的偏差，直接自适应模糊控制器利用模糊控制规则通过一定的方法调整控制器的参数。

2）间接自适应模糊控制器

若一个自适应模糊控制器中的模糊逻辑系统适用于为被控对象建模，则这种自适应模糊控制器称为间接自适应模糊控制器。以城市污水处理过程为例，这种间接自适应模糊控制策略可以通过在线辨识获得城市污水处理过程的模型，然后根据所得模型在线设计模糊控制器，实现城市污水处理过程溶解氧浓度的控制。

模糊逻辑系统的学习算法依照自适应模糊控制器的主体（系统的可调参数）线性与否而定。因此，按照模糊逻辑系统的可调参数线性与否，自适应模糊控制器分为以下两类：

（1）第一类自适应模糊控制器，这一类自适应模糊控制器中的模糊逻辑系统的可调参数呈线性。若模糊逻辑系统的可调参数是线性的，则要得到一个最优的模糊逻辑系统并不困难。然而，由于寻优空间只局限于可调参数呈线性的模糊逻辑系统，即使找到其中最优的模糊逻辑系统也无法保证控制效果。

（2）第二类自适应模糊控制器，这一类自适应模糊控制器中的模糊逻辑系统的可调参数呈非线性。若模糊逻辑系统的可调参数是非线性的，则要找一个最优模糊逻辑系统比较困难。然而，一旦找到这样一个最优的模糊逻辑系统，由于寻优空间的扩大保证了系统有较好的性能。此类自适应模糊控制器采用的模糊逻辑系统为

$$f(x) = \frac{\sum_{i=1}^{M} \bar{y}^l \left(\prod_{i=1}^{n} \exp\left(-\left(\frac{x_i - \bar{x}_i^l}{\sigma_i^l} \right)^2 \right) \right)}{\sum_{i=1}^{M} \left(\prod_{i=1}^{n} \exp\left(-\left(\frac{x_i - \bar{x}_i^l}{\sigma_i^l} \right)^2 \right) \right)} \tag{6-8}$$

其中，$\bar{y}^l$、$\bar{x}_i^l$、σ_i^l 为可调参数。显然这些可调参数与模糊逻辑系统 $f(x)$ 是非线性关系。针对城市污水处理过程溶解氧浓度控制系统，一般采用带有非线性可调参数的自适应模糊控制器。

6.3.2　自适应模糊控制器设计

将城市污水处理过程溶解氧浓度的数学模型抽象为以下形式的 n 阶单输入单输出非线性系统：

$$x^{(n)} = f(x, \dot{x}, \cdots, x^{(n-1)}) + bu$$
$$y = x \tag{6-9}$$

其中，f 和 b 分别为未知的连续函数和大于零的常数；$u \in \mathbf{R}$ 和 $y \in \mathbf{R}$ 分别为系统的输入和输出；$x = [x_1, x_2, \cdots, x_n]^{\mathrm{T}} = [x_1, \dot{x}_1, \cdots, x_1^{(n-1)}]^{\mathrm{T}} \in \mathbf{R}^n$ 是假定可测的状态向量。所以该模型转换为

$$y^{(n)} = f(x) + bu \tag{6-10}$$

其中，$y^{(n)}$ 为 y 的 n 阶导数。控制目标是使被控对象输出 $y(t)$ 能够跟踪给定的有界参考信号 $y_{\mathrm{m}}(t)$。

设描述误差的期望闭环动态向量 $k = [k_n, k_{n-1}, \cdots, k_1]^{\mathrm{T}} \in \mathbf{R}^n$，使得多项式 $h(s) = s^n + k_1 s^{n-1} + \cdots + k_n$ 的所有根都在左半平面内，且 $e = [e_1, e_1^2, \cdots, e_1^{n-1}]^{\mathrm{T}}$。若 f 和 b 已知，则式 (6-9) 的控制律可以表示为

$$u^* = \frac{1}{b}(-f(x) + y_{\mathrm{m}}^{(n)} + k^{\mathrm{T}} e) \tag{6-11}$$

将 $u_{\mathrm{c}}(x \mid \theta)$ 代替 u 代入式 (6-10)，可得

$$y^{(n)} = f(x) + b u_{\mathrm{c}}(x \mid \theta) \tag{6-12}$$

经过一些简单的处理，模糊逻辑控制系统的闭环动态可写为

$$e^{(n)} = -k^{\mathrm{T}} e + b(u^* - u_{\mathrm{c}}(x \mid \theta)) \tag{6-13}$$

$$\Lambda_{\mathrm{c}} = \begin{bmatrix} 0 & 1 & 0 & \cdots & 0 \\ 0 & 0 & 1 & \cdots & 0 \\ \vdots & \vdots & \vdots & & \vdots \\ 0 & 0 & 0 & \cdots & 1 \\ -k_n & -k_{n-1} & -k_{n-2} & \cdots & -k_1 \end{bmatrix} \tag{6-14}$$

$$b_{\mathrm{c}} = [0, 0, \cdots, 0, b]^{\mathrm{T}}$$

随后，将式 (6-13) 重写为向量形式：

$$\dot{e} = \Lambda_{\mathrm{c}} e + b_{\mathrm{c}}(u^* - u_{\mathrm{c}}(x \mid \theta)) \tag{6-15}$$

设最优参数向量为

$$\theta^* \equiv \arg \min_{\theta \in \mathbf{R}^M} \{ \sup_{x \in \mathbf{R}^n} |u_{\mathrm{c}}(x \mid \theta) - u^*| \} \tag{6-16}$$

最小逼近误差为

$$\omega \equiv u_c(x\,|\,\theta) - u^* \tag{6-17}$$

基于普适逼近定理，如果用足够多的规则来构造 $u_c(x\,|\,\theta)$，则 ω 是小的，那么，式(6-15)～式(6-17)可以重写为

$$\dot{e} = \Lambda_c e + b_c \Phi^T \xi(x) - b_c \omega \tag{6-18}$$

其中，$\Phi = \theta - \theta^*$；$\xi(x)$ 是以下形式的模糊基函数：

$$\xi(x) = (\xi^1(x), \xi^2(x), \cdots, \xi^M(x)) \tag{6-19}$$

$$\xi^l(x) = \frac{\displaystyle\prod_{i=1}^{n} \mu_{A_i^l}(x_i)}{\displaystyle\sum_{l=1}^{M}\left(\prod_{i=1}^{n} \mu_{A_i^l}(x_i)\right)}, \quad l = 1, 2, \cdots, M \tag{6-20}$$

自适应控制律的任务是确定 $\theta \in \mathbf{R}^M$ 的调整机制，使跟踪误差 e 和参数误差 Φ 最小。定义 Lyapunov 函数：

$$V = \frac{1}{2}e^T P e + \frac{1}{2\gamma}\Phi^T \Phi \tag{6-21}$$

其中，γ 为正常数；P 是满足 Lyapunov 方程的对称正定矩阵，有

$$\Lambda_c^T P + P \Lambda_c = -Q \tag{6-22}$$

其中，Q 为任意 $n \times n$ 正定矩阵；Λ_c 由式(6-14)给出。V 对时间的导数为

$$\dot{V} = -\frac{1}{2}e^T Q e - e^T P b_c \omega + \frac{1}{\gamma}\Phi^T(\gamma e^T P b_c \xi(x) - \dot{\theta}) \tag{6-23}$$

为了使跟踪误差 e 和参数误差 Φ 最小，V 对时间的导数为负。因此，选择合适的自适应控制律，使式(6-23)中的最后一项为零，即

$$\dot{\theta} = \gamma e^T P b_c \xi(x) \tag{6-24}$$

为了保证模糊控制器 $u_c(x\,|\,\theta)$ 稳定，需要附加一个二级控制器用于监控。若 $u_c(x\,|\,\theta)$ 工作正常，则二级控制器空闲；若系统趋向于超出指定的界限，则二级控制器将开始工作以保证稳定性。因此，二级控制器可以称为监督控制器。

具体而言，需要设计一个主控制作用为 $u_c(x|\theta)$ 的新控制器，并确保具有该控制器的闭环系统在状态向量 x 一致有界的意义下全局稳定，即 $|x| \leqslant M_x$，$\forall t > 0$，其中 M_x 是设计者给出的常数。基于以上分析，u 可以表示为

$$u = u_c(x|\theta) + I^* u_s(x) \tag{6-25}$$

若 $V_e \geqslant \overline{V}$，则指示器函数 $I^* = 1$；若 $V_e < \overline{V}$，则 $I^* = 0$，其中 V_e 和 $\overline{V}$ 将分别在后面的式 (6-28) 和式 (6-30) 中定义。因此，主要的控制作用仍然是模糊控制器 $u_c(x|\theta)$。假设 $u \in U = [u_{\min}, u_{\max}]$，其中 U 是物理执行器可以执行的范围，并且 $|u_{\min}| \leqslant |u_{\max}|$。将式 (6-25) 代入式 (6-12) 可得

$$y^{(n)} = f(x) + b(u_c(x|\theta) + I^* u_s(x)) \tag{6-26}$$

经过简单处理，可得

$$\dot{e} = \Lambda_c e + b_c(u^* - u_c(x|\theta) - I^* u_s(x)) \tag{6-27}$$

定义 Lyapunov 候选函数 V_e：

$$V_e = \frac{1}{2} e^T P e \tag{6-28}$$

为了保证 $|x| \leqslant M_x$，I^* 和 $u_c(x|\theta)$ 的设计必须满足 $V_e < \overline{V}$，其中 $\overline{V}$ 是常数。

$$(V_e)^{1/2} \geqslant (\lambda_{P\min}/2)^{1/2} |e| \geqslant (\lambda_{P\min}/2)^{1/2} |x| - |y_m| \tag{6-29}$$

其中，$\lambda_{P\min}$ 为 P 的最小特征值。因此，$V_e \leqslant \overline{V}$ 等同于 $|x| \leqslant |y_m| + (2\overline{V}/\lambda_{P\min})^{1/2}$。因此，为了保证 $|x| \leqslant M_x$，定义

$$\overline{V} = \frac{\lambda_{P\min}}{2} \left(M_x - \sup_{t \geqslant 0} |y_m| \right)^2 \tag{6-30}$$

V_e 对时间的导数为

$$\begin{aligned} \dot{V}_e &= -\frac{1}{2} e^T Q e + e^T P b_c(u^* - u_c(x|\theta) - I^* u_s(x)) \\ &= -\frac{1}{2} e^T Q e - e^T P b_c \omega - e^T P b_c I^* u_s(x) \end{aligned} \tag{6-31}$$

为了在 $V_e \geqslant \overline{V}$ 时保证 V_e 的时间导数小于 0，$u_s(x)$ 必须与 $e^T P b_c$ 成正比。

构造这种监督控制的一种简单方法是设计 $e^T P b_c$ 和 $u_s(x)$ 之间的模糊 IF-THEN 规则，以满足 $\dot{V}_e < 0$：

（1）IF $e^T P b_c$ 是负的，THEN $u_s(x)$：$\bar{y}^1 = -|u_{\max}|$；

（2）IF $e^T P b_c$ 是正的，THEN $u_s(x)$：$\bar{y}^2 = |u_{\max}|$。

则有

$$u_s^* = \frac{-|u_{\max}| \mu_N(e^T P b_c) + |u_{\max}| \mu_P(e^T P b_c)}{\mu_N(e^T P b_c) + \mu_P(e^T P b_c)} \tag{6-32}$$

$$u_s(x) = \max[c, \min(u_s^*, d)] \tag{6-33}$$

其中，$c = u_{\min} - u_c$；$d = u_{\max} - u_c$。

$$I^* = \begin{cases} 0, & V_e \leqslant a \\ 2\left(\dfrac{V_e - a}{\bar{V} - a}\right)^2, & a < V_e \leqslant \dfrac{a + \bar{V}}{2} \\ 1 - 2\left(\dfrac{V_e - a}{\bar{V} - a}\right)^2, & \dfrac{a + \bar{V}}{2} < V_e \leqslant \bar{V} \\ 1, & V_e > \bar{V} \end{cases} \tag{6-34}$$

其中，$a \in (0, \bar{V})$ 为设计者指定的参数。

　　城市污水处理过程自适应模糊控制的总体方案如图 6-4 所示。本节给出城市污水处理过程中溶解氧浓度自适应模糊控制设计的具体设计步骤。

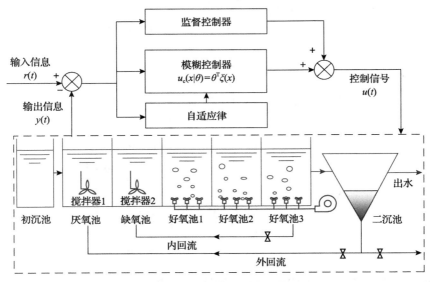

图 6-4　自适应模糊控制框架

1. 离线处理

指定 $k = [k_n, k_{n-1}, \cdots, k_1]^{\mathrm{T}}$ 和任意正定矩阵 Q。其中，k 的元素数和 Q 的阶数均等于 e 的元素数。因此，对于溶解氧浓度问题，选择 $k = [1]$ 和 $Q = [10]$。

通过求解 Lyapunov 方程 (6-21)，得到对称矩阵 $P > 0$。在这种情况下，$P = [5]$。控制器的设计参数应满足：设定值 $M_e = 2\%$（设定值上下浮动 2%），$M_\theta = 360$，$0 \leqslant u \leqslant 360$（选择的 M_θ 和 u 由 $K_L a_5$ 的范围决定）。

2. 主控制器结构

为了构造模糊基函数 $\xi(x)$，定义 m_i 的模糊集为 $F_i^{l_i}$，其隶属度函数为 $\mu_{F_i^{l_i}}(x_i)$。其中 $l_i = 1, 2, \cdots, m_i$，$i = 1, 2, \cdots, n$。当 $n = 1$、$x_1 = e$、$m_i = 3$ 时，隶属度函数为

$$
\begin{aligned}
\mu_{F_1^1}(x_1) &= \mathrm{MF}_Z(x_1 \; 0.05 \; -0.1) \\
\mu_{F_1^2}(x_1) &= \mathrm{MF}_G(x_1 \; 0.02 \; 0.00) \\
\mu_{F_1^3}(x_1) &= \mathrm{MF}_S(x_1 \; -0.05 \; 0.1)
\end{aligned}
\tag{6-35}
$$

其中

$$
\mathrm{MF}_Z(x \; a \; b) = \begin{cases} 0, & x > a \\ 2\left(\dfrac{x-a}{b-a}\right)^2, & \dfrac{a+b}{2} < x \leqslant a \\ 1 - 2\left(\dfrac{x-a}{b-a}\right)^2, & b < x \leqslant \dfrac{a+b}{2} \\ 1, & x \leqslant b \end{cases}
\tag{6-36}
$$

$$
\mathrm{MF}_G(x \; \sigma \; c) = \exp\left(\frac{-(x-c)^2}{2\sigma^2}\right)
\tag{6-37}
$$

$$
\mathrm{MF}_S(x \; a \; b) = \begin{cases} 0, & x \leqslant a \\ 2\left(\dfrac{x-a}{b-a}\right)^2, & a < x \leqslant \dfrac{a+b}{2} \\ 1 - 2\left(\dfrac{x-a}{b-a}\right)^2, & \dfrac{a+b}{2} < x \leqslant b \\ 1, & x > b \end{cases}
\tag{6-38}
$$

构造模糊控制器 $u_c(x | \theta)$ 的模糊规则库，其 IF 部分包括 $F_i^{l_i}$ 的所有可能的组

合。这对于溶解氧浓度控制器来说是一个简单的任务，因为模糊系统只有一个输入，具有三个隶属度函数。因此，模糊规则库设计如下：

(1) IF $e = F_1^1(e)$ ，　THEN $u_c(x|\theta) = \theta_1$ ；

(2) IF $e = F_1^2(e)$ ，　THEN $u_c(x|\theta) = \theta_2$ ；

(3) IF $e = F_1^3(e)$ ，　THEN $u_c(x|\theta) = \theta_3$ 。

$\theta = [\theta_1, \theta_2, \theta_3] = [\overline{y}^1, \overline{y}^2, \overline{y}^3]$ 的选择取决于专家知识。在缺乏专家知识的情况下，自适应模糊控制器简化为一种非线性自适应控制器，仍可以实现控制功能。

$$u_c(x|\theta) = \theta^{\mathrm{T}} \xi(x) \tag{6-39}$$

3. 在线调整

选定 $b = 10 > 0$ 、$\gamma = 200 > 0$ ，$a = 1/3 \overline{V}$ 。根据式(6-30)和式(6-34)分别确定 $\overline{V}$ 和 I^* 。将式(6-27)作为 $K_{\mathrm{L}}a_5$ 的输出，其中，$u_s(x)$ 和 $u_c(x|\theta)$ 由式(6-33)和式(6-39)确定。

6.3.3　自适应模糊控制器仿真实验

为了验证城市污水处理过程自适应模糊控制器的性能，本节通过理论分析和仿真实验进行验证。

1. 城市污水处理过程自适应模糊控制器性能分析

考虑城市污水处理过程可以描述为式(6-9)，控制输入为 $u = u_c(x|\theta) + I^* u_s(x)$ ，该控制系统具有如下特性：

(1) 所有参数和状态都有界，即 $\theta > 0$ ，$|\theta| \leqslant M_\theta$ ，$|x| \leqslant M_x$ ，M_θ 和 M_x 均为常数。

(2) 跟踪误差 e 由式(6-40)中定义的最小逼近误差 ω 限定，即

$$\int_0^t |e(\tau)|^2 \, \mathrm{d}\tau \leqslant a + b \int_0^t |\omega(\tau)|^2 \, \mathrm{d}\tau, \quad \forall t \geqslant 0 \tag{6-40}$$

其中，a、b 均为常数。

(3) 若 ω 是平方可积的，则有

$$\int_0^\infty |\omega(t)|^2 \, \mathrm{d}t \leqslant \infty \rightarrow \lim_{t \to \infty} |e(t)| = 0 \tag{6-41}$$

该控制器在满足上述三个条件的前提下，无需被控对象的先验知识，即可达

到较好的控制效果，实现被控误差最终收敛至零。

2. 城市污水处理过程自适应模糊控制器仿真实验

为了评估自适应模糊控制器的控制性能，本节设定三个不同溶解氧浓度期望值（1mg/L、2mg/L 和 3mg/L），考虑 BSM1 中晴天、阴雨天及暴雨天三种天气工况，采用自适应模糊控制、模糊逻辑控制和 PID 控制方法，分别进行溶解氧浓度跟踪控制实验。通过 ISE、IAE 以及 Dev^{max} 评价控制器的控制效果。其中，模糊逻辑控制方法选取 49 条模糊规则，输入为溶解氧浓度的控制误差及其变化率。PID控制器比例、积分和微分系数分别设定为 200、15 和 2。自适应模糊控制器的模糊规则数为 24，权值从 (−0.5, 0.5) 随机产生，所有的初始中心都是 2.5。

图 6-5 展示了自适应模糊控制器在三个不同的溶解氧浓度期望值下曝气反应器中溶解氧浓度的实验结果。从结果可以看出，自适应模糊控制器能够准确跟踪溶解氧浓度的设定值，系统误差可以保持在±0.1mg/L 范围内。此外，操作变量曲线在整个控制过程中的变化较为平滑，说明自适应模糊控制器能够平衡外部干扰的影响，确保控制量不会出现突变。

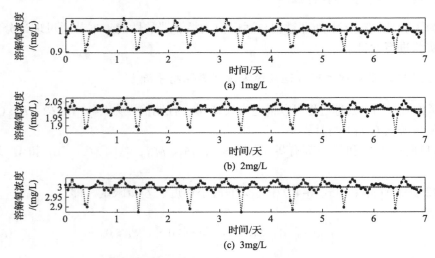

(a) 1mg/L

(b) 2mg/L

(c) 3mg/L

图 6-5　自适应模糊控制器在不同溶解氧浓度期望值下溶解氧浓度的比较

三种控制方法的控制性能对比结果如表 6-3 所示。由表可以看出，所提出的自适应模糊控制方法下 IAE、ISE、MAD_e（平均绝对偏差）和 Var_e（误差均值）指标均为最小。因此，与 PID 控制和模糊逻辑控制相比，自适应模糊控制方法可以实现更好的跟踪控制效果。

表 6-3　三种控制方法的控制性能对比　　　　　　（单位：mg/L）

浓度期望值	控制器	IAE	ISE	MAD$_e$	Var$_e$
1mg/L	PID 控制	0.1469	0.0077	0.1194	6.5×10^{-4}
	模糊逻辑控制	0.1623	0.0068	0.0726	4.3×10^{-4}
	自适应模糊控制	0.0682	0.0009	0.0191	3.7×10^{-5}
2mg/L	PID 控制	0.2269	0.0184	0.1962	1.6×10^{-3}
	模糊逻辑控制	0.1507	0.0049	0.0578	2.4×10^{-4}
	自适应模糊控制	0.0792	0.0012	0.0198	4.0×10^{-5}
3mg/L	PID 控制	0.2901	0.0293	0.2486	2.5×10^{-3}
	模糊逻辑控制	0.2041	0.0070	0.0473	1.5×10^{-4}
	自适应模糊控制	0.0872	0.0014	0.0204	4.1×10^{-5}

6.4　城市污水处理过程模糊神经网络控制器

城市污水处理过程自适应模糊控制器设计的核心技术之一是基于 IF-THEN 规则的模糊逻辑系统，其中的规则主要来自专家的经验知识。由此可见，专家对于城市污水处理过程控制的知识积累量和知识准确度会严重影响模糊逻辑系统的性能。神经网络具有强大的自学习和自适应能力，在解决与函数逼近相关问题上呈现出优越的性能，已被广泛应用于包括污水处理过程等各类复杂控制系统设计当中。但是，神经网络属于黑箱模型系统，只能明确网络的输入和输出信息，网络内部不具有可解释性，专家积累的知识难以与神经网络有效结合。模糊神经网络则结合了模糊逻辑和神经网络的特点，其结构可以看成由神经元组成的模糊系统，神经元的参数为模糊规则，从而映射复杂系统的输入与输出变量之间的关系。据此，城市污水处理过程模糊神经网络控制器应运而生。

6.4.1　模糊神经网络控制原理及方法设计

模糊神经网络利用模糊逻辑系统的可解释性增加神经网络的透明度，增强人类知识对于神经网络的引导作用，利用神经网络的学习能力来提高模糊系统的自适应能力，使模糊系统可以在学习中获得知识。模糊神经网络的提出，为模糊系统自动获取知识提供了有效的实现手段，但是其中大部分神经网络的作用集中针对模糊系统中参数的学习及优化，知识的学习主要体现在参数的自适应调整。

城市污水处理过程模糊神经网络控制方法主要分为两种：神经网络间接控制方法和神经网络直接控制方法。神经网络间接控制方法是基于所建立的系统模型设计神经网络控制器。然而，由于城市污水处理过程模型无法准确建立，神经网络间接控制方法在该过程控制中有一定的局限性。神经网络直接控制方法无须建立准确的污水处理过程的数学模型，可直接利用神经网络进行系统控制器设计，其设计核心思想为神经网络逆控制或神经网络自适应控制。以城市污水处理过程溶解氧浓度控制为例，模糊神经网络逆控制是对城市污水处理系统建立逆动态模型，利用溶解氧浓度期望输出与实际系统输出偏差和偏差的导数作为网络控制器参数的学习指标，以此实现溶解氧浓度的跟踪控制。神经网络自适应控制方法是以溶解氧浓度误差作为性能指标实现控制器参数的调整或利用参数自适应律实现控制器参数在线调整。

6.4.2　模糊神经网络控制器设计

污水处理过程的溶解氧浓度控制问题可由一般的 n 阶 SISO（单输入单输出）非线性微分方程描述，数学表达为

$$\begin{aligned} x^{(n)} &= f(x,t) + g(x,t)u(t) + d \\ y &= x(t) \end{aligned} \tag{6-42}$$

其中，$f(x,t)$ 和 $g(x,t)$ 为未知连续函数；$u(t) \in \mathbf{R}$、$y \in \mathbf{R}$ 分别为污水处理系统的控制律和系统输出；d 为系统干扰。

模糊神经网络控制器的控制结构如图 6-6 所示，主要包括模糊神经网络控制器和补偿控制器，控制系统的目标是寻求合适的控制律 $u(t)$，使系统输出 y 密切跟踪给定的溶解氧浓度设定值 y_{d}。为了提高控制器的适应性，模糊神经网络可以自动调整其结构和参数。模糊规则的数量由结构学习决定，参数学习采用梯度下降法。补偿控制器设计用于消除模糊神经网络的逼近误差。过滤误差模块实现了从系统误差 e 到过滤误差 s 的转换。

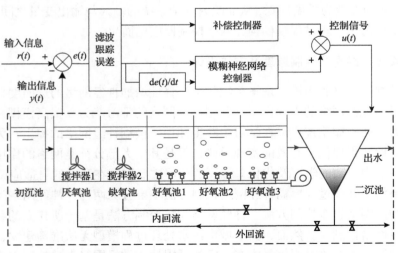

图 6-6　城市污水处理过程模糊神经网络控制结构框图

定义系统误差和过滤误差为

$$e(t) = y_{\mathrm{d}}(t) - y(t) \tag{6-43}$$

$$s(t) = e^{(n-1)} + k_1 e^{(n-2)} + \cdots + k_n \int_0^t e(\tau)\mathrm{d}\tau \tag{6-44}$$

其中，$y(t)$ 和 $y_{\mathrm{d}}(t)$ 分别为实际和期望的系统输出；$k = [k_1, k_2, \cdots, k_n]^{\mathrm{T}}$ 为 Hurwitz 多项式的系数。

由于污水处理过程具有复杂的非线性特征和不确定性，固定结构的模糊神经网络在整个控制过程中无法达到理想的性能。因此，设计一种自组织模糊控制器，该控制器可以在不同条件下自动提取模糊规则。

神经网络控制设计的主要任务是神经网络控制器的在线学习以及保证控制系统稳定。由于污水处理在线控制中，神经网络无法零误差地逼近理想控制律，其逼近误差为

$$\varepsilon = u_{\mathrm{nn}} - u^* \tag{6-45}$$

为保证控制效果，设计补偿控制器补偿误差 ε 的影响。由于实际逼近误差无法获得，设计如下补偿控制器：

$$u_{\mathrm{sc}} = \hat{\varepsilon} + ks \tag{6-46}$$

其中，$\hat{\varepsilon}$ 为逼近误差估计值；k 为数值较小的正常数。逼近误差变化率为

$$\dot{\hat{\varepsilon}} = \eta_\varepsilon s \tag{6-47}$$

模糊控制的学习包括确定隐含层节点的数量和规则参数，模糊神经网络控制器的在线学习与之对应的是网络结构学习和参数学习。同时，结构学习采用增长-修剪-合并算法。

1. 结构增长算法

结构增长的判断标准是神经元的激活强度和控制误差。当输入数据导致的隶属度层中所有神经元的最大激活强度低于预设的某个阈值时，需要考虑增加一个隐含层节点，增加准则可由式(6-48)和式(6-49)描述：

$$h_{\max} = \max_{1 \leqslant i \leqslant n}\{h_i(c_i, \sigma_i, s)\} \tag{6-48}$$

$$h_{\max} \leqslant G_{\mathrm{th}} \tag{6-49}$$

在污水处理过程控制中，当系统输出误差较大时，说明网络的逼近能力不足，

应考虑增加隐含层节点。为避免异常数据带来的影响，利用滑动窗口内的平均误差即式(6-50)作为判断准则，当满足式(6-51)时，增加隐含层节点：

$$\text{error} = \frac{\sum_{i=t-M+1}^{t} \text{error}_i}{M} \tag{6-50}$$

$$|\text{error}| \geqslant E_{\text{th}} \tag{6-51}$$

其中，$\text{error}_i = y(i) - y_{\text{d}}(i)$；$M$ 为滑动窗口内的数据个数；$E_{\text{th}} \in (0,1)$ 为合适的阈值。

假设 t 时刻满足增长条件，则增加一个隐含层节点(规则)，初始参数设置为

$$c_{n+1} = s, \quad \sigma_{n+1} = \sigma, \quad \alpha_{n+1} = 0 \tag{6-52}$$

隐含层节点个数(规则数)加 1，即 $n(t+1) = n(t) + 1$。

2. 结构修剪算法

为避免隐含层节点个数过度增长，同时适应污水处理过程多工况条件下容易出现结构冗余的现象，设计网络在线修剪算法。此处介绍一种基于规则无用率的删减算法，该算法设计思想为：从某条规则(假设第 j 条)开始使用，通过式(6-53)和式(6-54)计算每条模糊规则在控制过程中起重要作用和不重要作用的次数，通过式(6-55)计算每条规则的无用率。若无用率大于设置的阈值，则删除该条规则：

$$R_j(t+1) = \begin{cases} R_j(t) + 1, & h(j) < \beta \\ R_j(t), & h(j) \geqslant \beta \end{cases} \tag{6-53}$$

$$M_j(t+1) = \begin{cases} M_j(t) + 1, & h(j) > \beta \\ M_j(t), & h(j) \leqslant \beta \end{cases} \tag{6-54}$$

$$\text{Rate\_useless}_j = \frac{R_j}{R_j + M_j} \tag{6-55}$$

$$\text{Rate\_useless}_j \geqslant R_{\text{th}} \tag{6-56}$$

其中，$\beta \in (0,1)$ 为区分隐含层神经元是否起重要作用的阈值；$R_{\text{th}} \in (0,1)$ 为删除阈值。为了减少删除神经元对模糊神经网络的影响，确保控制器输出稳定，可对网络参数进行补偿。

3. 结构合并算法

模糊神经网络在城市污水处理控制过程中会不断产生新的样本数据，特别是稳态过程产生的数据比较相似，可能会导致模糊神经网络在学习时产生冗余神经元。此时，利用合并算法来评判神经元内部隶属度函数的分布，具体步骤如下。

首先，通过式(6-57)计算当前神经元内部所有隶属度函数中心的欧氏距离：

$$d_{ij} = \left\| c_i - c_j \right\| \tag{6-57}$$

然后，根据式(6-58)计算欧氏距离中的最小距离 $d_{\min}$：

$$d_{\min} = \min_{i,j=1,2,\cdots,n} d_{ij} \tag{6-58}$$

如果 $d_{\min}$ 小于定义的阈值，那么 $d_{\min}$ 对应的两个神经元将被合并成一个新的神经元：

$$d_{\min} < d_{\text{th}} \tag{6-59}$$

其中，d_{th} 为定义的阈值。

新神经元的相关参数设置如下：

$$
\begin{aligned}
c_{i',\text{new}} &= \frac{c_{i'} + c_{j'}}{2} \\
\sigma_{i',\text{new}} &= \max\{\max\{\sigma_{i'}, \sigma_{j'}\}, \{\sigma_{i'} + \sigma_{j'} + d_{\min}\}/2\} \\
\alpha_{i',\text{new}} &= \frac{\alpha_{i'} h(c_{i'}, \sigma_{i'}, s) + \alpha_{j'} h(c_{j'}, \sigma_{j'}, s)}{h(c_{i',\text{new}}, \sigma_{i',\text{new}}, s)}
\end{aligned} \tag{6-60}
$$

其中，$c_{i',\text{new}}$、$\sigma_{i',\text{new}}$ 和 $\alpha_{i',\text{new}}$ 为合并后获得的新神经元(模糊规则)的参数。

为使系统获得更快的收敛速度，设置神经网络控制器参数学习性能函数为

$$J = s\dot{s} \tag{6-61}$$

系统控制量包括神经网络控制器输出和补偿控制器输出两部分，即

$$u = u_{\text{nn}} + u_{\text{sc}} \tag{6-62}$$

将式(6-60)代入式(6-44)，并考虑式(6-45)，系统误差方程可表示为

$$\dot{s} = e^{(n)} + k_1 e^{(n-1)} + \cdots + k_n = g(x)(u^* - u_{\text{nn}} - u_{\text{sc}}) \tag{6-63}$$

采用梯度下降法，可推得

$$\Delta c_i = -\eta_c \frac{\partial J}{\partial c_i} = \eta_c s \alpha_i^{\mathrm{T}} \xi \frac{s-c_i}{\sigma_i^2} h_i$$

$$\Delta \sigma_i = -\eta_\sigma \frac{\partial J}{\partial \sigma_i} = \eta_\sigma s \alpha_i^{\mathrm{T}} \xi \frac{(s-c_i)^2}{\sigma_i^3} h_i \tag{6-64}$$

$$\Delta \alpha_i = -\eta_\alpha \frac{\partial J}{\partial \alpha_i} = \eta_\alpha s h_i \xi$$

令 $\theta = [c^{\mathrm{T}} \quad \sigma^{\mathrm{T}} \quad \alpha^{\mathrm{T}}]^{\mathrm{T}}$，则参数的更新公式为

$$\theta(t+1) = \theta(t) + \Delta\theta(t) \tag{6-65}$$

其中，$c = [c_1, c_2, \cdots, c_n]^{\mathrm{T}}$，$\sigma = [\sigma_1, \sigma_2, \cdots, \sigma_n]^{\mathrm{T}}$，$\alpha = [\alpha_1, \alpha_2, \cdots, \alpha_n]^{\mathrm{T}}$；$\eta_c \in (0,1)$、$\eta_\sigma \in (0,1)$、$\eta_\alpha \in (0,1)$ 分别为网络中心、宽度和后件参数的学习率。

6.4.3　模糊神经网络控制器仿真实验

为了验证城市污水处理过程模糊神经网络控制器的性能，本节对模糊神经网络控制进行理论分析和仿真实验验证。

1. 模糊神经网络控制器性能分析

下面对上述模糊神经网络控制器的性能进行分析。

定理 6-1　考虑可由式(6-42)描述城市污水处理过程，当采用式(6-45)的控制律时，逼近误差变化率采用式(6-47)计算，则该控制系统可以保证城市污水处理过程闭环系统的渐近稳定性。

证明　将式(6-64)、式(6-65)代入式(6-44)，得

$$\dot{s} = g(x)(\varepsilon - \hat{\varepsilon} - ks) = g(x)(\tilde{\varepsilon} - ks) \tag{6-66}$$

其中，$\tilde{\varepsilon} = \varepsilon - \hat{\varepsilon}$。

选取候选 Lyapunov 函数为

$$V(t) = \frac{1}{2}s^2 + \frac{1}{2\eta_\varepsilon}\tilde{\varepsilon}^2 \tag{6-67}$$

其中，$\eta_\varepsilon \in (0,1)$ 为 $\hat{\varepsilon}$ 的学习率。

对式(6-67)两边取微分，得

$$\dot{V} = s\dot{s} + \frac{1}{\eta_\varepsilon}\tilde{\varepsilon}\dot{\tilde{\varepsilon}} = s(g(x)(\tilde{\varepsilon}-ks)) + \frac{1}{\eta_\varepsilon}\tilde{\varepsilon}\dot{\tilde{\varepsilon}} = \tilde{\varepsilon}\left(s - \frac{1}{\eta_\varepsilon}\dot{\tilde{\varepsilon}}\right) - ks^2 \tag{6-68}$$

将式(6-65)代入式(6-68)，整理得

$$\dot{V} = -ks^2 \leqslant 0 \tag{6-69}$$

由式(6-69)可知 $\dot{V}(t)$ 负半定，即 $V(t) \leqslant V(0)$ ，表明 $s(t)$ 和 $\tilde{\varepsilon}$ 是有界的。

令 $W(t) = ks^2 \leqslant -\dot{V}(t)$ ，两边积分，可得

$$\int_0^t W(t)\mathrm{d}t \leqslant V(0) - V(t) \tag{6-70}$$

因为 $V(0)$ 有界， $V(t)$ 有界且非增长函数，则有

$$\lim_{t \to \infty} \int_0^t W(t)\mathrm{d}t < \infty \tag{6-71}$$

又由于 $\dot{W}(t)$ 有界，则由 Barbalat 引理可得， $\lim_{t \to \infty} W(t) = 0$ ，表明当 $t \to \infty$ 时，有 $s(t) \to 0$ ，因此可以保证该系统稳定。

2. 模糊神经网络控制器仿真实验

为了评估所提方法的控制性能，本节设计溶解氧浓度跟踪控制实验，期望浓度设为恒定值(2mg/L)，考虑 BSM1 中晴天天气工况。同时，进行模糊神经网络控制、自适应模糊控制、模糊逻辑控制和 PID 控制四种方法的对比实验。通过 ISE、IAE 以及 Dev^{max} 评价控制器的控制效果。其中，模糊逻辑控制方法选取 49 条模糊规则，输入为溶解氧浓度的控制误差及其变化率。PID 控制器比例、积分和微分系数分别设定为 200、15 和 2。模糊神经网络控制方法中的参数设置如下：$\eta_c = 0.01$ ， $\eta_\sigma = 0.01$ ， $\eta_\alpha = 0.01$ ， $\eta_\varepsilon = 0.01$ ， $k = 1$ ， $G_{\mathrm{th}} = 1$ ， $\beta = 0.3$ ， $E_{\mathrm{th}} = 0.02$ ， $R_{\mathrm{th}} = 0.85$ ， $\sigma = 0.5$ ， $M = 20$ 。

模糊神经网络控制器下溶解氧浓度的在线控制效果如图 6-7 所示，曝气量的变化情况如图 6-8 所示。

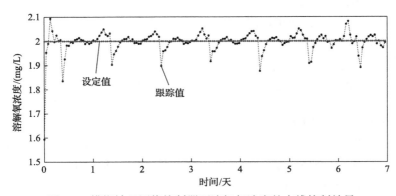

图 6-7　模糊神经网络控制器下溶解氧浓度的在线控制效果

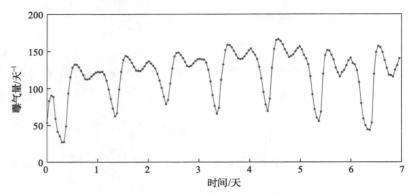

图 6-8　模糊神经网络控制器下的曝气量变化

由图 6-7 可以看出，在模糊神经网络控制器作用下，溶解氧浓度实际值可以较高的精度跟踪期望值，跟踪误差大部分情况下保持在±0.1mg/L 范围内。由图 6-8 可以看出，曝气量曲线在整个控制过程中的变化较为平滑，说明模糊神经网络能够平衡外部干扰的影响，确保控制量不会出现突然跃变。晴天天气不同控制器的控制性能指标对比见表 6-4。

表 6-4　晴天天气不同控制器的控制性能指标对比

控制器	IAE/(mg/L)	ISE/(mg/L)	Dev^{max}/(mg/L)	$\Delta K_L a_5^{max}$/天$^{-1}$
模糊神经网络控制	0.018	$1.49×10^{-4}$	0.039	102.03
PID 控制	0.159	$7.69×10^{-3}$	0.112	101.44
模糊逻辑控制	0.228	$1.77×10^{-2}$	0.159	100.82
自适应模糊控制	0.079	$1.20×10^{-3}$	0.019	—

由表 6-4 可以看出，模糊神经网络控制器能够获得较低的系统误差指标，IAE 和 ISE 分别为 0.018mg/L 和 $1.49×10^{-4}$mg/L。尤其是 ISE 指标，与自适应模糊控制和 PID 控制相比，模糊神经网络控制的 ISE 指标下降了一个数量级；与模糊逻辑控制相比，则下降了两个数量级。其中，模糊逻辑控制的性能最差，PID 控制次之。

6.5　城市污水处理过程模糊控制系统

城市污水处理过程中蕴含丰富的数据信息，如现场数据、业务数据、历史数据等。其中，现场数据来源于污水处理多个运行流程，主要通过数据检测仪或者软测量技术实现在线检测，部分数据由于检测技术的限制，需要通过实验法测试，人工录入系统，现场数据能够反映城市污水处理运行状态；业务数据来源于各个关系型数据库，主要涉及操作人员行为记录与污水形态描述等相关数据，业务数据能够反映污水处理业务流程与状态；历史数据来源于不同时间段存储的现场和业务数据，反映城市污水处理过程不同状态及其动态特征，是实现数据分析和挖掘的基础。

为了使系统的运行环境更接近于实际城市污水处理过程，本节介绍城市污水处理过程模糊控制系统。该系统主要包括数据传输与处理模块、模糊控制器模块、人机交互模块三个模块。通过数据传输与处理模块将水质检测仪表的检测数据、控制器控制信号、设定参数等数据进行模糊控制器模块与人机交互模块之间的传输和处理，并对控制器性能指标等数据进行运算存储；通过模糊控制器模块进行控制信号的运算并下发给控制执行器；通过人机交互模块对模糊控制器的结构、参数等进行设置，并计算和显示控制效果等信息。根据城市污水处理过程中数据流的动态走向，对各种数据进行采集、挖掘及利用，并编程嵌入本章所提出的模糊控制方法。城市污水处理过程模糊控制器架构如图 6-9 所示。

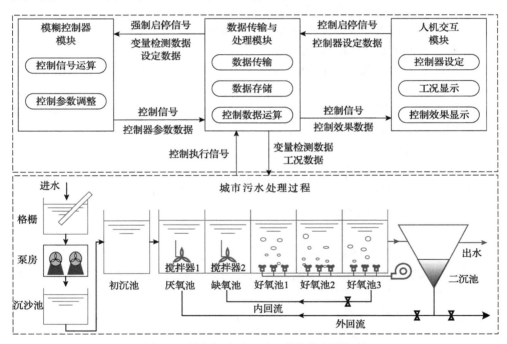

图 6-9　城市污水处理过程模糊控制器架构

1. 数据传输与处理模块

数据传输与处理模块主要利用数据库进行检测仪表数据、模糊控制器数据、人机交互数据等数据的传输、存储与处理。通过组态软件连接 PLC 以传输检测仪表的检测数据，同时在数据库中根据数据存储格式统一各个数据的存储以方便调用与处理。此外，数据传输与处理模块可对来自模糊控制器模块的控制信号进行处理，转换为控制执行器可识别的电信号并下发至控制执行器。

2. 模糊控制器模块

模糊控制器模块主要包括控制器启停控制算法和模糊控制算法。模糊控制器模块主要包含模糊控制器、自适应模糊控制器和模糊神经网络控制器三种控制算法。模糊控制器模块根据来自数据传输与处理模块的被控变量检测数据(溶解氧浓度和硝态氮浓度)和控制器参数设定数据进行控制运算，输出控制信号。

3. 人机交互模块

人机交互模块主要包括数据报表、控制器启停控制、参数设置、运行工况显示、控制器性能显示等功能。通过人机交互模块可向数据传输与处理模块发送控制器启停信号和控制器设定数据，从而对控制器的运行进行控制以及设定控制器的结构和参数。利用从数据传输与处理模块接收的控制信号和控制效果数据等进行处理并显示工况变化和控制器的控制效果。

为确保城市污水处理过程协同控制器具有较高的可移植性和兼容性，采用Visual Studio 开发平台，开发环境为 Visual Studio 2010 版本，编程语言为 C#。人机交互模块的界面等内容通过 Visual Studio 2010 使用 C#语言设计为 Windows 窗体应用程序，并调用基于 MATLAB 平台编写的控制程序，实现工况与控制效果的显示。城市污水处理过程模糊控制器运行于中控室中一台独立的工控机中，以避免对污水处理厂原有控制系统的干扰和影响污水处理厂的正常运行。通过交换机并利用以太网将工控机与 PLC 相连接，以 OPC Server 作为 OPC 数据服务器，模糊控制器作为 OPC 客户端，从而实现了控制程序与控制执行器的数据连接及交互。

将城市污水处理过程控制器应用于溶解氧浓度控制中，通过输入相应的控制频率操控鼓风机和回流泵，以控制好氧池中的曝气量和好氧池回流至缺氧池中混合液的回流量，实现溶解氧浓度调节。首先在参数设置界面对模糊控制器的模糊规则数量、不确定中心、标准差、后件权值等参数进行设置，然后对溶解氧浓度的设定值进行设置。启动控制器进行运算从而输出控制量。

图 6-10 是城市污水处理过程模糊控制系统中自适应模糊控制器的相关信息，从该界面可以看到城市污水处理过程的整体工艺流程以及操作变量和被控变量的运行趋势。单击图 6-10 中的数据报表标签，即可在界面中显示出溶解氧浓度和曝气量变化曲线，可以看出控制的溶解氧浓度可以很好地跟踪设定值，通过调整曝气量保证了溶解氧浓度对设定值的跟踪。从溶解氧浓度跟踪控制曲线中可以看出，溶解氧浓度可以以较高精度跟踪设定值，城市污水处理过程模糊控制器能够实现

对城市污水处理过程溶解氧浓度的控制调节,确保城市污水处理过程的高效稳定运行。

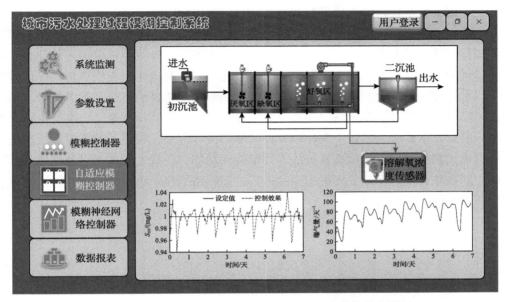

图 6-10　城市污水处理过程模糊控制系统自适应模糊控制器界面

6.6　本 章 小 结

本章介绍了城市污水处理过程信息模糊规则表达方法、城市污水处理过程模糊控制方法、城市污水处理过程自适应模糊控制方法和城市污水处理过程模糊神经网络控制方法,详细阐述了基于模糊规则的知识获取、表达方法及模糊控制的基本原理,并介绍了一些城市污水处理过程模糊控制应用案例。

首先,介绍了模糊控制的基本原理、城市污水处理过程模糊控制系统的组成部分,以及城市污水处理过程模糊控制器的设计方法。根据模糊推理系统的特点,城市污水处理过程的知识经验可以根据模糊规则表转化为控制规则,实现知识经验在过程控制中的作用。此外,展示并分析了基于模糊控制的城市污水处理过程溶解氧浓度仿真实验结果。通过仿真实验结果可以看出,城市污水处理过程模糊控制方法能够有效地跟踪控制溶解氧浓度的设定值,具有较好的控制性能。

其次,针对常规模糊控制方法中模糊规则易受人的主观性影响、控制动作稳态精度较差等问题,介绍了一种自适应模糊控制方法。该方法能够在缺乏初始信息的情况下,实现被控变量的准确跟踪。当城市污水处理过程出现显著动态变化时，能够自适应调整模糊规则参数，确保控制器准确跟踪控制溶解氧浓度。在城市污水处理过程自适应模糊控制实验中，分别模拟了三种不同溶解氧浓度设定值工况，结果显示，自适应模糊控制能够对不同期望设定值实现较好的跟踪效果。

再次，结合模糊逻辑系统与神经网络的优点，介绍了一种城市污水处理过程模糊神经网络控制方法。该控制方法能有效解决不确定性对象难以描述的问题。通过运用过程数据，实现控制器结构和参数随过程工况变化的在线调整，保证城市污水处理过程平稳、高效运行。在跟踪控制溶解氧浓度的仿真实验中显示，相比于模糊控制器和神经网络控制器，模糊神经网络控制器具有更优的控制效果。

最后，本章综合了以上三种模糊控制器的设计方法，构建了城市污水处理过程模糊控制系统，通过构造系统的不同模块和功能，实现了城市污水处理过程模糊控制系统在实际污水处理过程中的运行，运行结果显示该系统能够较好地实现溶解氧浓度的跟踪控制。

第7章　城市污水处理过程滑模控制

7.1　引　言

城市污水处理过程本质上是一个强干扰的过程，主要表现为进水流量大、水质波动大、工况环境变化剧烈等，频繁的随机波动和变化不仅容易冲击生化反应过程，无法保持活性污泥微生物恒定的生长环境，造成微生物新陈代谢紊乱，从而对城市污水处理生态系统带来影响，同时强干扰使过程控制系统难以捕捉运行过程的真实状态，若无有效的抗干扰控制措施，将导致控制系统整体性能下降，进而影响城市污水处理效果。

滑模控制（SMC）作为一种有效的鲁棒控制方法，广泛运用于污水处理过程控制中。该控制方法与对象参数及扰动无关，具有快速响应、对应参数变化及扰动不灵敏、无需系统在线辨识、物理实现简单等优点，在污水处理过程控制应用中展现了较好的鲁棒性能。但滑模控制状态轨迹难以严格沿着滑模面向平衡点滑动，而是在其两侧来回穿越地趋近平衡点，从而产生抖振。一些研究学者研究出了克服抖振问题的自适应滑模控制、饱和滑模控制等，获得了较好的应用效果。此外，城市污水处理过程不仅包含进水流量、水质变化等外部干扰，也包含硝化率、反硝化率等不确定性因素，而且部分扰动或不确定的边界难以获得，导致滑模控制难以准确跟踪控制对象的目标轨迹。为了解决这一问题，滑模控制方法与其他先进智能辨识方法结合，运用智能方法辨识不确定性因素，形成如模糊滑模控制、模糊神经滑模控制方法等，显著提高了控制方法的控制精度。

本章首先针对城市污水处理过程的扰动问题，着重研究滑模控制方法的控制性能，对其基本控制原理进行介绍，并将其用于抑制污水处理过程中的强干扰。其次，针对所述动态滑模面控制不能适应现场多变复杂工况，以及存在的抖振问题，介绍一种自适应滑模控制方法，并分别通过实际案例验证两种滑模控制方法应用于污水处理过程的有效性。再次，针对城市污水处理过程中的不确定扰动问题，介绍一种神经滑模控制器。最后，以城市污水处理出水水质稳定达标为目标，基于城市污水处理过程工艺和原理，完成城市污水处理过程滑模控制技术的封装，构建城市污水处理过程滑模控制系统，并在实际污水处理厂进行测试应用。

7.2　城市污水处理过程滑模控制器

　　为了提高城市污水处理过程控制的鲁棒性，克服污水处理过程强干扰的影响，多种控制方法如滑模控制方法、基于扰动观测器与模糊 PID 结合的控制方法、鲁棒反馈控制方法、基于扰动观测器的反馈线性化控制方法等，都获得了较好的污水水质控制效果。其中，滑模控制方法作为一种有效的鲁棒控制方法，已广泛应用于污水处理过程控制中，并衍生了诸如动态滑模控制、基于自适应增益的滑模控制、间接自适应滑模控制等衍生滑模控制方法，均在污水处理过程控制中展现出较好的鲁棒性能。

　　综上，本节将从城市污水处理过程扰动特点出发，着重介绍如何改善滑模控制方法的控制性能，克服外部扰动对污水处理过程运行系统的影响，实现城市污水处理过程的鲁棒控制。

7.2.1　扰动特征分析

　　城市污水处理过程受干扰影响严重，其中显著扰动一方面来自污水进水负荷的变化（包括进水流量、进水成分、污染物种类、有机物浓度等的波动）、天气条件、温度、外部操作等；另一方面主要来自城市污水处理过程生化反应内部，如硝化菌的硝化率变化、反硝化菌的反硝化率变化、污泥沉降速率变化等。同时，城市污水处理过程自动控制系统运行还需要考虑传感器故障、控制设定点变化等多种干扰。这些干扰往往严重影响城市污水处理控制系统的性能，甚至导致系统处于不稳定状态。另外，影响城市污水处理过程微生物活性的因素很多，生化反应过程呈现出复杂的关联性、非线性和未知性，且长期运行在非平稳状态。传统的控制方法在城市污水处理过程控制系统正常运行状态下可以达到较好的控制效果，但当污水处理过程工况发生突然变化时，如进水量的突然变化、某类污染物含量的激增等，传统的控制方法则不能实现有效控制，无法根据外界条件的变化采取相应的控制措施。针对此类问题，设计先进的控制方法，确保控制系统运行对城市污水处理过程多类别扰动具有强鲁棒性，并使其对城市污水处理过程变化保持强自适应能力，是维持控制系统对城市污水处理过程高效、稳定控制的重要研究内容。

7.2.2　滑模控制原理及方法设计

　　滑模控制本质上是一类特殊的非线性控制，表现为控制的不连续性。与其他控制策略的不同之处在于系统结构的动态调整，即系统结构在动态过程中根据系统当前状态有目的地不断变化。滑动模型在设计时与被控对象参数以及扰动无关，使得滑模控制具有快速响应、对参数变化扰动不敏感、无需在线辨识等特点。滑模控制的概念和特性表述如下。

1. 滑动模型定义及数学表达

给定如下非线性系统：

$$\dot{x} = f(x), \quad x \in \mathbf{R}^n \tag{7-1}$$

其状态空间中，存在一个超曲面 $s(x) = s(x_1, x_2, \cdots, x_n) = 0$。

以超平面为界限，可将切换面分为上下两个部分：$s > 0$ 和 $s < 0$。切换面运动点的特性分为：

通常点，即系统运动点运动到切换面 $s = 0$ 附近时，不停留而直接穿越的点。

起始点，即系统运动点到达切换面 $s = 0$ 附近，向切换面的两边离开的点。

终止点，即系统运动点到达切换面 $s = 0$，并停留在切换面上的点。

根据滑动模型区上的运动点都必须是终止点这一要求，当运动点到达切换面 $s(x) = 0$ 附近时，存在：

$$\lim_{s \to 0^+} \dot{s} \leqslant 0 \quad \text{和} \quad \lim_{s \to 0^-} \dot{s} \geqslant 0 \tag{7-2}$$

或者

$$\lim_{s \to 0^+} \dot{s} \leqslant 0 \leqslant \lim_{s \to 0^-} \dot{s} \tag{7-3}$$

又或

$$\lim_{s \to 0} s\dot{s} \leqslant 0 \tag{7-4}$$

以上不等式对系统构造 Lyapunov 函数给出如下必要条件：

$$V(x_1, x_2, \cdots, x_n) = [s(x_1, x_2, \cdots, x_n)]^2 \tag{7-5}$$

由式 (7-4) 和式 (7-5) 可知，若式 (7-4) 成立，则式 (7-5) 是系统的一个条件 Lyapunov 函数，系统本身稳定于 $s = 0$。

2. 滑模控制的三要素

假设存在如下系统：

$$\dot{x} = f(x, u, t), \quad x \in \mathbf{R}^n, \quad u \in \mathbf{R}^m, \quad t \in \mathbf{R} \tag{7-6}$$

按照如下方式在切换面 $s(x)(s \in \mathbf{R}^m)$ 上进行切换，即

$$u = \begin{cases} u^+(x), & s(x) > 0 \\ u^-(x), & s(x) \leqslant 0 \end{cases} \tag{7-7}$$

其中，$u^+(x) \neq u^-(x)$，使得：

(1)滑动模型(7-7)成立；

(2)切换面以外的运动点都将在有限时间内到达切换面 $s(x) = 0$，并满足可达性条件；

(3)保证滑模运动的稳定性。

以上三点是保证滑模控制有效的基本要素。

3. 滑模控制系统设计的步骤

滑模控制系统设计步骤如下：

(1)滑模面的设计，使系统在滑模面上满足一定的性能指标要求。

(2)滑模控制律的设计，使系统状态从任意初始点进入滑模状态，并稳定可靠地保持在滑模面上。

(3)两个步骤相互独立。

城市污水处理滑模控制算法设计的关键在于：

(1)针对表现出特定动力学行为的城市污水处理系统，如何设计滑模面或者选取滑模变量，以保证城市污水处理控制系统的性能(如受扰动情况下的控制误差收敛)达到预期目标；

(2)针对具有多种扰动的城市污水处理过程，如何设计趋近律或者控制律，保证从城市污水处理过程变量初始状态出发的系统轨迹，在有限时间内能够到达所设计的滑模面，并且到达后能够一直停留在该滑模面上，同时使得城市污水处理控制系统状态变量快速收敛。

7.2.3　滑模控制器设计

1. 系统描述

以基于 A^2/O 工艺的城市污水处理过程为例，其曝气等效模型可定义为如下微分方程：

$$\dot{x}(t) = F(x(t), u(t)) + d(t) \tag{7-8}$$

其中，$F(\cdot)$ 为非线性函数；$x(t)$ 和 $\dot{x}(t)$ 分别为 t 时刻的溶解氧浓度及其导数；$u(t)$ 为在 t 时刻的控制输入；$d(t)$ 为 t 时刻的外部扰动。

为了便于研究外部扰动对城市污水处理过程带来的影响，可将式(7-8)抽象为如下所示二阶扰动非线性系统：

$$\dot{x}_1(t) = x_2(t)$$
$$\dot{x}_2(t) = f(x,t) + g(x,t)u(t) + d(t) \tag{7-9}$$

其中，$x_1(t) \in \mathbf{R}$、$x_2(t) \in \mathbf{R}$ 为状态分量；$u(t) \in \mathbf{R}$ 和 $d(t) \in \mathbf{R}$ 分别为系统的控制输入和系统扰动；$f(x,t)$ 和 $g(x,t)$ 为不确定非线性函数。假设非线性系统(7-9)可控，则 $g(x,t) > 0$，系统的目标跟踪轨迹选取为 x_r。为了实现存在扰动系统(7-9)的鲁棒控制，本节采用动态滑模面的设计思想，并对设计的滑模控制器进行稳定性分析。

2. 动态滑模面设计

为了充分说明如何利用动态面的思想设计滑模控制器，首先针对无扰动的城市污水处理系统给出设计步骤，以此为基础，针对存在外部扰动的系统给出利用动态面设计控制器的具体步骤。

1)无扰动设计

当 $d(t) = 0$ 时，式(7-9)可改写为

$$\dot{x}_1(t) = x_2(t)$$
$$\dot{x}_2(t) = f(x,t) + g(x,t)u(t) \tag{7-10}$$

给定如下位置误差：

$$z_1(t) = x_1(t) - x_r(t) \tag{7-11}$$

其中，$x_r(t)$ 为参考轨迹，则可得 $\dot{z}_1(t) = \dot{x}_1(t) - \dot{x}_r(t)$。

定义如下 Lyapunov 函数：

$$V_1(t) = \frac{1}{2}z_1^2(t) \tag{7-12}$$

对式(7-12)求导并将式(7-11)代入，可得

$$\dot{V}_1(t) = z_1(t)\dot{z}_1(t) = z_1(t)(x_2(t) - \dot{x}_r(t)) \tag{7-13}$$

定义 $z_2(t)$ 为

$$z_2(t) = x_2(t) - \alpha_1(t) \tag{7-14}$$

则

$$\dot{V}_1(t) = z_1(t)(z_2(t) + \alpha_1(t) - \dot{x}_r(t)) \tag{7-15}$$

定义 $\bar{x}_2(t) = -c_1(t)z_1(t) + \dot{x}_r(t)$，取 $\alpha_1(t)$ 为 $\bar{x}_2(t)$ 的低通滤波器的输出，并满足：

$$\begin{cases} \tau\dot{\alpha}_1(t) + \alpha_1(t) = \bar{x}_2(t) \\ \alpha_1(0) = \bar{x}_2(0) \end{cases} \tag{7-16}$$

由式 (7-16) 可得 $\dot{\alpha}_1(t) = \dfrac{\bar{x}_2(t) - \alpha_1(t)}{\tau}$，所产生的滤波误差为 $y_2(t) = \alpha_1(t) - \bar{x}_2(t)$。考虑位置跟踪和滤波误差，定义如下 Lyapunov 函数：

$$V(t) = \frac{1}{2}z_1^2(t) + \frac{1}{2}z_2^2(t) + \frac{1}{2}y_2^2(t) \tag{7-17}$$

由于 $\dot{z}_2(t) = \dot{x}_2(t) - \dot{\alpha}_1(t) = f(x,t) + b(x,t)u(t) - \dot{\alpha}_1(t)$ 和 $\dot{y}_2(t) = \dfrac{\bar{x}_2(t) - \alpha_1(t)}{\tau} - \dot{\bar{x}}_2(t) = \dfrac{-y_2(t)}{\tau} + c_1(t)\dot{z}_1(t) - \ddot{x}_r(t)$，则

$$\begin{aligned} \dot{V}(t) &= z_1(t)\dot{z}_1(t) + z_2(t)\dot{z}_2(t) + y_2(t)\dot{y}_2(t) \\ &= z_1(t)(z_2(t) + y_2(t) + \bar{x}_2(t) - \dot{x}_r(t)) + z_2(t)(f(x,t) + b(x,t)u(t) - \dot{\alpha}_1(t)) \\ &\quad + y_2(t)\left(\frac{-y_2(t)}{\tau} + B_2(t)\right) \end{aligned} \tag{7-18}$$

其中，$B_2(t) = c_1(t)\dot{z}_1(t) - \ddot{x}_r(t)$。

由

$$\begin{aligned} B_2(t) &= c_1(t)(x_2(t) - \dot{x}_r(t)) - \ddot{x}_r(t) \\ &= c_1(z_2(t) + y_2(t) - c_1(t)z_1(t)) - \ddot{x}_r(t) \end{aligned} \tag{7-19}$$

可知 B_2 为关于 $z_1(t)$、$z_2(t)$、$y_2(t)$ 和 $\ddot{x}_r(t)$ 的函数。

此时，设计如下形式的控制器：

$$u(t) = \frac{1}{b(x,t)}(-f(x,t) + \dot{\alpha}_1(t) - c_2(t)z_2(t)) \tag{7-20}$$

其中，c_2 为大于零的正常数。

2) 有扰动设计

考虑扰动 $d(t)$，且 $d(t) \leqslant D$，结合滑模变结构控制方法，定义滑模面为 $s = z_2(t)$，选取形如式 (7-17) 所示的 Lyapunov 函数，则针对具有扰动的被控系统，动态面滑模控制器可设计为

$$u(t) = \frac{1}{b(x,t)}(-\eta\,\mathrm{sgn}(z_2(t)) - f(x,t) + \dot{\alpha}_1(t) - c_2(t)z_2(t)) \tag{7-21}$$

其中，c_2 为大于零的正常数；$\eta \geqslant |D|$。

3）城市污水处理过程滑模控制性能分析

针对上述城市污水处理过程不存在扰动和存在扰动工况下所设计的动态滑模面控制器，分别对其控制性能进行分析。

定理 7-1　取 $V(0) \leqslant p$，$p > 0$，则城市污水处理过程闭环系统所有信号有界且收敛。

证明　当 $V = p$ 时，$V = \dfrac{1}{2}z_1^2(t) + \dfrac{1}{2}z_2^2(t) + \dfrac{1}{2}y_2^2(t) = p$，则可知 $B_2(t)$ 有界，记为 M_2，则 $B_2^2(t) \big/ M_2^2 - 1 \leqslant 0$，于是有

$$
\begin{aligned}
\dot{V}(t) &= z_1(t)\dot{z}_1(t) + z_2(t)\dot{z}_2(t) + y_2(t)\dot{y}_2(t) \\
&\leqslant (1 - c_1(t))z_1^2(t) + \left(\frac{1}{2} - c_2(t)\right)z_2^2(t) + \left(\frac{1}{2}B_2^2(t) + \frac{1}{2} - \frac{1}{\tau}\right)y_2^2(t) + \frac{1}{2}
\end{aligned}
\tag{7-22}
$$

取 $c_1(t) \geqslant 1 + r(t)$，$r > 0$，$c^2(t) \geqslant 1/2 + r(t)$，$1/\tau \geqslant M_2/2 + 1/2 + r(t)$，则

$$
\begin{aligned}
\dot{V}(t) &\leqslant -r(t)z_1^2(t) - r(t)z_2^2(t) + \left(\frac{1}{2}B_2^2(t) - \frac{M_2^2}{2} - r(t)\right) + \frac{1}{2} \\
&\leqslant -2r(t)V(t) + \frac{1}{2}
\end{aligned}
\tag{7-23}
$$

由于 $V(0) = p$，则式（7-23）可改写为 $\dot{V}(t) \leqslant -2r(t)p + 1/2$。

取 $-2r(t)p + 1/2 \leqslant 0$，即 $r(t) \geqslant 1/(4p)$，则可得

$$
\dot{V}(t) \leqslant 0
\tag{7-24}
$$

同时，式（7-23）表明，当 $r(t) \geqslant 1/(4p)$ 时，所设计的 Lyapunov 函数 V 包含在紧集内。若 $V(0) \leqslant p$，则 $\dot{V}(t) \leqslant 0$，从而可知 $V(t) \leqslant p$。此外，通过上述论述过程可进行如下收敛性分析：由式（7-23）可知 $\dot{V}(t) \leqslant -2r(t)V(t) + 1/2$，则不等式 $\dot{V}(t) \leqslant -2r(t)V(t) + 1/2$ 的解为

$$
\begin{aligned}
V(t) &\leqslant \mathrm{e}^{-2r(t-t_0)}V(t_0) + 0.5\mathrm{e}^{-2rt}\int_{t_0}^{t}\mathrm{e}^{\eta_1\tau}\,\mathrm{d}\tau \\
&= \mathrm{e}^{-2r(t-t_0)}V(t_0) + \frac{0.5\mathrm{e}^{-2rt}}{2r}(\mathrm{e}^{2rt} - \mathrm{e}^{2rt_0}) \\
&= \mathrm{e}^{-2r(t-t_0)}V(t_0) + \frac{1}{4r}(1 - \mathrm{e}^{2r(t-t_0)})
\end{aligned}
\tag{7-25}
$$

则

$$\lim_{t \to \infty} V(t) \leqslant \frac{1}{4r}$$　　　　　　　　　　(7-26)

若 r 足够大，则 $z_1(t)$、$z_2(t)$ 和 $y_2(t)$ 渐近收敛；当 $t \to \infty$ 时，$x_1(t) \to x_r(t)$，$x_2(t) \to \dot{x}_r(t)$。进一步可知，由于 $1/\tau \geqslant M_2/2 + 1/2 + R$，若取 $\tau \to 0$，则可取 $r \to \infty$。得证。

7.2.4　滑模控制器仿真实验

为验证滑模控制方法的有效性，仿真实验以 BSM1 为平台，测试不同场景下的滑模控制性能。滑模控制的跟踪控制对象为溶解氧浓度，设定溶解氧浓度为 2mg/L，随机测量噪声扰动的取值范围为[–0.16, 0.17]mg/L。控制方法的控制间隔为 15min。为了评价滑模控制方法，还引入了其他控制方法进行比较：反馈控制、前馈控制、PID 控制。图 7-1 和图 7-2 分别给出了滑模控制下溶解氧浓度输出结果和跟踪误差。

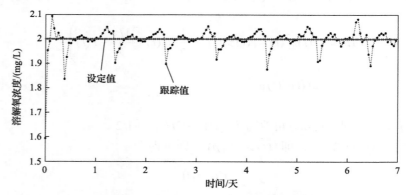

图 7-1　滑模控制下溶解氧浓度输出结果

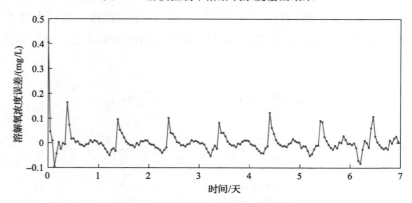

图 7-2　滑模控制下溶解氧浓度误差

在图 7-1 中，溶解氧浓度滑模控制结果可以跟踪设定值。图 7-2 中的跟踪误差也说明溶解氧浓度滑模控制能够保持较小的控制误差。为了进一步综合比较，将 IAE、DSE 和 RMSDC 进行比较，如表 7-1 所示。可以看出，与其他控制器相比，滑模控制方法具有最小的 IAE、DSE 和 RMSDC。因此，在这种情况下，滑模控制方法可以获得较好的跟踪性能。

表 7-1 不同控制方法的比较 (单位：mg/L)

控制器	IAE	DSE	RMSDC
滑模控制	0.015	0.007	0.246
前馈控制	0.150	0.112	0.780
反馈控制	0.234	0.201	0.531
PID 控制	0.052	0.043	0.461

7.3 城市污水处理过程自适应滑模控制器

城市污水处理过程具有动态特性和不稳定特性，仅对曝气过程进行 7.2 节所述动态滑模面控制不能很好地适应现场多变复杂的情况。其本质原因在于上述滑模控制策略尽管能够保证系统的稳定性和鲁棒性，但控制律的设计需要用到扰动的边界值，在实际污水处理过程中，扰动的边界值并不容易找到。因此，可利用自适应思想对动态滑模面控制进行在线调整，使其在污水处理过程扰动边界未知的情况下自适应调整控制器增益，以达到城市污水处理过程稳定运行的目的。

本节在动态滑模面控制的基础上，引入自适应控制理论，构建自适应滑模控制器。首先，对自适应滑模控制原理及方法进行介绍，进而针对城市污水处理过程溶解氧溶度控制设计自适应滑模控制器，并对该控制器性能进行分析，最后结合典型的城市污水处理应用案例，验证该控制方法的有效性。

7.3.1 自适应滑模控制原理及方法设计

普通反馈控制的系统参数是固定不变的，当系统内部特性发生比较大的变化或存在较大的外部干扰时，系统的鲁棒性将会变差并且系统的稳定性将不能得到保证。而自适应控制具有实时辨识作用，能够通过控制系统的输入输出信息对系统的状态进行辨识，系统状态在辨识的过程中不断地进行动态调整，并且越来越接近实际，因而具有一定的自适应能力。将经典自适应控制思想引入滑模控制中形成自适应滑模控制。

由于自适应思想的引入，自适应滑模控制可以实现扰动边界未知情况下的鲁棒控制，相较于传统滑模控制的应用范围更广。自适应滑模控制通过对系统的控制量进行切换从而迫使系统状态沿着预定的滑动模态滑动。它可以使系统按照设定的轨迹做高频小幅抖振的运动，即"滑动模态"运动。通过设计滑动模态，自适应滑模控制对系统参数的摄动和外部干扰具有不变性或者完全自适应性。自适应滑模控制方法的设计主要包含两个步骤：设计滑模面，即切换函数，滑模面的设计应使其所确定的滑动模态具有良好的动态性能并且渐近稳定；设计滑模控制律，使其在切换面上形成滑动模态区。得到滑模面和滑模控制律以后，就能建立起自适应滑模控制系统。

7.3.2　自适应滑模控制器设计

本节从城市污水处理过程关键控制变量描述以及自适应滑模控制设计两方面进行介绍。

1. 城市污水处理过程关键控制变量描述

为了清楚地描述活性污泥法的动力学过程，采用国际水质协会设计的活性污泥模型，与好氧池中的溶解氧浓度直接相关的机理过程可以描述为

$$\frac{\mathrm{d}S_{\mathrm{O},v}(t)}{\mathrm{d}t} = \frac{Q_{v-1}}{V_v} S_{\mathrm{O},v-1}(t) + r_v(t) + K_{\mathrm{L}}a_v(t)(S_{\mathrm{O,sat}}(t) - S_{\mathrm{O},v}(t)) - \frac{Q_v}{V_v} S_{\mathrm{O},v}(t) \qquad (7\text{-}27)$$

其中，$S_{\mathrm{O},v}(t)$ 和 $S_{\mathrm{O,sat}}(t)$ 分别为曝气池中的溶解氧浓度和溶解氧浓度饱和值；Q_v 为流量；V_v 为第 v 个曝气池的容积；$r_v(t)$ 为微生物反应速率；$K_{\mathrm{L}}a_v(t)$ 为第 v 个曝气池内氧传递系数，$v = 3, 4, 5$。此外，由于活性污泥受到溶解氧、温度、有毒物质等因素的影响，因而有必要考虑控制策略的干扰。外部干扰通常定义为

$$d(t) = \frac{Q_{v-1}}{V_v} S_{\mathrm{O},v-1}(t) \qquad (7\text{-}28)$$

其中，Q_v 在不同天气条件下具体数值会有差异；$d(t)$ 满足 $0 \leqslant d(t) \leqslant d_0$，$d_0$ 为扰动上界，通常取常数。如果 $v = 5$，那么 r_5、$S_{\mathrm{O},5}$ 和 $K_{\mathrm{L}}a_5(t)$ 之间的非线性动力学关系为

$$F(S_{\mathrm{O},5}(t), K_{\mathrm{L}}a_5(t)) = r_5 + K_{\mathrm{L}}a_5(t)(S_{\mathrm{O,sat}} - S_{\mathrm{O},5}(t)) - \frac{Q_5}{V_5} S_{\mathrm{O},5}(t) \qquad (7\text{-}29)$$

其中，$F(S_{\mathrm{O},5}(t), K_{\mathrm{L}}a_5(t))$ 为仿射函数。由于不同好氧池的曝气相互影响，故好氧池内溶解氧浓度的动力学模型可以表述为

$$S_{O,5}(t) = r_5 + K_L a_5(t)(S_{O,sat} - S_{O,5}(t)) - \frac{Q_5 - Q_4}{V_5}S_{O,5}(t) + S_{O,5}(t) \qquad (7\text{-}30)$$

设 $x = [x_1, x_2, \cdots, x_n]^T = [x_1, \dot{x}_1, \cdots, x_1^{n-1}]^T \in \mathbf{R}^n$ 为状态向量，则控制系统状态空间表示为

$$\dot{x} = f(x) + b(x)u + w \qquad (7\text{-}31)$$

其中，$u \in \mathbf{R}$ 为控制输入；$w \in \mathbf{R}^n$ 为外部扰动；$f(x) \in \mathbf{R}^n$ 和 $b(x) \in \mathbf{R}^n$ 为平滑的矢量场。假设系统(7-31)可控，$f(x)$ 和 $b(x)$ 为非线性函数，分别为 $f(x) = f_o(x) + \Delta f(x)$ 和 $b(x) = b_o(x) + \Delta b(x)$，其中 $f_o(x)$ 和 $b_o(x)$ 分别为 $f(x)$ 和 $b(x)$ 的标称部分。假定建模误差以及参数变化 $\Delta f(x)$ 和 $\Delta b(x)$ 是随时间可微的，系统(7-30)中的不确定性满足匹配条件。通过在匹配条件下选择合适的控制律，可在滑动模式下消除不确定性的影响，即系统轨迹不会受到匹配不确定性的影响。设状态向量的期望值为 x_d，跟踪误差定义为 $e = x - x_d$，则其控制目标是实现 $e \to 0$。

2. 基于修正控制律的自适应滑模控制

为了实现上述控制目标，设计基于修正控制律的自适应滑模控制策略，如图 7-3 所示。

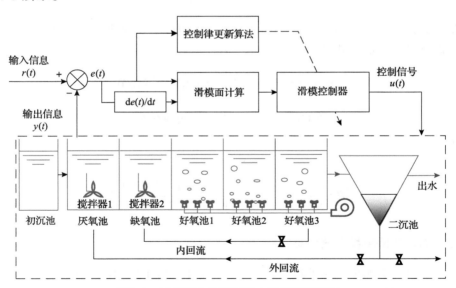

图 7-3　城市污水处理过程自适应滑模控制

首先定义滑模面函数如下：

$$\sigma(t) = c^T(t)e(t) \qquad (7\text{-}32)$$

其中，$c = [c_1, c_2, \cdots, c_n]^T$。若存在合适的控制律，则可以在有限时间内达到滑模阶段。在滑模阶段，动态误差为

$$c_n e_1^{(n-1)}(t) + c_{n-1} e_1^{(n-2)}(t) + \cdots + c_1 = 0 \tag{7-33}$$

其中，常数 $c_1, c_2, \cdots, c_n$ 取正数，使得多项式 $\varphi(\lambda) = c_n \lambda^{n-1} + c_{n-1} \lambda^{n-2} + \cdots + c_1$ 满足 Hurwitz 稳定条件。由于 c 的选择决定了跟踪误差的衰减率，要求滑模阶段中的动态误差稳定，因此所选的 c 和 $b(x(t))$ 的条件必须满足 $\left| (c^T b_o(x(t)))^{-1} c^T \Delta b(x(t)) \right| < \delta < 1$，其中，$\delta$ 为正实数。另外，假设 $\|\Delta f(x(t))\| \leqslant \zeta(x(t))$ 和 $\|w\| \leqslant \xi$，其中，$\zeta(x)$ 和 ξ 为上界。

其次，确定滑模控制律，使 $\sigma(t)$ 接近于零，并在此之后保持不变。即设计适当的控制输入 $u(t)$，使得滑模面函数(7-20)满足：

$$\sigma(t)\dot{\sigma}(t) < 0 \tag{7-34}$$

如果式(7-34)满足，则滑模面函数存在且可达。

取控制输入 $u(t)$ 为

$$u(t) = u_o + u_s(t) \tag{7-35}$$

其中，u_o 用于处理式(7-31)中的标称部分，而 $u_s(t)$ 用于处理被控对象的参数变化和外部扰动。为满足式(7-34)，令

$$u_o = -(c^T b_o(x_0))^{-1} (c^T f_o(x_0) - c^T \dot{x}_d(t)) \tag{7-36}$$

$$u_s(t) = -(c^T b_o(x(t)))^{-1} \beta \, \mathrm{sgn}(\sigma(t)) \tag{7-37}$$

其中

$$\beta > \frac{\|c\|(\zeta(x_0) + \xi) + \delta \left| c^T(\dot{x}_d - f_o(x(t))) \right|}{1 - \delta} \tag{7-38}$$

7.3.3　自适应滑模控制器仿真实验

本节首先对城市污水处理过程自适应滑模控制器的基本性能进行分析，并讨论相关参数对控制器性能的影响，其次根据性能分析结果进行参数实验。

定理 7-2　考虑城市污水处理溶解氧浓度控制系统(7-31)，给定滑模面函数(7-32)和控制律(7-35)～(7-38)，则该系统可在有限时间内到达滑模阶段。

证明　计算 $\sigma(t)$ 的微分：

$$
\begin{aligned}
\dot{\sigma}(t) &= c^{\mathrm{T}}(\dot{x}(t) - \dot{x}_{\mathrm{d}}(t)) \\
&= c^{\mathrm{T}}\Delta f(x(t)) - (c^{\mathrm{T}}b_{\mathrm{o}}(x(t)))^{-1}c^{\mathrm{T}}\Delta b(x(t))c^{\mathrm{T}}f_{\mathrm{o}}(x(t)) \\
&\quad + (c^{\mathrm{T}}b_{\mathrm{o}}(x(t)))^{-1}c^{\mathrm{T}}\Delta b(x(t))c^{\mathrm{T}}\dot{x}_{\mathrm{d}}(t) + c^{\mathrm{T}}w(t) \\
&\quad - c^{\mathrm{T}}b_{\mathrm{o}}(x(t))\Big[1 + (c^{\mathrm{T}}b_{\mathrm{o}}(x(t)))^{-1}c^{\mathrm{T}}\Delta b(x(t))\Big] \\
&\quad \times (c^{\mathrm{T}}b_{\mathrm{o}}(x(t)))^{-1}\beta\,\mathrm{sgn}(\sigma(t))
\end{aligned}
\tag{7-39}
$$

式(7-39)两侧分别乘以 $\sigma(t)$，可得

$$
\begin{aligned}
\sigma\dot{\sigma} &= \sigma\Big[c^{\mathrm{T}}\Delta f(x) - (c^{\mathrm{T}}b_{\mathrm{o}}(x))^{-1}c^{\mathrm{T}}\Delta b(x)c^{\mathrm{T}}f_{\mathrm{o}}(x) + (c^{\mathrm{T}}b_{\mathrm{o}}(x))^{-1}c^{\mathrm{T}}\Delta b(x)c^{\mathrm{T}}\dot{x}_{\mathrm{d}} + c^{\mathrm{T}}w\Big] \\
&\quad - c^{\mathrm{T}}b_{\mathrm{o}}(x)\Big[1 + (c^{\mathrm{T}}b_{\mathrm{o}}(x))^{-1}c^{\mathrm{T}}\Delta b(x)\Big](c^{\mathrm{T}}b_{\mathrm{o}}(x))^{-1}\sigma\beta\,\mathrm{sgn}(\sigma) \\
&= \sigma\Big[c^{\mathrm{T}}\Delta f(x) + (c^{\mathrm{T}}b_{\mathrm{o}}(x))^{-1}c^{\mathrm{T}}\Delta b(x)c^{\mathrm{T}}(\dot{x}_{\mathrm{d}} - f_{\mathrm{o}}(x)) + c^{\mathrm{T}}w\Big] \\
&\quad - \Big[1 + (c^{\mathrm{T}}b_{\mathrm{o}}(x))^{-1}c^{\mathrm{T}}\Delta b(x)\Big]\beta\,|\sigma| \\
&\leqslant |\sigma|\Big[\,\|c\|(\|\Delta f(x)\| + \|w\|) + \Big|(c^{\mathrm{T}}b_{\mathrm{o}}(x))^{-1}c^{\mathrm{T}}\Delta b(x)\Big|\Big|c^{\mathrm{T}}(\dot{x}_{\mathrm{d}} - f_{\mathrm{o}}(x))\Big|\,\Big] \\
&\quad - \Big[1 + (c^{\mathrm{T}}b_{\mathrm{o}}(x))^{-1}c^{\mathrm{T}}\Delta b(x)\Big]\beta\,|\sigma|
\end{aligned}
\tag{7-40}
$$

定义 $\gamma(t) = \beta(1-\delta) - \Big[\,\|c\|(\zeta(x(t)) + \xi) + \delta\Big|c^{\mathrm{T}}(\dot{x}_{\mathrm{d}} - f_{\mathrm{o}}(x(t)))\Big|\,\Big]$，则由式(7-38)可知 $\gamma > 0$。根据 $\|\Delta f(x(t))\| \leqslant \zeta(x(t))$，$\|w(t)\| \leqslant \xi$，$\Big[1 + (c^{\mathrm{T}}b_{\mathrm{o}}(x(t)))^{-1}c^{\mathrm{T}}\Delta b(x(t))\Big]/(1-\delta) > 1$，可得

$$
\begin{aligned}
\sigma\dot{\sigma} &\leqslant |\sigma|\Big[\,\|c\|(\zeta(x) + \xi) + \delta\Big|c^{\mathrm{T}}(\dot{x}_{\mathrm{d}} - f_{\mathrm{o}}(x))\Big|\,\Big] \\
&\quad - \Big[1 + (c^{\mathrm{T}}b_{\mathrm{o}}(x))^{-1}c^{\mathrm{T}}\Delta b(x)\Big] \times \left(\frac{\gamma + \|c\|(\zeta(x) + \xi) + \delta\Big|c^{\mathrm{T}}(\dot{x}_{\mathrm{d}} - f_{\mathrm{o}}(x))\Big|}{1-\delta}\right)|\sigma| \\
&< -\gamma\,|\sigma|
\end{aligned}
\tag{7-41}
$$

需要强调的是，尽管城市污水处理溶解氧浓度控制系统存在不确定性和干扰，式(7-41)始终成立。选择合适的 β 满足式(7-38)、式(7-41)可推知系统轨迹能够在有限时间内到达滑模面，滑模面函数 $\sigma(t)$ 在有限时间内下降到零。因此，式(7-35)～式(7-38)给出的控制律保证了系统轨迹能够到达滑模面并保持此状态。γ 越大，$\sigma(t) = 0$ 达到的时间就越短，从而证明该控制器对系统不确定性输入

和外部干扰的鲁棒性。

上述 SMC 策略尽管能够保证系统的稳定性和鲁棒性，但控制律 (7-37) 和 (7-38) 需要用到 $\Delta f(x(t))$ 的上界及 β 的上界，在实际应用中，上界并不容易找到。下面对上述滑模控制器进行修正，修正后的控制律能够在系统不确定性上界未知的情况下自适应调整控制器增益。

考虑滑模面函数 $\sigma(t)$，其导数为

$$\dot{\sigma}(t) = c^{\mathrm{T}} f_{\mathrm{o}}(x(t)) - c^{\mathrm{T}} \dot{x}_{\mathrm{d}} + c^{\mathrm{T}} b_{\mathrm{o}}(x(t)) u(t) + E(x(t), u(t)) \tag{7-42}$$

其中，$E(x(t), u(t))$ 表征集中不确定性，即

$$E(x(t), u(t)) = c^{\mathrm{T}} \Delta f(x(t)) + c^{\mathrm{T}} \Delta b(x(t)) u(t) + c^{\mathrm{T}} w(t) \tag{7-43}$$

修正后的控制律为 $u(t) = u_{\mathrm{ao}}(t) + u_{\mathrm{as}}(t)$，其中 $u_{\mathrm{ao}}(t)$ 与标称系统使用的 $u_{\mathrm{o}}(t)$ 相同。对应式 (7-43) 中表示的集中不确定性，自适应项 $u_{\mathrm{as}}(t)$ 可修改为

$$u_{\mathrm{as}}(t) = -\left(c^{\mathrm{T}} b_{\mathrm{o}}(x(t))\right)^{-1} \hat{\varGamma} \mathrm{sgn}(\sigma(t)) \tag{7-44}$$

其中，$\hat{\varGamma}$ 为可调增益常数。假设存在一个正数 $\varGamma_{\mathrm{d}}$，使得 $u_{\mathrm{as}}(t) = -\left(c^{\mathrm{T}} b_{\mathrm{o}}(x(t))\right)^{-1} \varGamma_{\mathrm{d}} \mathrm{sgn}(\sigma(t))$ 是 $u_{\mathrm{as}}(t)$ 的终端解，其中 $\varGamma_{\mathrm{d}}$ 需满足 $\varGamma_{\mathrm{d}} > |E(x(t), u(t))|$，则自适应律可设计为

$$\dot{\hat{\varGamma}}(t) = \frac{1}{\alpha} |\sigma(t)| \tag{7-45}$$

其中，$\alpha > 0$ 是自适应增益，$\dot{\hat{\varGamma}}(t)$ 的自适应速度可以通过 α 进行调节。选择合适的自适应增益 α 可以有效地避免抖振现象。例如，可以将 α 定义为 $\sigma(t)$ 的函数，并且在进入滑模阶段之前使其变化。通常可令 α 为常量。下面利用 Lyapunov 理论证明控制律 (7-44) 和 (7-45) 的有效性。

定义自适应误差为 $\tilde{\varGamma}(t) = \hat{\varGamma}(t) - \varGamma_{\mathrm{d}}$，选择如下 Lyapunov 函数：

$$V(t) = \frac{1}{2} \sigma^2(t) + \frac{1}{2} \alpha(t) \tilde{\varGamma}^2(t) \tag{7-46}$$

求导可得

$$\begin{aligned} \dot{V} &= \sigma \dot{\sigma} + \alpha \\ &= \sigma \left(c^{\mathrm{T}} f_{\mathrm{o}}(x) - c^{\mathrm{T}} \dot{x}_{\mathrm{d}} + c^{\mathrm{T}} b_{\mathrm{o}}(x) u + E(x, u)\right) + \alpha(\hat{\varGamma} - \varGamma_{\mathrm{d}}) \dot{\hat{\varGamma}} \end{aligned} \tag{7-47}$$

结合上述公式可得

$$\begin{aligned} \dot{V}(t) &= \sigma(t) \left(E(x(t), u(t)) - \hat{\varGamma}(t) \mathrm{sgn}(\sigma(t))\right) + (\hat{\varGamma}(t) - \varGamma_{\mathrm{d}}) \sigma(t) \mathrm{sgn}(\sigma(t)) \\ &= E(x(t), u(t)) \sigma - \varGamma_{\mathrm{d}} |\sigma(t)| < 0 \end{aligned} \tag{7-48}$$

由式 (7-48) 可知，利用 Lyapunov 稳定性判据证明 $\sigma(t)$ 和 $\tilde{\varGamma}(t)$ 的收敛性即 $\sigma(t)$

和 $\tilde{\varGamma}(t)$ 可在有限时间内达到零，满足 $\sigma(t) \to 0$ 和 $\hat{\varGamma}(t) \to \varGamma_{\mathrm{d}}$，因此 $e_1(t) \to 0$，从而保证了自适应增益参数 $\hat{\varGamma}(t)$ 的收敛性、滑模面的可达性以及系统的跟踪控制性能。需要注意的是在实际中，式(7-44)中的不连续项 $\mathrm{sgn}(\sigma(t))$ 可能会引起滑模抖振的不良现象。为了缓解输入抖振，在滑模面附近可设计边界层来平滑抖振。因此，饱和函数 $\mathrm{sat}(\sigma(t)/\varPhi)$ 可用于代替 $\mathrm{sgn}(\sigma(t))$，其中 $\varPhi$ 是边界层宽度。过宽的边界层可能会导致稳态误差，而过窄的边界层可能不能完全消除抖振，因此边界层宽度应根据不同的控制系统选择合适的值。

实验将基于 7.3.2 节中的步骤设计自适应滑模控制器，并用于城市污水处理溶解氧浓度控制。为了验证自适应滑模控制器的效果，在 BSM1 上进行基准实验，其包含实际污水处理过程的基本流程，是验证控制算法的公正平台。根据 BSM1 中 7 天的实验数据进行测试，在线操作变量是第五分区曝气反应器的氧传递系数 $K_{\mathrm{L}}a_5$。在线控制之前，设置生化反应池第五分区溶解氧浓度的设定值 $x_{\mathrm{d}} = 2\mathrm{mg/L}$，控制器相关参数的初始值设置如下：$c = [1\ 2\ 1]^{\mathrm{T}}$，$\gamma = 6$，$\alpha = 1$，$\hat{\varGamma} = 0.7$。添加的扰动为第三分区传感器噪声，噪声样本数为 200～400，且从 0mg/L 提升至 0.1mg/L。

图 7-4 和图 7-5 分别为在城市污水处理过程存在扰动的工况下，自适应滑模控制器的跟踪控制效果和控制误差的结果。由图 7-4 可以看出，溶解氧浓度的实际输出能够稳定在设定值附近。尽管传感器存在噪声，但所提出的自适应滑模控制器能够持续保持较平稳的跟踪效果。由图 7-5 可以看出，本节设计的自适应滑模控制器可以保证较小的控制误差，可以将误差范围控制在[-0.08, 0.1]mg/L。结果表明提出的自适应滑模控制器能够在扰动存在的情况下实现高精度跟踪，且能够在剧烈的未知动态下实现更高的跟踪精度。图 7-6 展示了第五分区曝气量的输出变化曲线。从图 7-6 的曝气量曲线中可以看出，自适应滑模控制器可以根据污水处理过程变量的变化来调节曝气。

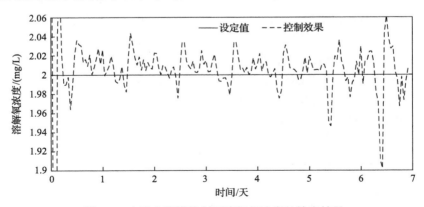

图 7-4　自适应滑模控制下溶解氧浓度的输出结果

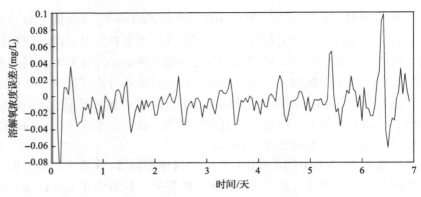

图 7-5 自适应滑模控制下溶解氧浓度的误差

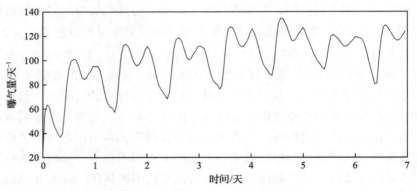

图 7-6 第五分区曝气量的变化曲线

为了评价所提出的自适应滑模控制器的控制性能，将所提出的控制方法在相同的控制条件下与 PID 控制策略进行比较（表 7-2）。PID 控制器的参数整定主要靠经验试凑法获得，控制器整定参数分别为溶解氧浓度 300mg/L、15mg/L、2mg/L，评价指标包括 IAE 和 ISE。基于 IAE 的性能指标对小偏差的抑制能力比较强；基于 ISE 的性能指标着重于抑制过渡过程中的大偏差的出现。

由表 7-2 可以看到，自适应滑模控制器在控制生化反应池第五分区溶解氧浓度时，评价指标 ISE 值和 IAE 值分别为 4.93×10^{-3} mg/L 和 0.035mg/L。自适应滑模控制器与 PID 控制策略相比，能够获得更低的 IAE 值和 ISE 值。表明该控制器对大偏差和小偏差的情况均有良好的抑制能力，具有满意的跟踪控制能力。

表 7-2 两种控制方法性能比较 （单位：mg/L）

控制器	IAE	ISE
自适应滑模控制	0.035	4.93×10^{-3}
PID 控制	0.072	1.43×10^{-2}

综上所述，基于图 7-4～图 7-6 以及表 7-2，可以看出本节提出的自适应滑模控制器在扰动存在的情况下，能够有效提高系统的自适应能力，减轻抖振现象，保证系统的稳态控制性能，并具有良好的抗干扰能力。

7.4　城市污水处理过程神经滑模控制器

城市污水处理过程中污水进入生化反应池后，会持续地从上一分区流向下一分区，引起推流时滞，导致安装在城市污水处理过程不同分区的传感器所采集的水质数据存在时间上的滞后，即不同分区的传感器在同一时刻采集到的数据对应不同的进水时刻。为了解决推流时滞导致城市污水处理过程难以稳定控制的问题，本节介绍一种神经滑模控制方法。

7.4.1　神经滑模控制原理及方法设计

神经网络具有非线性逼近能力、分类能力和不需要精确的数学理论模型等显著特点。由于神经网络能充分逼近任意复杂的非线性函数，具有学习与适应不确定系统的动态特性，可以通过已知数据训练对城市污水处理过程的未知变量进行逼近或预测。将神经网络引入滑模控制中，可以提高城市污水处理过程的控制性能。

城市污水处理过程神经滑模控制原理为利用神经网络对污水处理控制系统中存在的不确定项进行逼近以计算等效控制，并设计自适应律保证城市污水处理控制系统稳定的同时提高系统的控制性能。神经滑模控制能够有效避免城市污水处理过程时滞扰动引起的溶解氧浓度难以稳定跟踪的问题。在系统的控制输入受限时，利用神经网络对控制输入受限部分进行动态逼近，对控制输入进行补偿，并设计自适应律来保证系统的渐近稳定。另外，当系统存在未知量时，利用神经网络对未知项进行逼近，并设计自适应律来保证系统的渐近稳定。该方法具有以下特点：

（1）控制性能优越。溶解氧浓度的控制性能是保证污水处理厂出水水质的重要指标。尽管城市污水处理厂存在着各种物理和生物现象及多种扰动，但神经滑模控制能够迫使系统趋于稳定状态。

（2）自适应能力。滑模控制和模糊神经网络相结合可以依靠自身的适应性抑制污水处理厂的扰动和不确定性。

7.4.2　神经滑模控制器设计

基于 BSM1 机理，城市污水处理过程生化反应池溶解氧浓度的动力学方程可以描述为

$$\frac{dS_{O,5}(t)}{dt} = \frac{Q_4 S_{O,4}(t) - Q_5 S_{O,5}(t)}{V_5} + r_5(t) + (K_L a_5(t))(S_{O,sat} - S_{O,5}(t)) \quad (7\text{-}49)$$

其中，$S_{O,4}(t)$ 和 $S_{O,5}(t)$ 分别为当前时刻生化反应池第四分区和第五分区的溶解氧浓度；$S_{O,sat}$ 为溶解氧的饱和浓度；$K_L a_5(t)$ 为当前时刻第五分区的氧传递系数；$r_5(t)$ 为当前时刻第五分区的微生物反应速率；Q_5 为第五分区的流量；V_5 为第五分区的容积。

污水进入生化反应池后，会持续地从上一分区流向下一分区，引起推流时滞，导致安装在不同分区的传感器所采集的水质数据存在时间上的滞后，即不同分区的传感器在同一时刻采集到的数据对应的并非同一个进水时刻。

因此，式 (7-49) 可以表示为

$$\frac{dS_{O,5}(t)}{dt} = \frac{Q_4 S_{O,4}(t-\tau) - Q_5 S_{O,5}(t)}{V_5} + r_5(t) + (K_L a_5(t))(S_{O,sat} - S_{O,5}(t)) \quad (7\text{-}50)$$

其中，τ 为溶解氧浓度的滞后时间常数。

针对城市污水处理过程时滞扰动导致难以稳定控制的问题，本节设计一种神经滑模控制方法，该方法包括两个主要环节，即预估补偿环节和控制律求解环节，其中预估补偿环节是利用滞后变量 $S_{O,4}$ 的历史数据通过模糊神经网络预测当前控制时刻的数据，对控制模型中的滞后项进行补偿；控制律求解环节是根据补偿后的控制模型计算控制律，实现溶解氧浓度的稳定跟踪。

预估补偿模型的计算公式为

$$\hat{S}_{O,4}(t) = g(\hat{S}_{O,4}(t-1), \hat{S}_{O,4}(t-2), \cdots, S_{O,4}(t-\tau_1), \cdots) \quad (7\text{-}51)$$

其中，$\hat{S}_{O,4}(t)$ 为 t 时刻生化反应池第四分区溶解氧浓度的预估数据；$g(\cdot)$ 为同一变量不同时刻数据之间的映射关系。

由于城市污水处理过程具有非线性特性，采用模糊神经网络逼近 $g(\cdot)$，模糊神经网络包括四层，具体如 6.4.2 节所述。

预估补偿模型经过多次迭代获得 $\hat{S}_{O,4}(t)$ 的具体过程可以表述为：首先，通过随机赋值的方式对模糊神经网络的各项参数进行初始化，并固定滑窗长度 h；然后，以 $S_{O,4}(t-\tau_1-h) \sim S_{O,4}(t-\tau_1-1)$ 的数据作为网络的输入，以 $S_{O,4}(t-\tau_1)$ 作为网络的输出，基于梯度法对神经网络进行训练；最后，训练结束后，滑窗向下平移一个数据段，并以递归的方式对 $S_{O,4}$ 进行预估，直到预估出 $\hat{S}_{O,4}(t)$。为了防止误差增大，在每个控制作用时刻都通过历史数据对模糊神经网络进行校正。

基于模糊神经网络构建的预估补偿模型，可以实现式 (7-50) 滞后数据的补偿，即将式 (7-50) 中的滞后数据转换为当前数据，降低时滞对控制过程的影响，得到式(7-52)：

$$\frac{\mathrm{d}S_{\mathrm{O},5}(t)}{\mathrm{d}t} = \frac{Q_4\hat{S}_{\mathrm{O},4}(t) - Q_5 S_{\mathrm{O},5}(t)}{V_5} + r_5(t) + (K_{\mathrm{L}}a_5(t))(S_{\mathrm{O,sat}} - S_{\mathrm{O},5}(t)) \qquad (7\text{-}52)$$

针对模糊神经网络预估补偿后的控制模型，设计一种具有自适应开关增益系数的滑模控制器，实现受推流时滞影响的溶解氧浓度和硝态氮浓度的稳定控制。为了便于表述滑模控制器的设计过程，式(7-52)抽象为式(7-53)所示的非线性系统：

$$\dot{x}(t) = f(x(t)) + b(x(t))u(t) \qquad (7\text{-}53)$$

其中，x 为被控变量，这里为生化反应池第五分区的溶解氧浓度 $S_{\mathrm{O},5}(t)$；u 为操作变量，这里为氧传递系数 $K_{\mathrm{L}}a_5(t)$。

神经滑模控制的计算步骤如图 7-7 所示，其中 $t_{\max}$ 是最大控制时间，具体步骤介绍如下。

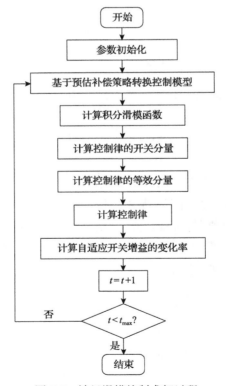

图 7-7　神经滑模控制求解过程

基于式(7-53)，积分滑模函数 $S(t)$ 可表示为

$$S(t) = e(t) + \varsigma \int_0^t e(t)\mathrm{d}t \tag{7-54}$$

其中，$e(t) = x(t) - x_\mathrm{d}(t)$ 为 t 时刻溶解氧浓度的跟踪误差，$x_\mathrm{d}(t)$ 为 t 时刻溶解氧浓度的设定值；ς 为大于 0 的常数。

控制律的开关分量 $u_\mathrm{s}(t)$ 可表示为

$$u_\mathrm{s}(t) = -\frac{1}{b(x(t))} j(t)\mathrm{sgn}(S(t)) \tag{7-55}$$

其中，$\mathrm{sgn}(\cdot)$ 为符号函数；$j(t)$ 为 t 时刻自适应开关增益系数。

基于式(7-53)，控制律的等效分量 $u_\mathrm{eq}(t)$ 计算公式为

$$u_\mathrm{eq}(t) = \frac{1}{b(x(t))}(-f(x(t)) + \dot{x}_\mathrm{d} - \varsigma e(t)) \tag{7-56}$$

控制律的输出 $u(t)$ 可表示为

$$u(t) = u_\mathrm{eq}(t) + u_\mathrm{s}(t) \tag{7-57}$$

最后，自适应开关增益变化率 $j(t)$ 可设计为

$$j(t) = \alpha e(t)\frac{\mathrm{d}e(t)}{\mathrm{d}u(t)}\mathrm{sgn}(S(t)) \tag{7-58}$$

其中，$j(t)$ 用于更新下一个控制时刻的自适应开关增益系数；α 为大于 0 的常数。

城市污水处理过程神经滑模控制器可以通过滞后变量的历史数据预估运行控制模型中该变量的当前数据，将运行控制模型中的变量时刻统一到当前时刻，削弱时滞的影响。神经滑模控制器的控制部分选择传统滑模控制作为控制器，能够在预估补偿的基础上，实现溶解氧浓度的稳定跟踪。

7.4.3　神经滑模控制器仿真实验

城市污水处理过程基准仿真平台 BSM1 包含了实际污水处理过程的基本流程，能够作为验证控制算法的公正平台。本实验将通过 BSM1 验证神经滑模控制算法的有效性。实验的场景选为晴天天气且设定值恒定。神经滑模控制对象为溶解氧浓度,设定溶解氧浓度为 2mg/L,随机测量噪声的取值范围为[-0.067, 0.067]mg/L。

控制方法的控制间隔为 15min。

图 7-8 和图 7-9 分别是神经滑模控制下溶解氧浓度的控制效果和控制误差。图 7-8 和图 7-9 的结果表明，增加预估补偿后的神经滑模控制器能够降低推流时滞对控制过程的不利影响，其控制结果优于未通过神经网络进行补偿的结果。

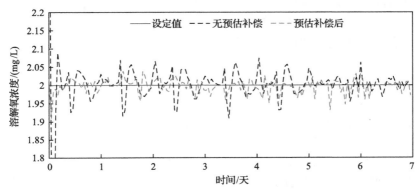

图 7-8　神经滑模控制下溶解氧浓度的输出结果

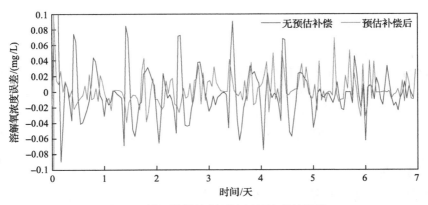

图 7-9　神经滑模控制下溶解氧浓度的误差

神经滑模控制与 PID 控制在 IAE、DSE 和 RMSDC 等指标的对比如表 7-3 所示。由表可以看出，与 PID 控制器相比，神经滑模控制方法具有最小的 IAE、DSE 和 RMSDC。因此，在这种情况下，神经滑模控制可以获得较好的跟踪性能。

表 7-3　不同控制方法的比较　　　　（单位：mg/L）

控制器	IAE	DSE	RMSDC
神经滑模控制	0.015	0.007	0.246
PID 控制	0.052	0.043	0.461

7.5　城市污水处理过程滑模控制系统

为了验证滑模控制方法在实际城市污水处理过程中的应用效果,本节在 7.2~7.4 节滑模控制方法的基础上,开发一种城市污水处理过程滑模控制系统,基于控制系统需求分析、控制系统架构设计和控制系统配置完成控制系统设计。该系统结合数据采集设备和控制执行设备实现控制功能,并在某污水处理厂中进行测试。

1. 控制系统需求分析

城市污水处理过程生化反应复杂,运行过程中涉及的变量众多。在城市污水处理过程采用先进的控制技术和控制系统可以有效地降低运行过程操作成本,提高运行性能。然而,由于城市污水处理运行过程复杂,需要量化的指标参数较多,难以根据时变的运行过程完成对运行系统的准确评估。城市污水处理过程智能控制系统已成为行业发展的主要瓶颈。

2. 控制系统架构设计

该系统选用具有较高兼容性的 Visual Studio 开发平台,其开发环境为 Microsoft Visual Studio 2016,该环境下使用 C#语言。为了便于仿真和应用,实际应用中选择混合编程实现优化,主要通过在 Visual Studio 平台的 WindowsForm 中调用 MATLAB,实现城市污水处理过程的稳定控制。城市污水处理过程滑模控制系统的设计架构如图 7-10 所示,主要包括数据传输与处理模块、滑模控制模块和人机交互模块。

1) 数据传输与处理模块

数据传输与处理模块主要处理通过关键水质测量模块采集的数据。首先,采集水质传感器的样本数据,导入数据库相应的表格中,结合污水处理过程运行机理和专家知识进行存储。其次,对获得的数据进行变量关联分析和提取特征变量,为后续控制提供基础。

2) 滑模控制模块

滑模控制模块添加了滑模控制器、自适应滑模控制器和神经滑模控制器,用户根据实际需求直接选择相应的方法实现污水处理过程的控制。其次基于参数学习算法实现控制器参数的修正,完成溶解氧浓度和硝态氮浓度的精准控制。

3) 人机交互模块

城市污水处理滑模控制系统人机交互模块主要提供了在实际应用过程中的图形显示、过程数据处理、归档等信息显示。

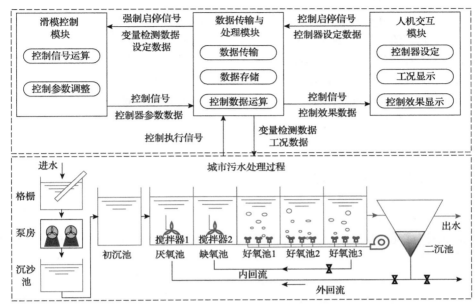

图 7-10　城市污水处理滑模控制系统架构

　　基于上述模块,城市污水处理过程滑模控制系统主要通过界面展示各项功能。图 7-11 是城市污水处理过程滑模控制系统的系统监测界面。该系统的界面主要包含系统监测界面、参数设置界面、滑模控制器界面、自适应滑模控制器界面、神

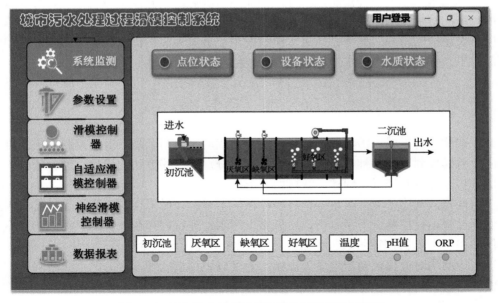

图 7-11　城市污水处理过程滑模控制系统监测界面

经滑模控制界面和数据报表界面。该系统界面可以显示城市污水处理过程的流程，以及各功能的按钮模式选择。同时，可以显示并记录城市污水处理过程中关键变量的在线实时测量值，如进水流量、氨氮浓度、溶解氧浓度、温度等，并对数据进行归档生成走势图完成记录。此外，对整个城市污水处理滑模控制系统运行状态进行监控，显示并记录来自不同工况条件下系统的运行效果图，并依据不同的运行效果，为操作人员提供不同的信息。

3. 控制系统配置

城市污水处理过程滑模控制系统在现场设备选择时，主要为电气设备的选型，包括变频器、PLC、继电器、鼓风机等设备。整个控制系统的设计遵循"分布式检测、集中式管理"的原则。数据采集、数据处理、过程控制等功能均由上位机系统在中控室完成。底层 PLC 设备通过通信协议接收上位机命令，完成对鼓风机的控制，从而保证城市污水处理过程的安全稳定运行。

图 7-11 包含城市污水处理过程滑模控制系统中滑模控制器的相关信息，从该界面可以看到城市污水处理过程的整体工艺流程以及操作变量和被控变量的运行趋势，可以使读者更深入地了解城市污水处理滑模控制。将城市污水处理过程滑模控制系统应用于控制污水处理过程中鼓风机和回流泵，通过输入相应的控制频率使鼓风机和回流泵进行相应的调整以控制好氧池中的曝气量和好氧池回流至缺氧池中混合液的回流量，从而控制溶解氧浓度和硝态氮浓度。通过单击图 7-11 中的"数据报表"即可在控制曲线界面中显示溶解氧浓度并显示曝气速率，可以看出控制的溶解氧浓度能够很好地跟踪设定值，通过调整曝气速率保证了溶解氧浓度对设定值的跟踪。此外，在进水流量发生显著波动时，仍然能够保持较好的控制效果，可确保城市污水处理过程的高效稳定运行。

7.6　本　章　小　结

本章分析了城市污水处理过程中存在的扰动，介绍了基本滑模控制方法、自适应滑模控制方法及神经滑模控制方法，并分别从这些方法的设计、理论分析和仿真实验等方面进行了阐述，获得如下结论。

首先，阐述了城市污水处理过程存在的干扰，并对干扰如何产生和影响污水处理过程运行控制进行了分析，可见城市污水处理过程存在干扰的类别不同，不仅存在于水量、水质的波动变化中，还体现在活性污泥微生物降解污染物过程中，这些扰动均对过程控制产生显著影响。为了克服污水处理过程的严重扰动问题，引入滑模控制方法，该控制方法具有鲁棒性好的优势，当对象模型已知时，能够便捷地获取控制参数，同时确保控制器均有较好的稳定性。实验结果显示，在不同扰动的存在下，滑模控制始终保持较好的控制效果。

其次，围绕滑模控制器固有的抖振问题，介绍了一种自适应滑模控制方法，该方法能够估计扰动边界，并通过不饱和切换方程的设计，改善了滑模控制的抖振问题，不仅确保了控制能够准确跟踪设定值，同时还能确保控制输出的平稳性。该控制方法被运用于城市污水处理过程溶解氧浓度的跟踪控制中，结果显示自适应滑模控制保持着较好的跟踪控制精度，同时控制输出显示控制律始终保持较为平稳的状态。

再次，围绕城市污水处理扰动边界以及过程不确定性问题，介绍了一种神经滑模控制方法，该控制方法主要运用神经网络的良好非线性逼近性能，估计对象的不确定性及扰动边界，获取对滑模控制的补偿控制律，一方面可确保控制器能够保持稳定，另一方面也可显著改善滑模控制方法的跟踪控制精度。在神经滑模控制仿真实验中，该控制方法在溶解氧浓度控制方面比神经网络控制或滑模控制方法展现出更好的控制性能。

最后，综合了以上三种滑模控制器的设计方法，构建了城市污水处理过程滑模控制系统，通过构造系统的不同模块和功能，实现了城市污水处理过程滑模控制系统在实际污水处理过程的运行，运行结果显示该系统能够较好地实现目标跟踪控制。

第8章　城市污水处理过程自适应动态规划控制

8.1　引　　言

城市污水处理过程控制不仅是一个典型的复杂非线性系统控制，同时还是包含了控制精度、控制时间、稳定性、平稳性多个方面的最优化控制。在污水处理过程中，由于硬件水平及价格的限制，部分水质参数(如生化需氧量等)难以实现在线监测，同时多数污水处理厂主要采用常规控制技术，控制过程平稳性较差，使得以污泥膨胀为代表的异常工况频发，出水水质超标严重。

为解决上述问题，以平稳控制及节能降耗为目标的优化控制技术成为污水处理过程控制领域发展的必然趋势。城市污水处理过程的控制及优化是一个十分复杂的问题，主要体现在以下几个方面：

(1)污水处理过程的进水流量以及进水污染物浓度波动较大，且很难预测。

(2)由于检测手段的限制，部分关键水质参数无法实现在线测量。

(3)污水处理过程的机理复杂，难以建立描述其生化反应过程的数学模型。

目前，自适应/逼近动态规划(adaptive/approximate dynamical programming，ADP)已成为解决复杂非线性系统控制问题的有效手段。ADP 起源于动态规划(dynamical programming，DP)，其核心在于系统交互过程中采用策略评价和策略提升交替进行的方式逐步逼近最优控制策略，其中策略评价及策略提升均采用参数化逼近的方式实现。参数化逼近的方式能够有效缓解常规动态规划面临的"维数灾难"问题，并且其逐步逼近最优控制策略的思想使得动态规划的过程能够沿时间前向进行，使得 ADP 易于在非线性系统的实时优化中实现。另外，ADP 的策略评价，即策略改进交替进行的学习方式使得 ADP 对系统模型要求较低，甚至可以在无模型的情况下运行，有利于模型难以确定的复杂非线性系统的控制。

结合污水处理过程的非线性耦合特点，本章针对城市污水处理过程中的 ADP 方法进行介绍。首先简单介绍 DP 的基本控制原理，其次给出 ADP 控制器以及启发式 ADP 控制器的设计方法，并对其性能进行分析。

8.2　城市污水处理过程自适应动态规划控制器

为了更好地了解城市污水处理过程自适应动态规划控制器设计方法与应用，本节首先分析城市污水处理过程的采样特点；其次，分别从离散系统、连续系统的角度给出动态规划的定义，并以此为基础介绍自适应动态规划的基本原理及方法设计；最后，全面介绍城市污水处理自适应动态规划控制器设计、性能分析及控制器测试结果。

8.2.1　采样特点分析

数据采集装置(传感器)是城市污水处理过程最重要、最基础，也是最薄弱的环节。污水处理过程生化反应复杂，涉及多种仪器仪表，其中许多传感器是污水处理过程专用仪表，应用于污水处理的不同场合，反映一个或多个特定变量的状态信息变化。传感器是城市污水处理过程数据采集的主要来源，通过采集仪表对传感器采集到的实时数据进行显示，为污水处理厂工作人员和科研人员进行城市污水处理过程状态和性能分析提供可靠的数据信息。城市污水处理过程的典型传感器及其采样时间介绍如下：

(1)溶解氧浓度传感器，用于测量、显示和传输好氧段的溶解氧浓度，响应时间一般不超过 30s。

(2)氧化-还原电位(ORP)测量仪，用于测量、显示和传输反硝化过程中的氧化-还原电位。ORP 用于指示被监视系统的氧化状态，提供缺氧端的生化反应过程信息。ORP 测量仪的响应时间不超过 10s。

(3)硝态氮传感器，用于测量、显示和传输缺氧段硝酸盐氮的浓度。硝态氮浓度是反映脱氮效果的重要指标。硝态氮传感器的响应时间一般不超过 15min。

(4)BOD 采集，BOD_5 是 5 天内有机溶质生物氧化所需溶解氧量。由于 BOD 的采集需要较长时间，不适于自动监视和控制。

由上可知，城市污水处理过程各阶段传感器的采样时间不同，在对城市污水处理过程进行控制时，需要考虑不同变量的采样周期。

此外，流量、液位、温度、压力、电导率、pH 值、固体悬浮物浓度等传感器是污水处理过程中的通用仪表，为实时测量仪表。

8.2.2　自适应动态规划控制原理及方法设计

1. 自适应动态规划控制原理

对于非线性系统或性能指标为非二次型的优化问题，动态规划的应用是十分困难的，主要原因在于：

(1)对于非线性系统或非二次型指标的优化问题，哈密顿-雅可比-贝尔曼(Hamilton-Jacobi-Bellman，HJB)方程的求解是十分复杂的，有时甚至出现不可解的情况。

(2)动态规划本身的沿阶段回退思想需要系统的状态转移过程是透明的，即考虑的系统动力学模型是完全已知的，因此复杂非线性系统的建模是非常困难的。

（3）对于实际的系统，常规动态规划易陷入"维数灾难"。

为了解决上述问题，Werbos 于 1977 年结合强化学习的思想提出了自适应评价的概念，这个概念逐步演化为 ADP。ADP 的提出为解决一系列复杂非线性系统的优化控制问题提供了新的思路。

ADP 的控制思想起源于 Bellman 优化原理及强化学习（reinforcement learning，RL）。强化学习是机器学习领域的一种重要方法，其原理为：如果一个行为策略得到环境正向奖励，那么 Agent（即控制器）以后产生这个行为策略的趋势就会加强，否则 Agent 产生这个行为策略的趋势就会减弱。强化学习的目标是在每个阶段逐步发现最优的控制策略以使获得的回报最大化（或产生的成本最小化）。强化学习将决策看成试探和评价过程。Agent 首先选择一个行动作用于系统（或环境），系统在该行动的作用下发生状态转移，同时产生一个强化信号（奖励或惩罚）反馈给 Agent，Agent 根据强化信号和当前状态选择下一个进行动作，选择的原则是使受到奖励的动作概率增大。选择的动作不仅会影响立即强化值，而且会影响环境下一时刻的状态及最终的强化值。

ADP 中策略评价及策略提升的过程是通过迭代的方式逐步实现的，策略评价的过程是对当前时刻所采取策略的优劣进行评估。评价值的迭代过程可记为如下形式：

$$J_{l+1}(x(k)) = U(x(k), h_l(k)) + \gamma J_{l+1}(x(k+1)) \tag{8-1}$$

其中，l 为迭代步数。策略迭代的过程为

$$h_{l+1}(x(k)) = \arg \min_{h(\cdot)} \{U(x(k), h_l(k)) + \gamma J_{l+1}(x(k+1))\} \tag{8-2}$$

上述迭代方式也称为策略迭代（policy iteration，PI），策略迭代方法中，在每一个时刻都需要进行多次迭代，直到策略收敛，这使得策略搜索过程较为缓慢。一个有效的方法是在任一时刻策略评估只进行一次（即 $l=1$），然后立即执行策略提升，这种方式也称为值迭代（value iteration，VI），过程如下。

策略评价：

$$J(x(k)) = U(x(k), h_l(k)) + J(x(k+1)) \tag{8-3}$$

策略提升：

$$h(x(k)) = \arg \min_{h(\cdot)} \{U(x(k), h(k)) + \gamma J(x(k+1))\} \tag{8-4}$$

ADP 的迭代过程在每个时刻只需进行有限步的回退(值迭代的过程只需进行单步回退)即可实现最优策略的搜索,这使得 ADP 的优化或控制过程能够沿时间前向进行。但是,上述迭代过程需要对状态-行动空间所有可能的状态及行动引发的评价值进行计算和存储,当状态-行动空间较大时,容易导致"维数灾难"问题。对于大的状态-行动空间的优化问题,ADP 一般采取参数化逼近的方式逐步逼近当前策略的评价值及最优的控制策略。

与常规动态规划相比,ADP 具有如下优点:

(1)ADP 采用逼近的方式建立状态-行动空间到评价值的映射,能够在很大程度上缓解"维数灾难"问题。

(2)在任意决策阶段,ADP 只需进行有限步回退,即可得到当前阶段最优的控制策略(若采用逼近的方式,考虑到逼近器的误差,得到的为近似最优的控制策略),这使得动态规划过程能够沿时间前向进行。

(3)ADP 基于强化学习的思想,强化学习是一种试错性的搜索过程,这个搜索过程对系统模型要求较低,甚至可以在未知的环境中进行。所以,ADP 方法能够解决模型难以建立的复杂非线性系统的优化及控制问题。

2. 方法设计

对于连续时间系统:

$$\dot{x}(t) = f(x(t), u(t)), \quad x(t_0) = x_0 \tag{8-5}$$

其中,$x(t) \in \mathbf{R}^{D_x}$,$u(t) \in \mathbf{R}^{D_u}$。其成本函数可定义为

$$J(x(t)) = \int_t^\infty U(x(\tau), u(\tau)) \mathrm{d}\tau \tag{8-6}$$

式(8-6)也可写为

$$\begin{aligned} J(x(t)) &= \int_t^{t+\Delta t} U(x(\tau), u(\tau)) \mathrm{d}\tau + \int_{t+\Delta t}^\infty U(x(\tau), u(\tau)) \mathrm{d}\tau \\ &= \int_t^{t+\Delta t} U(x(\tau), u(\tau)) \mathrm{d}\tau + J(x(t+\Delta t)) \end{aligned} \tag{8-7}$$

由 Bellman 的最优性原理可得

$$J^*(x(t)) = \min_{u(t+\Delta t) \in \Omega} \left[\int_t^{t+\Delta t} U(x(\tau), u(\tau)) \mathrm{d}\tau + J^*(x(t+\Delta t)) \right] \tag{8-8}$$

将 $J^*(x(t+\Delta t))$ 按照泰勒级数展开,可得

$$J^*(x(t+\Delta t)) = J^*(x(t)) + \left[\frac{\partial J^*(x(t))}{\partial x(t)}\right]^{\mathrm{T}} \frac{\mathrm{d}x(t)}{\mathrm{d}t}\Delta t$$

$$+ \frac{\partial J^*(x(t))}{\partial x(t)}\Delta t + o(\Delta t) \tag{8-9}$$

对式(8-9)右端第一项应用积分中值定理，可得

$$\int_t^{t+\Delta t} U(x(\tau),u(\tau))\mathrm{d}\tau = U(x(t+\alpha\Delta t),u(t+\alpha\Delta t))\Delta t \tag{8-10}$$

将式(8-9)、式(8-10)代入式(8-8)，并令 $\Delta t \to 0$，可得

$$-\frac{\partial J^*(x(t))}{\partial x(t)} = \min_{u(t+\Delta t)\in\Omega}\left\{U(x(t),u(t)) + \left[\frac{\partial J^*(x(t),t)}{\partial x(t)}\right]^{\mathrm{T}} F(x(t),u(t))\right\} \tag{8-11}$$

式(8-11)即称为连续系统的 HJB 方程。对于式(8-5)所示的控制系统(性能指标如式(8-6)所示)，$u^*(t)$ 为最优控制策略的充分条件为 $u^*(t)$ 满足式(8-11)所示的HJB 方程。

一般情况下，HJB 方程的求解是非常困难的。特殊情况下，对于线性二次型最优控制问题，最优的控制策略为系统状态的反馈，反馈矩阵可通过求解里卡蒂(Riccati)方程获得。

8.2.3　自适应动态规划控制器设计

针对污水处理过程中溶解氧浓度和硝态氮浓度的最优控制问题，本节介绍一种基于迭代自适应动态规划算法的最优控制策略。该策略无须确定污水处理过程的非线性动力学模型，只需考虑污水处理系统的输入输出观测信息，设计基于 ADP 强化学习原理的控制体系结构，并利用神经网络辨识特性，通过在线迭代来逼近性能评价指标和最优控制策略。

动态规划的核心思想是 Bellman 最优化原理，无论初始状态和初始决策如何，剩下的策略相对于目前产生的状态必将是最优控制策略。传统动态规划是按照时间进行反向搜索的，易产生"维数灾难"的问题，而自适应动态规划结合了传统的动态规划和神经网络的思想，基于增强学习理论，按照时间正向求解最优控制问题，成为解决复杂非线性系统最优控制问题的一种有效方法。

城市污水处理过程迭代 ADP 算法的基本思想是：引入迭代指标 i，在每一时刻，通过一定次数的迭代过程，不断更新性能指标函数(跟踪当前溶解氧和硝态氮浓度的设定值)以及决策变量(内回流量和曝气量) $u^*(0),u^*(1),\cdots,u^*(N)$ 组成的控

制策略 $h^*(0) = [u^*(0), u^*(1), \cdots, u^*(N-1)]^{\mathrm{T}}$ ，直至性能指标函数和控制策略收敛到 HJB 方程的最优解。

算法迭代过程如下：

首先，令 $i = 0$ ，初始迭代性能指标函数 $v_0(x(k)) = 0$ ，则

$$v_0(x(k)) = \arg\min_{u(k)}\{U(x(k), u(k)) + v_0(x(k+1))\} \tag{8-12}$$

迭代性能指标函数为

$$\begin{aligned} v_1(x(k)) &= \min_{u(k)}\{U(x(k), u(k)) + v_0(x(k+1))\} \\ &= U(x(k), v_0(x(k)) + v_0(x(k+1))) \end{aligned} \tag{8-13}$$

对于迭代指标 $i = 1, 2, \cdots$ ，迭代 ADP 算法将在

$$v_i(x(k)) = \arg\min_{u(k)}\{U(x(k), u(k)) + v_i(x(k+1))\} \tag{8-14}$$

和

$$\begin{aligned} v_{i+1}(x(k)) &= \min_{u(k)}\{U(x(k), u(k)) + v_i(x(k+1))\} \\ &= U(x(k), v_i(x(k)) + v_i(x(k+1))) \end{aligned} \tag{8-15}$$

之间进行迭代。其中，$v_i(x(k))$ 为当前 k 时刻第 i 次迭代的控制策略；$v_{i+1}(x(k))$ 为当前 k 时刻第 $i+1$ 次迭代的性能指标函数值。

经过一定次数的迭代之后，性能指标函数 $v_{i+1}(x(k))$ 将一致收敛到最优性能指标函数 $J^*(k)$ ，此时 $v_i(x(k))$ 将收敛到最优控制策略 $u^*(k)$ 。

由于状态空间和控制空间的非线性不确定性等特点，ADP 算法的实现需要采用参数性函数近似结构，而由于人工神经网络在逼近非线性系统方面具有极大的优势，本节利用人工神经网络来逼近性能评价函数和相应的控制策略，实现迭代 ADP 算法。

该迭代 ADP 算法采用三个神经网络实现，分别是模型网络、评价网络和执行网络，三个网络都选择三层反向传播(back propagation，BP)神经网络。模型网络用来预测下一时刻污水处理过程溶解氧和硝态氮的浓度，评价网络通过评价函数来评价给定策略的影响(策略评价)，执行网络根据评价函数调整当前控制策略(策略提升)，这个过程随时间迭代进行，从而逐渐找到最优控制策略。迭代 ADP 算法实现的结构如图 8-1 所示。

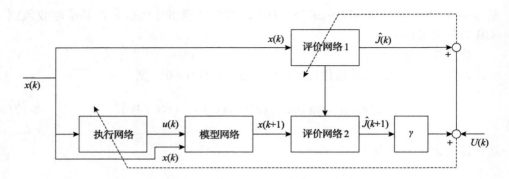

图 8-1　迭代 ADP 算法结构

假设所选三层 BP 神经网络输入层到隐含层之间的权值矩阵为 W，隐含层到输出层之间的权值矩阵为 V，那么各个神经网络的权值训练过程如下。

1）模型网络

模型网络的输入为污水处理过程 k 时刻的溶解氧浓度和曝气量或 k 时刻的硝态氮浓度和内回流量，$X(k) = [x(k)\quad u(k)]$，输出为下一时刻的溶解氧浓度或硝态氮浓度的预测值 $\hat{x}(k+1)$，且

$$\hat{x}(k+1) = W_{\mathrm{m}}^{\mathrm{T}}\sigma(V_{\mathrm{m}}^{\mathrm{T}} X(k)) \tag{8-16}$$

其中，W_{m} 和 V_{m} 分别为模型网络输入层到隐含层和隐含层到输出层的权值矩阵；$\sigma(\cdot)$ 为隐含层函数，通常采用 Sigmoid 函数表示。建立模型网络的目的是辨识污水处理系统模型，逼近系统输出，因此模型网络的训练目标是最小化 $E_{\mathrm{m}}(k)$，即

$$E_{\mathrm{m}}(k) = \frac{1}{2} e_{\mathrm{m}}^{\mathrm{T}}(k) e_{\mathrm{m}}(k) \tag{8-17}$$

$$e_{\mathrm{m}}(k) = \hat{x}(k+1) - x(k+1) \tag{8-18}$$

其中，$x(k+1)$ 为系统输出；$\hat{x}(k+1)$ 为网络输出；$e_{\mathrm{m}}(k)$ 为神经网络逼近误差。

根据梯度下降法，模型网络的权值更新公式为

$$W_{\mathrm{m}}(k+1) = W_{\mathrm{m}}(k) + \Delta W_{\mathrm{m}}(k) \tag{8-19}$$

$$\Delta W_{\mathrm{m}}(k) = -\alpha_{\mathrm{m}} e_{\mathrm{m}}^{\mathrm{T}}(k)\sigma(V_{\mathrm{m}}^{\mathrm{T}} X(k)) \tag{8-20}$$

其中，$\alpha_{\mathrm{m}} > 0$ 为模型网络的学习率。

2）评价网络

评价网络的输入为系统当前 k 时刻的溶解氧浓度或硝态氮浓度，输出为溶解

氧浓度或硝态氮浓度的跟踪误差。在该 ADP 控制结构中，评价网络有两个：评价网络 1 用于训练网络权值，输出为 $J(k)$，当前 k 时刻第 $i+1$ 次迭代产生的性能指标估计值记为 $\hat{J}^{[i+1]}(k)$；评价网络 2 采用上一次迭代后评价网络 1 训练好的权值参数来计算 $k+1$ 时刻的状态预测值 $\hat{x}(k+1)$ 产生的性能评价指标 $J(k+1)$，此处为第 i 次迭代后的权值计算得到的性能评价指标值，记为 $J^{[i]}(k+1)$，且

$$\hat{J}^{[i+1]}(k) = (W_c^{[d]})^{\mathrm{T}} \sigma((V_c^{[i]})^{\mathrm{T}} x(k)) \tag{8-21}$$

其中，W_c 和 V_c 分别为评价网络的输入层到隐含层和隐含层到输出层的权值矩阵，评价网络建立的目的是逼近性能指标函数 $J^{[i+1]}(k)$：

$$J^{[i+1]}(k) = U^{[i]}(k) + \gamma J^{[i]}(k+1) \tag{8-22}$$

因此，评价网络的训练目标是最小化 $E_c^{[i]}(k)$，即

$$E_c^{[i]}(k) = \frac{1}{2}(e_c^{[i]}(k))^2 \tag{8-23}$$

$$\begin{aligned} e_c^{[i]}(k) &= \hat{J}^{[i+1]}(x(k)) - J^{[i+1]}(x(k)) \\ &= \hat{J}^{[i+1]}(x(k)) - U^{[i]}(k) - \gamma J^{[i]}(k+1) \end{aligned} \tag{8-24}$$

其中，$e_c^{[i]}(k)$ 为第 i 次迭代的评价函数误差，根据梯度下降法，评价网络的权值更新公式为

$$W_c^{[i]}(k+1) = W_c^{[i]}(k) + \Delta W_c^{[i]}(k) \tag{8-25}$$

$$\Delta W_c^{[i]}(k) = \alpha_c \left[-\frac{\partial E_c^{[i]}(k)}{\partial W_c^{[i]}(k)} \right] \tag{8-26}$$

$$\frac{\partial E_c^{[i]}(k)}{\partial W_c^{[i]}(k)} = \frac{\partial E_c^{[i]}(k)}{\partial J^{[i+1]}(k)} \frac{\partial \hat{J}^{[i+1]}(k)}{\partial W_c^{[i]}(k)} \tag{8-27}$$

其中，$\Delta W_c^{[i]}(k)$ 为训练过程中权值增量；$\alpha_c > 0$ 为评价网络的学习率。

3）执行网络

对于执行网络，以污水处理过程溶解氧和硝态氮浓度控制误差以及溶解氧和硝态氮浓度控制误差的导数 $x(k)$ 作为输入，并以最优控制量曝气量和内回流量 $u(k)$ 作为输出。执行网络的输出表示为

$$u(k) = W_a^{\mathrm{T}} \sigma(V_a^{\mathrm{T}} x(k)) \tag{8-28}$$

其中，W_a 和 V_a 分别为执行网络输入层到隐含层和隐含层到输出层的权值矩阵，执行网络的训练以最小化 $J^{[i+1]}(k)$ 为目标。

由于 $J^{[i+1]}(k)$ 与 $\hat{J}^{[i+1]}(k)$ 近似相等，根据梯度下降法，权值更新公式为

$$W_a(k+1) = W_a(k) + \Delta W_a(k) \tag{8-29}$$

$$\Delta W_a(k) = \beta_a \left[-\frac{\partial \hat{J}^{[i+1]}(x(k))}{\partial W_a(k)} \right] = -\beta_a \frac{\partial \hat{J}^{[i+1]}(x(k))}{\partial u(k)} \frac{\partial u(k)}{\partial W_a(k)} \tag{8-30}$$

$$\frac{\partial \hat{J}^{[i+1]}(x(k))}{\partial u(k)} = \frac{\partial U(k)}{\partial u(k)} + \gamma \frac{\partial \hat{J}^{[i]}(k+1)}{\partial u(k)} \tag{8-31}$$

其中，$\beta_a > 0$ 为执行网络学习率，且

$$U(k) = e(k) A e^T(k) = (x(k) - R_{set}(k)) A (x(k) - R_{set}(k))^T \tag{8-32}$$

其中，$x(k)$ 为系统当前 k 时刻的状态变量；$R_{set}(k)$ 为系统状态的跟踪设定值；$e(k)$ 为当前 k 时刻的系统状态误差；A 取单位矩阵。则

$$\frac{\partial \hat{J}^{[i+1]}(k)}{\partial u(k)} = \gamma \frac{\partial \hat{J}^{[i]}(k+1)}{\partial u(k)} = \gamma \frac{\partial \hat{J}^{[i]}(k+1)}{\partial \hat{x}(k+1)} \frac{\partial x(k+1)}{\partial u(k)} \tag{8-33}$$

为了确保控制器的稳定性，下面对控制器的稳定性进行分析。

定理 8-1　设 $\{\mu_l\}$ 为任意容许的控制序列，与 $\{\mu_l\}$ 相应的成本值序列为

$$\Lambda_{l+1}(x(k)) = Q(x(k)) + \mu_l^T(k) R \mu_l(k) + \gamma \Lambda_l(x(k+1)) \tag{8-34}$$

若 $J_0(k) = \Lambda_0(k) = 0$，则有

$$J_l(k) \leqslant \Lambda_l(k), \quad \forall l \tag{8-35}$$

证明　由式(8-32)及式(8-33)可知：

$$\begin{aligned} J_{l+1}(x(k)) &= Q(x(k)) + u_l^T(k) R u_l(k) + \gamma J_l(x(k+1)) \\ &= \min_u \{ Q(x(k)) + u^T(k) R u(k) + \gamma J_l(x(k+1)) \} \end{aligned} \tag{8-36}$$

其中，$J_{l+1}(x(k))$ 为所有控制序列产生的成本值的最小值。对于任意容许的控制序列 $\{\mu_l\}$ 均有式(8-35)成立。

定理 8-1 说明：策略迭代按照式(8-35)所示的方式进行，若迭代过程收敛，则其一定收敛到最优的控制策略，相应的成本值也会收敛到最优的成本值。

定理 8-2　设成本值序列 $\{\varLambda_l\}$ 如式(8-34)所示，若系统是可控的，则存在一个正数 B，使得

$$0 \leqslant \varLambda_l(k) \leqslant B, \quad \forall l \tag{8-37}$$

证明　设 $\{\mu_l(k)\}$ 为一容许的控制序列，令 $J_0(k) = \varLambda_0(k) = 0$，则

$$\varLambda_l(x(k+1)) = Q(x(k+1)) + \mu_{l-1}^{\mathrm{T}}(k+1)R\mu_{l-1}(k+1) + \gamma\varLambda_{l-1}(x(k+2)) \tag{8-38}$$

将式(8-38)代入式(8-34)，可得

$$\begin{aligned}
\varLambda_{l+1}(x(k)) = {} & Q(x(k)) + \mu_l^{\mathrm{T}}(k)R\mu_l(k) \\
& + \gamma\Big(Q(x(k+1)) + \mu_{l-1}^{\mathrm{T}}(k+1)R\mu_{l-1}(k+1) \Big) \\
& + \gamma^2 \Big(Q(x(k+2)) + \mu_{l-2}^{\mathrm{T}}(k+1)R\mu_{l-2}(k+1) + \gamma\varLambda_{l-2}(x(k+3)) \Big)
\end{aligned} \tag{8-39}$$

依此类推可得

$$\begin{aligned}
\varLambda_{l+1}(x(k)) = {} & Q(x(k)) + \mu_l^{\mathrm{T}}(k)R\mu_l(k) \\
& + \gamma\Big(Q(x(k+1)) + \mu_{l-1}^{\mathrm{T}}(k+1)R\mu_{l-1}(k+1) \Big) \\
& + \gamma^2 \Big(Q(x(k+2)) + \mu_{l-2}^{\mathrm{T}}(k+2)R\mu_{l-2}(k+2) \Big) \\
& \quad\vdots \\
& + \gamma^i \Big(Q(x(k+i)) + \mu_0^{\mathrm{T}}(k+i)R\mu_0(k+i) \Big)
\end{aligned} \tag{8-40}$$

令

$$U_l(x(k)) = Q(x(k)) + \mu_l^{\mathrm{T}}(k)R\mu_l(k) \tag{8-41}$$

则

$$\varLambda_{l+1}(x(k)) = \sum_{j=0}^{i} \gamma^j U_{i-j}(x(k+j)) \leqslant \lim_{i \to \infty} \sum_{j=0}^{i} \gamma^j U_{i-j}(x(k+j)) \tag{8-42}$$

由于 $\{\mu_l(k)\}$ 为一容许的控制序列，当 $k \to \infty$ 时，$x(k) \to 0$。因此，存在一个正数 B 使得式(8-37)成立。

结合定理 8-1 及定理 8-2，可得

$$J_l(k) \leqslant \varLambda_l(k) \leqslant B, \quad \forall l \tag{8-43}$$

定理 8-3　设值函数序列 $\{J_l\}$ 的定义如式(8-22)所示，并且 $J_0(k) = 0$，控制规则序列如式(8-42)所示，则 $\{J_l\}$ 为一非递减序列，即

$$J_{l+1}(x(k)) \geqslant J_l(x(k)), \quad \forall l \tag{8-44}$$

证明　定义序列 $\{\Psi_l\}$ 如下：

$$\Psi_{l+1}(x(k)) = Q(x(k)) + \mu_{l+1}^{\mathrm{T}}(k)R\mu_{l+1}(k) + \gamma\Psi_l(\mu(k+1)) \tag{8-45}$$

且 $\Psi_0(\cdot) = J_0(\cdot) = 0$。

当 $i = 0$ 时，有

$$J_1(x(k)) - \Psi_0(x(k)) = Q(x(k)) + \mu_0^{\mathrm{T}}(k)R\mu_0(k) \geqslant 0 \tag{8-46}$$

即当 $i = 0$ 时，有

$$J_1(x(k)) \geqslant \Psi_0(x(k)) \tag{8-47}$$

根据数学归纳法，假设当 $l = i-1$ $(i > 1)$ 时，有

$$J_l(x(k)) \geqslant \Psi_{l-1}(x(k)) \tag{8-48}$$

则当 $l = i$ 时，有

$$\Psi_l(x(k)) = Q(x(k)) + \mu_l^{\mathrm{T}}(k)R\mu_l(k) + \gamma\Psi_{l-1}(x(k+1)) \tag{8-49}$$

式 (8-46) 减式 (8-49)，可得

$$J_{l+1}(x(k)) - \Psi_l(x(k)) = \gamma\big(J_l(x(k+1)) - \Psi_{l-1}(x(k+1))\big) \tag{8-50}$$

由式 (8-48) 可得

$$J_l(x(k+1)) \geqslant \Psi_{l-1}(x(k+1)) \tag{8-51}$$

将式 (8-43) 代入式 (8-50)，可得

$$J_{l+1}(x(k)) \geqslant \Psi_l(x(k)) \tag{8-52}$$

由定理 8-1，可得

$$J_l(x(k)) \leqslant \Psi_l(x(k)), \quad \forall l \tag{8-53}$$

结合式 (8-52) 和式 (8-53)，可得

$$J_l(x(k)) \leqslant \Psi_l(x(k)) \leqslant J_{l+1}(x(k)), \quad \forall l \tag{8-54}$$

即 $\{J_l\}$ 为一非递减序列。

定理 8-4　设值函数序列 $\{J_l\}$ 的定义如式（8-22）所示，并且 $J_0(k)=0$，若系统是可控的，则值函数序列 $\{J_l\}$ 的极限必为最优的值函数 $J^*(x(k))$，即

$$\lim_{i\to\infty} J_i(x(k)) = J^*(x(k)) \tag{8-55}$$

其中

$$J^*(x(k)) = \inf_{u_k^\infty}\{J(x(k),u_k^\infty) : u_k^\infty \in A_{x_k}\} \tag{8-56}$$

其中，A_{x_k} 为状态 $x(k)$ 所有容许的控制序列集合，并且

$$J(x(k),u_k^\infty) = Q(x(k)) + \mu^{\mathrm{T}}(k)R\mu(k) + \gamma\sum_{i=k+1}^{\infty}\gamma^{i-k-1}U(x(i),u(i)) \tag{8-57}$$

证明　设 $\{\mu_l^{(i)}\}$ 为第 i 个容许的控制序列，根据式（8-38），可得

$$\Lambda_{l+1}^{(i)}(x(k)) = Q(x(k)) + (\mu_l^{(i)}(k))^{\mathrm{T}}R\mu_l^{(i)}(k) + \gamma\Lambda_l(x(k+1)) \tag{8-58}$$

由式（8-42），可得

$$\Lambda_{l+1}^{(i)}(x(k)) = \sum_{j=0}^{l}\gamma^j U_{l-j}^{(i)}(x(k+j)) \tag{8-59}$$

由定理 8-1 和定理 8-2，可得

$$J_{l+1}(x(k)) \leqslant \Lambda_{l+1}^{(i)}(x(k)) \leqslant B_i, \quad \forall l,i \tag{8-60}$$

其中，B_i 为 $\{\Lambda_l^{(i)}\}$ 的上界。定义

$$\lim_{l\to\infty}\Lambda_l^{(i)}(x(k)) = \Lambda_\infty^{(i)}(x(k)) \tag{8-61}$$

令式（8-55）中 $l\to\infty$，则

$$J_\infty(x(k)) \leqslant \Lambda_\infty^{(i)}(x(k)) \leqslant B_i, \quad \forall i \tag{8-62}$$

设在 k 时刻，采取控制序列为

$$\hat{\mu}_k^{k+l(i)} = \{\mu_l^{(i)}(k), \mu_{l-1}^{(i)}(k+1), \cdots, \mu_0^{(i)}(k+l)\} \tag{8-63}$$

$$J(x(k), u_k^{k+l(i)}) = \sum_{j=k+1}^{l} \gamma^j U(x(j), \mu^{(i)}(j)) = \Lambda_{l+1}^{(i)}(x(k)) \tag{8-64}$$

当 $i \to \infty$ 时，则有

$$J(x(k), u_k^{\infty(i)}) = \sum_{j=k+1}^{\infty} \gamma^j U(x(j), \mu^{(i)}(j)) = \Lambda_{\infty}^{(i)}(x(k)) \tag{8-65}$$

由于 $J^*(x(k))$ 为 $J(x(k), u_k^{\infty})$ 的下确界，因此对于任意的正数 ε，必然存在一个控制序列 $u_k^{\infty(M)}$，使得

$$J(x(k), u_k^{\infty(M)}) = \Lambda_{\infty}^{(M)}(x(k)) < J^*(x(k)) + \varepsilon \tag{8-66}$$

由于 ε 是任意的，可得

$$\Lambda_{\infty}^{(M)}(x(k)) \leqslant J^*(x(k)) \tag{8-67}$$

结合式(8-62)可得

$$J_{\infty}(x(k)) \leqslant \Lambda_{\infty}^{(M)}(x(k)) \leqslant J^*(x(k)) \tag{8-68}$$

另外，与值函数序列 $\{J_l\}$ 相关联的控制序列必为一个容许的控制序列，记为 $\{u_k^{\infty(M)}\}$，由 $\{J_l\}$ 及 $\{\Lambda_l\}$ 的定义可得

$$J_{\infty}(x(k)) = \Lambda_{\infty}^{(N)}(x(k)) = J(x(k), u_k^{\infty(N)}) \tag{8-69}$$

由于 $J^*(x(k))$ 为 $J(x(k), u_k^{\infty(i)})$ 的下确界，可得

$$J_{\infty}(x(k)) = J(x(k), u_k^{\infty(N)}) \geqslant J^*(x(k)) \tag{8-70}$$

结合式(8-68)及式(8-70)可得

$$J_{\infty}(x(k)) = J^*(x(k)) \tag{8-71}$$

这表明当 $l \to \infty$ 时，迭代策略必然收敛到最优的值函数，与 $\{J_l\}$ 相应的控制序列也必然收敛到最优，即

$$\lim_{i \to \infty} u_l(x(k)) = u^*(x(k)) \tag{8-72}$$

8.2.4　自适应动态规划控制器仿真实验

在污水处理控制系统中，最优控制的效果与出水水质直接相关，即与第五分区的溶解氧浓度 $S_{O,5}$ 和第二分区的硝态氮浓度 $S_{NO,2}$ 的设定值跟踪效果直接相关，所以设定立即回报为 $U = e^{T}(k)Qe(k)$ ，其中，$e(k) = [e_1(k)\quad e_2(k)]^T$ ，$e_1(k) = y_1(k) - R_1(k)$ ，$e_2(k) = y_2(k) - R_2(k)$ ，$y_1(k)$ 和 $y_2(k)$ 分别为从污水处理厂测得的第五分区的溶解氧浓度 $S_{O,5}$ 和第二分区硝态氮浓度 $S_{NO,2}$ ，$R_1(k)$ 和 $R_2(k)$ 分别为第五分区的溶解氧浓度 $S_{O,5}$ 和第二分区硝态氮浓度 $S_{NO,2}$ 的跟踪设定值。模型网络的输入为 $[K_L a_5(k)\quad Q_a(k)\quad y_1(k)\quad y_2(k)]$ ，模型网络的输出为预测状态 $[y_1(k+1)\quad y_2(k+1)]$ ；评价网络 1 的输入为系统状态 $[y_1(k)\quad y_2(k)]$ ，输出为评价指标函数 $J(k)$ ；评价网络 2 的输入为预测跟踪误差 $[y_1(k+1)\quad y_2(k+1)]$ ，输出为评价指标函数 $\hat{J}(k+1)$ ；执行网络的输入为系统状态 $[y_1(k)\quad y_2(k)]$ ，输出为最优控制变化量 $[\Delta K_L a_5(k)\quad \Delta Q_a(k)]$ 。控制量分别为第五分区的曝气量 $K_L a_5$ 及从第五分区到第二分区的内回流量 Q_a ，控制策略为自适应动态规划控制策略。

系统的采样周期为 $T=1.25\times10^{-2}$ h；PID 控制器的参数整定主要靠经验试凑法获得，整定参数分别为溶解氧浓度 300mg/L、15mg/L、2mg/L；硝态氮浓度为 20000mg/L、5000mg/L、400mg/L。模型网络、评价网络、执行网络的神经元个数分别为 4-10-2、2-10-2、2-10-2，各个神经网络的参数学习率分别为 0.001、0.001、0.001。

BSM1 的进水数据取自实际污水处理厂，该实验中选择阴雨天气下 14 天的数据进行仿真。实验中，第五分区的溶解氧浓度 $S_{O,5}$ 和第二分区硝态氮浓度 $S_{NO,2}$ 的跟踪设定值分别取 2mg/L 和 1mg/L。自适应动态规模控制下 $S_{O,5}$ 和 $S_{NO,2}$ 的控制输出结果曲线分别如图 8-2 和图 8-3 所示。可以看出自适应动态规划控制器可以较好地实现 $S_{O,5}$ 和 $S_{NO,2}$ 的跟踪控制，均可以稳定在设定值附近。图 8-4 和图 8-5 展

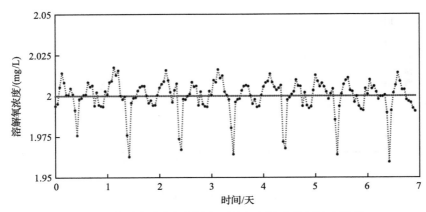

图 8-2　自适应动态规划控制下溶解氧浓度控制输出结果

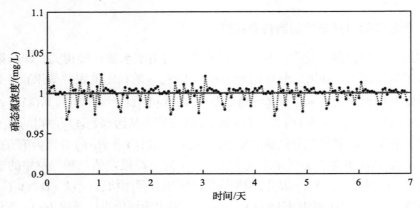

图 8-3　自适应动态规划控制下硝态氮浓度控制输出结果

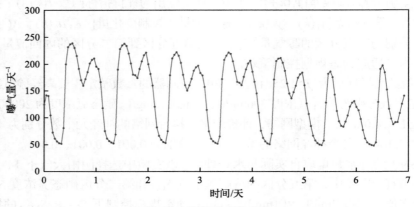

图 8-4　曝气量变化曲线

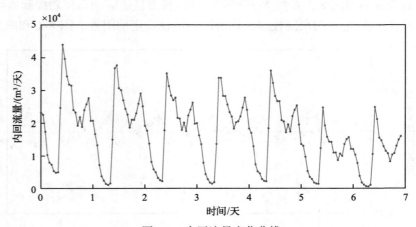

图 8-5　内回流量变化曲线

示了污水处理过程操作变量的变化曲线。这表明操作变量可以根据进水流量的变化而变化，使溶解氧浓度和硝态氮浓度满足要求。

8.3　城市污水处理过程启发式自适应动态规划控制器

针对城市污水处理过程的动态性和不稳定性，本节在自适应动态规划控制的基础上，引入启发式理论，构建启发式自适应动态规划控制器。首先，对城市污水处理过程启发式自适应动态规划控制原理及方法进行介绍；进而针对城市污水处理溶解氧浓度和硝态氮浓度控制设计控制器，并对该控制器性能进行分析；后结合典型的污水处理应用案例，介绍城市污水处理启发式自适应动态规划控制器测试结果。

8.3.1　启发式自适应动态规划控制原理及方法设计

启发式动态规划(heuristic dynamic programming，HDP)是 ADP 实现的基本方法，其评价模块的输出为评价值 $J(x(k))$，包含四个网络：评价网络(crtitc ESN (ESN 指回声状态网络)，CESN)、执行网络(actor ESN，AESN)、模型网络(model ESN，MESN)及立即回报计算网络(UTILITY)，各网络功能如下。

1) CESN：评价网络

其功能是对当前的控制策略进行评价，并输出相应的评价值。HDP 框架中 $CESN_1$ 及 $CESN_2$ 具有相同的结构和参数，但二者的功能不同，前者是根据 $x(k)$ 对上一时刻的控制作用 $u(k-1)$ 进行评价，后者是根据当前策略作用状态的转移结果 $x(k+1)$ 对当前的控制作用 $u(k)$ 进行评价，因此 $CESN_1$ 及 $CESN_2$ 反映评价网络在不同输入情况下的输出。由于 $CESN_2$ 能够实现下一阶段策略的评价，加入 $CESN_2$ 后即能够实现基于 ESN 的 ADP 控制器(ESN-ADPC)迭代的回退过程。

2) AESN：执行网络

其功能是根据评价网络的评价结果对当前的控制作用进行调整，其输入为系统当前状态，输出为当前的控制策略。在当前控制策略的作用下，系统发生状态转移(由 $x(k)$ 转移到 $x(k+1)$)，CESN 根据转移结果对当前的控制作用进行评价，AESN 根据评价结果对其参数进行调整，进而产生新的策略。该过程即策略提升过程。

3) MESN：模型网络

当系统的数学模型已知时，该网络可用系统的数学模型取代；当系统的数学模型未知时，该网络可以采用参数化逼近的方式实现。该网络的目的是建立系统动力学模型 $F(\cdot)$，即在 HDP 实现方式中，系统的动力学模型仍然是必需的。

4) UTILITY：立即回报计算网络

在 ADP 实现的所有方式中，都必须首先得到当前控制作用引发的立即回报

（即强化信号），立即回报的设计是较为灵活的，其既可以是具有定量评价意义的连续量，也可以是仅具有定性评价意义的离散值。一般而言，定量的评价有助于提高系统策略搜索过程的收敛性，但定量的回报函数设计较定性回报函数困难。

启发式自适应动态规划控制方法的主要设计步骤为：①初始化控制器参数；②基于学习算法训练模型网络；③以模型网络的输出作为评价网络的输入，获得评价网络的输出；④根据参数更新算法更新评价网络的参数和执行网络的参数；⑤判断是否达到理想性能指标，达到则完成 HDP 网络控制器设计，未达到则返回第④步。

8.3.2　启发式自适应动态规划控制器设计

由于污水处理过程的生化反应模型时变特性明显（主要体现在各反应方程的系数随温度变化），并且 $S_{NO,2}$ 及 $S_{O,5}$ 之间存在较强的耦合关系，所以常规 PID 控制难以取得较好的控制效果。因此，采用 ESN-ADPC 对城市污水处理过程的 $S_{O,5}$ 及 $S_{NO,2}$ 实施多变量控制，主要借助 ESN-ADPC 的自学习能力实现控制策略的搜索。控制器的目标是将 $S_{O,5}$ 及 $S_{NO,2}$ 分别维持在相应的设定值（$S_{O,5}$ 为 2mg/L，$S_{NO,2}$ 为 1mg/L）。ESN-ADPC 由三个神经网络构成，分别是执行网络、模型网络和评价网络，三个网络都采用 ESN 实现。

对于 ESN-ADPC，其策略搜索过程是迭代进行的，而此迭代过程实质是对控制（执行）网络、系统辨识（模型）网络和评价网络的权值参数不断修正的过程，也是相应 ESN 的学习过程。

1. MESN 权值学习方法

对于需要系统模型的 ADP 实现策略，必须对系统未知的动力学模型 $F(\cdot)$ 进行辨识。根据系统辨识的原理，MESN 参数调整的目的是使其输出与系统的实际输出一致，从而使得 MESN 在输入-输出关系上等同于系统的动力学模型。因此，MESN 权值参数调整的目标可定义为

$$\begin{cases} \min\left\{\displaystyle\sum_{i=k-N_s+1}^{k} E_M(i) = \sum_{i=k-N_s+1}^{k} \frac{1}{2}e_M^T(i)e_M(i)\right\}, & k > N_s - 1 \\ \min\left\{\displaystyle\sum_{i=1}^{k} E_M(i) = \sum_{i=1}^{k} \frac{1}{2}e_M^T(i)e_M(i)\right\}, & 其他 \end{cases} \tag{8-73}$$

式中，$N_s \geqslant 1$ 为训练样本数；

$$e_M(k) = x(k) - \hat{x}(k) \tag{8-74}$$

其中，$x(k)$ 为神经网络输出；$\hat{x}(k)$ 为系统实际输出。

由于 ESN 的输出权值是各自独立的，即 $x_i(k)$ 与 $x_j(k)(i \neq j)$ 对应的权值训练是不相关的，下面仅以 $x_j(k)$ 对应的权值向量 W_{M_j} 的调整为例说明 MESN 的权值调整过程。根据反向传播网络的增量学习算法，W_{M_j} 的调整规则为

$$\Delta W_{\mathrm{M},j}(k) = -\eta_{\mathrm{M},j}(k) \left(\frac{\partial \sum\limits_{i=k-N_s+1}^{k} E_{\mathrm{M}}(i)}{\partial W_{\mathrm{M},j}(k)} \right)^{\mathrm{T}}$$

$$= -\eta_{\mathrm{M},j}(k) \sum_{i=k-N_s+1}^{k} \left(\sum_{n=1}^{N_x} e_{\mathrm{M},n}(i) \frac{\partial x_n(i)}{\partial W_{\mathrm{M},j}(k)} \right)^{\mathrm{T}} \tag{8-75}$$

其中，$\eta_{\mathrm{M},j}(k) > 0$ 为 $x_j(k)$ 对应的权值向量的学习率；$x_n(i)$ 为 MESN 的第 n 个输出；$e_{\mathrm{M},n}(i)$ 为 $x_n(i)$ 与系统实际输出之间的偏差。由 ESN 的定义可得

$$\frac{\partial x_n(i)}{\partial W_{\mathrm{M},j}(k)} = \begin{cases} s_{\mathrm{M}}(i), & n = j \\ 0, & \text{其他} \end{cases} \tag{8-76}$$

代入式(8-75)可得

$$\Delta W_{\mathrm{M},j}(k) = -\eta_{\mathrm{M},j}(k) \sum_{i=k-N_s+1}^{k} e_{\mathrm{M},j}(i) s_{\mathrm{M}}(i) \tag{8-77}$$

当 $N_s=1$ 时(即采用单步学习方式)，式(8-77)可写为

$$\Delta W_{\mathrm{M},j}(k) = -\eta_{\mathrm{M},j}(k) e_{\mathrm{M},j}(k) s_{\mathrm{M}}(k) \tag{8-78}$$

即在每个时刻只对当前时刻的样本进行学习。该方法较容易"遗忘"过去的学习结果，这会导致 MESN 的权值收敛过程较慢。因此，适当地选择 N_s 的值可加快学习过程的收敛速度。但是，N_s 的取值并不影响 MESN 学习过程的理论分析。在以后的分析过程中，令 $N_s=1$，该情况下的分析容易扩展到 $N_s>1$ 的情况。

2. CESN 权值学习算法

评价网络学习过程是逼近当前策略评价值 $J(x(k)) = U(x(k), u(k)) + \gamma J(x(k+1))$。

在第 l 次迭代时，CESN 的输出可记为

$$J_l(x(k)) = W_{\mathrm{c},l}^{\mathrm{T}}(k) s_{\mathrm{c},l}(k) \tag{8-79}$$

其中，$W_{\mathrm{c},l}(k)$ 为 k 时刻第 l 次迭代时 CESN 的权值；$s_{\mathrm{c},l}(k)$ 为 k 时刻第 l 次迭代时

CESN 隐含层神经元输出。

定义第 l 次迭代的瞬时差分误差为

$$e_{c,l}(k) = J_{l+1}(x(k)) - U(x(k), u_l(k)) - \gamma J_l(x(k+1)) \tag{8-80}$$

令 $\Delta J_l(x(k)) = \gamma J_l(x(k+1)) - J_{l+1}(x(k))$ 为前向差分因子，反映控制策略改变后性能指标 $J(k)$ 的变化。

根据 Bellman 优化原理，当瞬时差分误差为 0 时，若评价网络的输出能够使

$$e_{c,l}(k) = 0 \tag{8-81}$$

成立，则评价网络的输出即可视为当前控制策略的评价值。

定义评价网络参数学习的目标为

$$E_{c,l}(k) = \frac{1}{2} e_{c,l}^2(k) \tag{8-82}$$

根据梯度下降法，$W_{c,l}(k)$ 的调整规则为

$$\Delta W_{c,l}(k) = -\eta_c(k) e_{c,l}(k) \left(\frac{\partial J_{l+1}(x(k))}{\partial W_{c,l}(k)} \right)^{\mathrm{T}} \tag{8-83}$$

由 ESN 的定义，得

$$\frac{\partial J_{l+1}(x(k))}{\partial W_{c,l}(k)} = s_{c,l}^{\mathrm{T}}(k) \tag{8-84}$$

将式(8-84)代入式(8-83)，可得

$$\Delta W_{c,l}(k) = -\eta_c(k) e_{c,l}(k) s_{c,l}(k) \tag{8-85}$$

当 $l=1$，即采取值迭代策略时，可得

$$\Delta W_c(k) = -\eta_c(k) e_c(k) s_c(k) \tag{8-86}$$

3. AESN 权值学习算法

1)性能指标为二次型时 AESN 的学习方法

为分析方便，将非线性动力学系统写成如下形式：

$$x(k+1) = F(x(k), u(k)) = f(k) + g(k)u(k) \tag{8-87}$$

其中，$f(k)$ 及 $g(k)$ 均为 $x(k)$ 的未知非线性连续函数。

设成本函数具有二次型的形式，即立即效用形式如下：

$$U(x(k),u(k)) = Q(x(k)) + u^{\mathrm{T}}(k)Ru(k) \tag{8-88}$$

其中，$Q(x(k)) \geqslant 0$；R 为对称正定矩阵，且 $R \in \mathbf{R}^{N_u \times N_u}$。相应的性能指标为

$$J(x(k)) = Q(x(k)) + u^{\mathrm{T}}(k)Ru(k) + \gamma J(x(k+1)) \tag{8-89}$$

最优的控制策略可通过求解式(8-90)获得：

$$\frac{\partial J(x(k))}{\partial u(k)} = 0 \tag{8-90}$$

将式(8-89)代入式(8-90)，可得

$$2u^{\mathrm{T}}(k)R + \gamma \frac{\partial J(x(k+1))}{\partial u(k)} = 2u^{\mathrm{T}}(k)R + \gamma \frac{\partial J(x(k+1))}{\partial x(k+1)} \frac{\partial x(k+1)}{\partial u(k)} = 0 \tag{8-91}$$

根据式(8-88)，有

$$\frac{\partial x(k+1)}{\partial u(k)} = g(k) \tag{8-92}$$

将式(8-92)代入式(8-91)，则最优的控制量为

$$u^*(k) = -\frac{1}{2}\gamma \left(\frac{\partial J(x(k+1))}{\partial x(k+1)} g(k) R^{-1} \right)^{\mathrm{T}} = -\frac{\gamma}{2} R^{-1} g^{\mathrm{T}}(k) \left(\frac{\partial J(x(k+1))}{\partial x(k+1)} \right)^{\mathrm{T}} \tag{8-93}$$

当 $x(k+1)$ 采用神经网络估计时，由于 $u(k)$ 和 $x(k+1)$ 分别为 MESN 的输入及输出，因此 $g(k) = \partial x(k+1)/\partial u(k)$ 可通过 MESN 计算：

$$g(k) = \frac{\partial x(k+1)}{\partial u(k)} = W_{\mathrm{M}}^{\mathrm{T}}(k)\dot{\varphi}(z(k))\frac{\partial z(k)}{\partial u(k)} \tag{8-94}$$

其中，φ 为 MESN 隐含层神经元的激活函数；$\dot{\varphi}(z(k))$ 为 $\varphi(z(k))$ 对 $z(k)$ 的导数，$z(k)$ 为 MESN 隐含层神经元的输入。

将式(8-94)代入式(8-93)，可得

$$u^*(k) = -\frac{\gamma}{2} R^{-1} \left(W_{\mathrm{M}}^{\mathrm{T}}(k)\dot{\varphi}(z(k))\frac{\partial z(k)}{\partial u(k)} \right)^{\mathrm{T}} \left(\frac{\partial J(x(k+1))}{\partial x(k+1)} \right)^{\mathrm{T}} \tag{8-95}$$

控制网络的调整目标是逼近最优的策略，则 AESN 权值调整的目标为

$$E_{a,l}(k) = \frac{1}{2}e_{a,l}^2(k) \qquad (8\text{-}96)$$

其中

$$e_{a,l}(k) = u_l(k) - u^*(k) \qquad (8\text{-}97)$$

其中，$u^*(k)$ 为最优的反馈控制策略；$u_l(k)$ 为 AESN 在 k 时刻第 l 次迭代时的输出。

由于 AESN 的输出是独立的，此处仅以 $u_l(k)$ 的第 i 个分量对应的权值向量 $W_{a,i,l}(k)$ 为例说明 AESN 的学习过程。按照梯度下降法，$W_{a,i,l}(k)$ 的调整规则为

$$
\begin{aligned}
\Delta W_{a,i,l}(k) &= -\eta_{a,i}(k)\left(\frac{\partial E_{a,i,l}(k)}{\partial W_{a,i,l}(k)}\right)^{\mathrm{T}} \\
&= -\eta_{a,i}(k)e_{a,i,l}(k)\sum_{j=1}^{D_u}\left(\frac{\partial u_{j,l}(k)}{\partial W_{a,i,l}(k)}\right)^{\mathrm{T}}
\end{aligned} \qquad (8\text{-}98)
$$

根据 ESN 的定义，有

$$\frac{\partial u_{j,l}(k)}{\partial W_{a,i,l}(k)} = \begin{cases} s_{a,l}^{\mathrm{T}}(k), & i = j \\ 0, & \text{其他} \end{cases} \qquad (8\text{-}99)$$

将式(8-99)代入式(8-98)，可得

$$\Delta W_{a,i,l}(k) = -\eta_{a,i}(k)e_{a,i,l}(k)s_{a,l}(k) \qquad (8\text{-}100)$$

若采用值迭代的策略(即在每一时刻只执行一次策略评价和策略提升)，则 AESN 的调整规则为

$$\Delta W_{a,i}(k) = -\eta_{a,i}(k)e_{a,i}(k)s_a(k) \qquad (8\text{-}101)$$

2)性能指标为一般形式时 AESN 的学习方法

在性能指标为非二次型的情况下，AESN 权值调整的目标是最小化成本函数。根据式(8-90)，AESN 的权值调整目标可定义为

$$\frac{\partial J(x(k))}{\partial u(k)} = \frac{\partial U(x(k),u(k))}{\partial u(k)} + \gamma\frac{\partial J(x(k+1))}{\partial u(k)} = 0 \qquad (8\text{-}102)$$

根据梯度下降法，控制网络的权值增量为

$$\Delta W_{a,i}(k) = -\eta_{a,i}(k)\left(\frac{\partial U(x(k),u(k))}{\partial u(k)} + \gamma\frac{\partial J(x(k+1))}{\partial u(k)}\right)\sum_{j=1}^{D_u}\left(\frac{\partial u_j(k)}{\partial W_{a,i}(k)}\right)^{\mathrm{T}} \qquad (8\text{-}103)$$

其中，$W_{a,i}(k)$ 为与控制量 $u_i(k)$ 对应的权值向量。将式(8-99)代入式(8-103)可得

$$\Delta W_{a,i}(k) = -\eta_{a,i}(k)\left(\frac{\partial U(x(k),u(k))}{\partial u_i(k)} + \gamma\frac{\partial J(x(k+1))}{\partial u_i(k)}\right)s_a(k) \tag{8-104}$$

由于在 ADP 中，立即评价函数 U 的形式是可计算的，U 的形式确定之后，$\partial U(x(k),u(k))/\partial u_i(k)$ 可通过解析方式获得，或通过如下方式近似获得：

$$\frac{\partial U(x(k),u(k))}{\partial u_i(k)} \approx \frac{U(x(k),u(k)) - U(x(k-1),u(k-1))}{u_i(k) - x_i(k-1)} \tag{8-105}$$

$\partial J(x(k+1))/\partial u_i(k)$ 可通过 CESN 及 MESN 导出。下面说明 $\partial J(x(k+1))/\partial u_i(k)$ 的计算方法。首先根据求导的链式法则：

$$\frac{\partial J(x(k+1))}{\partial u_i(k)} = \sum_{j=1}^{D_x}\frac{\partial J(x(k+1))}{\partial x_j(k+1)}\frac{\partial x_j(k+1)}{\partial u_i(k)} \tag{8-106}$$

$J(x(k+1))$ 与 $x_j(k+1)$ 分别是 CESN$_2$ 的输出和输入，令

$$\theta_c(k+1) = W_{c,IN}x(k+1) + W_{c,R}s_c(k) \tag{8-107}$$

其中，$W_{c,IN}$ 及 $W_{c,R}$ 分别为 CESN 的输入及内部连接权值矩阵。由 ESN 的定义可知

$$s_c(k+1) = f_c(\theta_c(k+1)) \tag{8-108}$$

$$J(x(k+1)) = W_c^T(k)s_c(k+1) \tag{8-109}$$

其中，f_c 为 CESN 的隐含层神经元激活函数，此处取为 tanh 函数，即

$$f_c(\theta_c(k)) = \frac{e^{\theta_c(k)} - e^{-\theta_c(k)}}{e^{\theta_c(k)} + e^{-\theta_c(k)}} \tag{8-110}$$

根据链式偏导法则，可得

$$\frac{\partial J(x(k+1))}{\partial x_j(k+1)} = \frac{\partial J(x(k+1))}{\partial s_c(k+1)}\frac{\partial s_c(k+1)}{\partial \theta_c(k+1)}\frac{\partial \theta_c(k+1)}{\partial x_j(k+1)} \tag{8-111}$$

根据 ESN 的定义，有

$$\frac{\partial J(x(k+1))}{\partial s_c(k+1)} = W_c^T(k) \tag{8-112}$$

由式 (8-107) 可得

$$\frac{\partial \theta_c(k+1)}{\partial x_j(k+1)} = W_{c,\text{IN},j}(k) \tag{8-113}$$

其中，$W_{c,\text{IN},j}(k)$ 为 CESN_2 输入权值矩阵的第 j 列。

由式 (8-108) 可知

$$s_{c,i}(k+1) = f(\theta_{c,i}(k+1)) \tag{8-114}$$

其中，$s_{c,i}(k+1)$ 与 $\theta_{c,i}(k+1)$ 分别为向量 $s_c(k+1)$ 与 $\theta_c(k+1)$ 的第 i 个元素。此时，$s_c(k+1)/\partial \theta_c(k+1)$ 为 $N_c \times N_c$ 维对角阵（记为 $D_c(k+1)$）。$D_c(k+1)$ 的第 i 个对角元素为

$$D_{c,i}(k+1) = \frac{\partial s_{c,i}(k+1)}{\partial \theta_{c,i}(k+1)} = 1 - \tanh^2(\theta_{c,i}(k+1)) \tag{8-115}$$

将式 (8-112)、式 (8-113) 及式 (8-115) 代入式 (8-111)，可得

$$\frac{\partial J(x(k+1))}{\partial x_j(k+1)} = W_c^{\text{T}}(k) D_c(k+1) W_{c,\text{IN},j}(k) \tag{8-116}$$

同理，$x_j(k+1)$ 与 $u_i(k)$ 分别为 MESN 的输入和输出。$\partial x_j(k+1)/\partial u_i(k)$ 的计算可参照上述方法进行，$\partial J(x(k+1))/\partial u_i(k)$ 可通过 CESN 及 MESN 以解析的方式导出。

4. ESN-ADPC 稳定性分析

MESN 学习的目的是建立系统的动力学模型 $F(\cdot)$。由人工神经网络的一致逼近定理可知，人工神经网络能够以任意精度逼近任意非线性函数。设 MESN 的输入为污水处理过程实时的溶解氧浓度控制误差及其导数或者硝态氮浓度控制误差及其导数 $z(k) = [x(k) \quad u(k)]^{\text{T}}$，且 W_M^* 为理想的权值矩阵，则

$$F(z(k)) = (W_M^*)^{\text{T}} \varphi(z(k)) + \varepsilon(k) \tag{8-117}$$

其中

$$\varphi(z(k)) = f_M(W_{M,\text{IN}} z(k) + W_{M,R} s_M(k-1)) \tag{8-118}$$

其中，$\varphi(z(k))$ 为 MESN 隐含层神经元的输出；$\varepsilon(k)$ 为 MESN 的逼近误差（或未建模动态）。由一致逼近定理可知，$\varepsilon(k)$ 是有界的。f_M 为 MESN 的隐含层神经元激

活函数，此处 f_M 选择为 Sigmoid 型函数，因此 $\varphi(z(k))$ 是有界的。假设理想的权值 W_M^* 也是有界的，即

$$\begin{cases} \|\varepsilon(k)\| \leqslant \varepsilon_M \\ \|W_M^*(k)\| \leqslant w_M \\ \|\varphi(z(k))\| \leqslant \varphi_M \end{cases} \tag{8-119}$$

其中，ε_M、w_M 及 φ_M 均为正常数。

MESN 的实际输出为

$$x(k+1) = W_M^T(k)\varphi(z(k)) \tag{8-120}$$

其中，$x(k+1)$ 为 $F(z(k))$ 的估计；$W_M(k)$ 为理想权值矩阵 W_M^* 的估计。令

$$\tilde{x}(k+1) = F(z(k)) - x(k+1) \tag{8-121}$$

则 $\tilde{x}(k)$ 为 MESN 的辨识误差。

将式(8-118)、式(8-120)代入式(8-121)，可得

$$\begin{aligned} \tilde{x}(k+1) &= (W_M^*)^T\varphi(z(k)) + \varepsilon(k) - W_M^T(k)\varphi(z(k)) \\ &= \Phi(k) + \varepsilon(k) \end{aligned} \tag{8-122}$$

令

$$\tilde{W}_M(k) = W_M^* - W_M(k) \tag{8-123}$$

为当前估计权值与理想权值的偏差，并且

$$\Phi(k) = \tilde{W}_M^T(k)\varphi(z(k)) \tag{8-124}$$

定理 8-5　在满足式(8-119)假设的情况下，若 MESN 采用式(8-98)所示的学习规则，则当学习率 η_M 满足一定条件时，MESN 的辨识误差 $\tilde{x}(k)$ 以及权值估计偏差 $\tilde{W}_M(k)$ 均有界。

证明　设计离散的 Lyapunov 函数如下：

$$L(k) = \tilde{x}^T(k)\tilde{x}(k) + \mathrm{tr}\left(\tilde{W}_M^T(k)\tilde{W}_M(k)\right)\Big/\eta_M \tag{8-125}$$

则

$$\begin{aligned} \Delta L(k) &= \tilde{x}^T(k+1)\tilde{x}(k+1) \\ &\quad - \tilde{x}^T(k)\tilde{x}(k) + \mathrm{tr}\left(\tilde{W}_M^T(k+1)\tilde{W}_M(k+1) - \tilde{W}_M^T(k)\tilde{W}_M(k)\right)\Big/\eta_M \end{aligned} \tag{8-126}$$

令

$$\Delta L_1(k) = \tilde{x}^{\mathrm{T}}(k+1)\tilde{x}(k+1) - \tilde{x}^{\mathrm{T}}(k)\tilde{x}(k) \tag{8-127}$$

$$\Delta L_2(k) = \mathrm{tr}\Big(\tilde{W}_{\mathrm{M}}^{\mathrm{T}}(k+1)\tilde{W}_{\mathrm{M}}(k+1) - \tilde{W}_{\mathrm{M}}^{\mathrm{T}}(k)\tilde{W}_{\mathrm{M}}(k)\Big)\Big/\eta_{\mathrm{M}} \tag{8-128}$$

将式(8-121)代入式(8-127)，可得

$$\Delta L_1(k) = \Phi^{\mathrm{T}}(k)\Phi(k) + \Phi^{\mathrm{T}}(k)\varepsilon(k) + \varepsilon^{\mathrm{T}}(k)\Phi(k) + \varepsilon^{\mathrm{T}}(k)\varepsilon(k) - \tilde{x}^{\mathrm{T}}(k)\tilde{x}(k) \tag{8-129}$$

根据式(8-123)，有

$$\tilde{W}_{\mathrm{M}}(k+1) = W_{\mathrm{M}}^* - W_{\mathrm{M}}(k+1) \tag{8-130}$$

由式(8-78)，可得

$$W_{\mathrm{M}}(k+1) = W_{\mathrm{M}}(k) + \eta_{\mathrm{M}}\varphi(z(k))\tilde{x}^{\mathrm{T}}(k+1) \tag{8-131}$$

将式(8-122)、式(8-131)代入式(8-130)，可得

$$\begin{aligned}
\tilde{W}_{\mathrm{M}}(k+1) &= W_{\mathrm{M}}^* - W_{\mathrm{M}}(k) - \eta_{\mathrm{M}}\varphi(z(k))\tilde{x}^{\mathrm{T}}(k+1) \\
&= \tilde{W}_{\mathrm{M}}(k) - \eta_{\mathrm{M}}\varphi(z(k))(\Phi(k) + \varepsilon(k))^{\mathrm{T}}
\end{aligned} \tag{8-132}$$

继而可得

$$\begin{aligned}
&\tilde{W}_{\mathrm{M}}^{\mathrm{T}}(k+1)\tilde{W}_{\mathrm{M}}(k+1) \\
&= \tilde{W}_{\mathrm{M}}^{\mathrm{T}}(k)\tilde{W}_{\mathrm{M}}(k) - \eta_{\mathrm{M}}\Phi(k)\Phi^{\mathrm{T}}(k) - \eta_{\mathrm{M}}\varepsilon(k)\Phi^{\mathrm{T}}(k) \\
&\quad - \eta_{\mathrm{M}}\Phi(k)\Phi^{\mathrm{T}}(k) - \eta_{\mathrm{M}}\Phi(k)\varepsilon^{\mathrm{T}}(k) \\
&\quad + \eta_{\mathrm{M}}^2\left\|\varphi(z(k))\right\|^2(\Phi(k) + \varepsilon(k))(\Phi(k) + \varepsilon(k))^{\mathrm{T}}
\end{aligned} \tag{8-133}$$

将式(8-133)代入式(8-128)可得

$$\begin{aligned}
\Delta L_2(k) &= -2\Phi^{\mathrm{T}}(k)\Phi(k) - \Phi(k)\varepsilon^{\mathrm{T}}(k) - \varepsilon^{\mathrm{T}}(k)\Phi(k) \\
&\quad + \eta_{\mathrm{M}}\left\|\varphi(z(k))\right\|^2(\Phi(k) + \varepsilon(k))^{\mathrm{T}}(\Phi(k) + \varepsilon(k))
\end{aligned} \tag{8-134}$$

合并式(8-127)和式(8-134)可得

$$\begin{aligned}
\Delta L_1(k) + \Delta L_2(k) &= -\Phi^{\mathrm{T}}(k)\Phi(k) + \varepsilon^{\mathrm{T}}(k)\varepsilon(k) - \tilde{x}^{\mathrm{T}}(k)\tilde{x}(k) \\
&\quad + \eta_{\mathrm{M}}\left\|\varphi(z(k))\right\|^2(\Phi(k) + \varepsilon(k))^{\mathrm{T}}(\Phi(k) + \varepsilon(k))
\end{aligned} \tag{8-135}$$

由 Cauchy-Schwarz 不等式可知

$$(\varPhi(k)+\varepsilon(k))^{\mathrm{T}}(\varPhi(k)+\varepsilon(k)) \leqslant 2\varPhi^{\mathrm{T}}(k)\varPhi(k)+2\varepsilon^{\mathrm{T}}(k)\varepsilon(k) \tag{8-136}$$

将式(8-136)代入式(8-135)，可得

$$\begin{aligned}
\Delta L_1(k)+\Delta L_2(k) \leqslant & -\left(1-2\eta_{\mathrm{M}}\left\|\varphi(z(k))\right\|^2\right)\left\|\varPhi(k)\right\|^2 \\
& +\left(1+2\eta_{\mathrm{M}}\left\|\varphi(z(k))\right\|^2\right)\varepsilon^{\mathrm{T}}(k)\varepsilon(k)-\tilde{x}^{\mathrm{T}}(k)\tilde{x}(k)
\end{aligned} \tag{8-137}$$

根据非线性小增益理论，可假设 ESN 的建模误差有界，并且满足：

$$\varepsilon^{\mathrm{T}}(k)\varepsilon(k) \leqslant \delta(k)\tilde{x}^{\mathrm{T}}(k)\tilde{x}(k) \tag{8-138}$$

其中，$\delta(k) \leqslant \delta_{\mathrm{M}}$，$\delta_{\mathrm{M}}$ 为一正常数。

将式(8-138)及式(8-78)代入式(8-137)，可得

$$\Delta L(k) \leqslant -(1-2\eta_{\mathrm{M}}\varphi_{\mathrm{M}}^2)\left\|\varPhi(k)\right\|^2-(1-\delta_{\mathrm{M}}-2\eta_{\mathrm{M}}\delta_{\mathrm{M}}\varphi_{\mathrm{M}}^2)\left\|\tilde{x}(k)\right\|^2 \tag{8-139}$$

令

$$\eta_{\mathrm{M}} \leqslant \frac{\rho^2}{2\varphi_{\mathrm{M}}^2}$$

则

$$\Delta L(k) \leqslant -(1-\rho^2)\left\|\varPhi(k)\right\|^2-(1-\delta_{\mathrm{M}}-\delta_{\mathrm{M}}\rho^2)\left\|\tilde{x}(k)\right\|^2 \tag{8-140}$$

若 $\delta_{\mathrm{M}}<1$，并且 ρ 满足

$$\max\left\{-\sqrt{\frac{1-\delta_{\mathrm{M}}}{\delta_{\mathrm{M}}}},-1\right\} < \rho < \min\left\{\sqrt{\frac{1-\delta_{\mathrm{M}}}{\delta_{\mathrm{M}}}},1\right\} \tag{8-141}$$

则 $\Delta L(k) \leqslant 0$。因此，当式(8-140)及式(8-141)满足时，MESN 的辨识误差 $\tilde{x}(k)$ 以及权值估计偏差 $\tilde{W}_{\mathrm{M}}(k)$ 均是有界的，即式(8-125)所示的学习过程是收敛的。

定理 8-5 的结论可保证基于梯度下降法的 MESN 的权值更新规则是收敛的。该结论很容易推广到权值更新规则为式(8-131)的情况。对于基于梯度下降的神经网络学习方法，学习率是影响学习过程收敛最关键的指标。定理 8-5 中学习率的选择需满足式(8-139)及式(8-141)，而 ρ 的选择需要对 δ_{M} 进行估计。δ_{M} 与神经网络的结构、学习方法以及测量数据等多种因素相关，因此其估计相对较为复杂。对于 MESN 的学习，其主要目的是使 MESN 的输出与系统实际输出尽可能地接近。可以选取一种自适应学习率来保证辨识误差的收敛性。

定理 8-6 若 MESN 采用式 (8-131) 所示的学习规则，则当学习率 η_{M} 满足

$$0 < \eta_{\mathrm{M},i}(k) < \frac{2}{\left\| s_{\mathrm{M}}(k) \right\|^2}, \quad i = 1, 2, \cdots, D_x \tag{8-142}$$

时，MESN 的辨识误差有界。

证明　设置离散的 Lyapunov 函数为

$$L(k) = \frac{1}{2} e_{\mathrm{M},i}^2(k) \tag{8-143}$$

$$e_{\mathrm{M},i}(k) = x_i(k) - \hat{x}_i(k) \tag{8-144}$$

其中，$x_i(k)$ 及 $\hat{x}_i(k)$ 分别为 MESN 的第 i 个输出和系统实际测量状态的第 i 个分量。

由式 (8-143)，得

$$\Delta L(k) = L(k+1) - L(k) = \frac{1}{2} e_{\mathrm{M},i}^2(k+1) - \frac{1}{2} e_{\mathrm{M},i}^2(k) \tag{8-145}$$

根据全微分定理，有

$$\Delta e_{\mathrm{M},i}(k) = e_{\mathrm{M},i}(k+1) - e_{\mathrm{M},i}(k) = \frac{\partial e_{\mathrm{M},i}(k)}{\partial W_{\mathrm{M},i}(k)} \Delta W_{\mathrm{M},i}(k) \tag{8-146}$$

由 ESN 的定义可得

$$\frac{\partial e_{\mathrm{M},i}(k)}{\partial W_{\mathrm{M},i}(k)} = \frac{\partial (x_i(k) - \hat{x}_i(k))}{\partial W_{\mathrm{M},i}(k)} = \frac{\partial x_i(k)}{\partial W_{\mathrm{M},i}(k)} = s^{\mathrm{T}}(k) \tag{8-147}$$

将式 (8-78) 及式 (8-146) 代入式 (8-147)，可得

$$e_{\mathrm{M},i}(k+1) - e_{\mathrm{M},i}(k) = -\eta_{\mathrm{M},i}(k) e_{\mathrm{M},i}(k) \left\| s_{\mathrm{M}}(k) \right\|^2 \tag{8-148}$$

即

$$e_{\mathrm{M},i}(k+1) = e_{\mathrm{M},i}(k) \left(1 - \eta_{\mathrm{M},i}(k) \left\| s_{\mathrm{M}}(k) \right\|^2 \right) \tag{8-149}$$

将式 (8-149) 代入式 (8-145)，可得

$$\Delta L(k) = \frac{1}{2} e_{\mathrm{M},i}^2(k) \left[\left(1 - \eta_{\mathrm{M},i}(k) \left\| s_{\mathrm{M}}(k) \right\|^2 \right)^2 - 1 \right] \tag{8-150}$$

当

$$\left(1-\eta_{M,i}(k)\left\|s_M(k)\right\|^2\right)^2-1<0 \tag{8-151}$$

时，$\Delta L(k) \leqslant 0$ 成立，并且仅当 $e_{M,i}(k)=0$ 时，式(8-151)成立。解不等式(8-151)可得式(8-142)，即当式(8-142)成立时，ESN 的学习过程(8-131)是收敛的。

若降维内部神经元取为 Sigmoid 函数，则有

$$\left\|s_M(k)\right\|^2 < N_M^2 \tag{8-152}$$

其中，N_M 为 MESN 内部神经元个数。所以，若选择固定的学习率，则由式(8-151)及式(8-152)可知，只要学习率满足：

$$0 < \eta_{M,i}(k) \leqslant \frac{2}{N_M^2} \tag{8-153}$$

即可保证式(8-78)所示学习过程的收敛性。

与定理 8-5 相比，定理 8-6 可以保证系统辨识的误差是有界的，但不能确保学习得到的权值为最优权值。由定理 8-6 的证明过程可见，式(8-75)的学习过程能够使得系统辨识误差 $e_{M,i}(k)$ 最终趋近于 0，当 $e_{M,i}(k)=0$ 时，$\Delta W_{M,i}(k)=0$。因此，定理 8-6 的学习率选择方法能够保证权值的收敛性。

当选择自适应学习率时，根据式(8-150)，当学习率选择为

$$\eta_{M,i}(k) = \frac{1}{\left\|s_M(k)\right\|^2} \tag{8-154}$$

时，$\Delta L(k)$ 取得极小值，即学习过程可以获得最快的下降梯度。

5. CESN 学习过程的收敛性分析

通过 MESN 的分析可知，基于梯度下降法的收敛性直接受学习率的影响，为保证评价网络的学习规则(8-86)及控制网络的学习规则(8-103)的收敛性，需要对学习率 η_c 及 η_a 的取值范围进行分析。为方便表述，采用统一的模式分析评价网络及控制网络的收敛性。

定义离散 Lyapunov 函数为

$$L(k) = \frac{1}{2}e^2(k) \tag{8-155}$$

其中，$e(k)$ 为 ESN 学习过程中与逼近性能相关的误差。

$L(k)$ 的增量为

$$\Delta L(k) = L(k+1) - L(k) = \frac{1}{2}e^2(k+1) - \frac{1}{2}e^2(k) \tag{8-156}$$

根据全微分定理，其性能误差可用式（8-157）表示：

$$\Delta e(k) = e(k+1) - e(k) = \frac{\partial e(k)}{\partial W(k)}\Delta W(k) \tag{8-157}$$

其中，$W(k)$ 为 ESN 的可调权值集合，$\Delta W(k)$ 为其增量。有

$$\Delta L(k) = \Delta e(k)\left(e(k) + \frac{1}{2}\Delta e(k)\right) \tag{8-158}$$

　　根据离散 Lyapunov 定理，因为 $L(k) \geqslant 0$，并且仅当 $e(k) = 0$ 时，$L(k) = 0$ 成立，所以只要证明 $\Delta L(k) \leqslant 0$，即可证明误差 $e(k)$ 是有界的，即 ESN 的学习过程是收敛的。

　　定理 8-7　设 CESN 的权值有界，即 $\|W_{\mathrm{c}}(k)\| < W_{\mathrm{c,M}}$，$W_{\mathrm{c,M}}$ 为一正数。在此前提下，若 CESN 的学习率 $\eta_{\mathrm{c}}(k)$ 满足：

$$0 < \eta_{\mathrm{c}}(k) < \frac{2}{\|s_{\mathrm{c}}(k)\|^2} \tag{8-159}$$

则 CESN 的权值更新规则是收敛的。

　　证明　令 $e(k) = e_{\mathrm{c}}(k)$，$W(k) = W_{\mathrm{c}}(k)$，有

$$\frac{\partial e(k)}{\partial W(k)} = \frac{\partial(J(x(k)) - U(x(k), u(k)) - \gamma J(x(k+1)))}{\partial W_{\mathrm{c}}(k)} = s_{\mathrm{c}}^{\mathrm{T}}(k) \tag{8-160}$$

$$\Delta e(k) = s_{\mathrm{c}}^{\mathrm{T}}(k)(-\eta_{\mathrm{c}}(k)e(k)s_{\mathrm{c}}(k)) = -\eta_{\mathrm{c}}(k)e(k)\|s_{\mathrm{c}}(k)\|^2 \tag{8-161}$$

$$\Delta L(k) = -\eta_{\mathrm{c}}(k)e^2(k)\|s_{\mathrm{c}}(k)\|^2\left(1 - \frac{1}{2}\eta_{\mathrm{c}}(k)\|s_{\mathrm{c}}(k)\|^2\right) \tag{8-162}$$

显然，只要满足：

$$1 - \frac{1}{2}\eta_{\mathrm{c}}(k)\|s_{\mathrm{c}}(k)\|^2 > 0 \tag{8-163}$$

则 $\Delta L(k) \leqslant 0$ 成立，并且仅当 $e(k) = 0$ 时，式（8-163）成立，CESN 的学习过程是收

敛的。

6. AESN 学习过程的收敛性分析

定理 8-8　设 AESN 的权值有界，即 $\|W_a(k)\| < W_{a,M}$ ，$W_{a,M}$ 为一正数。在此前提下，若控制网络的学习率 $\eta_{a,i}(k)$ 满足：

$$\eta_{a,i}(k) < \frac{2}{\|s_a(k)\|^2} \tag{8-164}$$

则 AESN 的学习过程是收敛的。

证明　由于 ESN 的权值调整是各自独立的，此处仅以控制量 u 的第 i 个分量 u_i 对应的权值向量 $W_{a,i}(k)$ 为例完成证明过程。

$W_{a,i}(k)$ 的权值更新规则为

$$\Delta W_{a,i}(k) = -\eta_{a,i}(k)e_{a,i}(k)s_a(k) \tag{8-165}$$

$$e_{a,i}(k) = u_i(k) - u_i^*(k) \tag{8-166}$$

令 $W(k) = W_{a,i}(k)$ ，$e(k) = e_{a,i}(k)$ ，则

$$\frac{\partial e(k)}{\partial W(k)} = \frac{\partial e_{a,i}(k)}{\partial W_{a,i}(k)} = \frac{\partial u_i(k)}{\partial W_{a,i}(k)} = s_a^{\mathrm{T}}(k) \tag{8-167}$$

$$\Delta e(k) = s_a^{\mathrm{T}}(k)(-\eta_{a,i}(k)e(k)s_a(k)) = -\eta_{a,i}(k)e(k)\|s_a(k)\|^2 \tag{8-168}$$

$$\Delta L(k) = -\eta_{a,i}(k)e^2(k)\|s_a(k)\|^2 \left(1 - \frac{1}{2}\eta_{a,i}(k)\|s_a(k)\|^2\right) \tag{8-169}$$

显然，只要满足：

$$1 - \frac{1}{2}\eta_{a,i}(k)\|s_a(k)\|^2 > 0 \tag{8-170}$$

则 $\Delta L(k) \leqslant 0$ 成立，并且仅当 $e(k) = 0$ 时，式 (8-170) 成立，AESN 的学习过程是收敛的。

8.3.3　启发式自适应动态规划控制器仿真实验

由于 ESN-ADPC 的主要目标是对 $S_{\mathrm{NO,2}}$ 及 $S_{\mathrm{O,5}}$ 的设定值实现跟踪，对于污水处理过程，跟踪的精度对出水水质有重要影响，而保证出水水质是污水处理过程最重要的目标，因此立即评价函数设计为

$$U(x(k),u(k)) = 0.8E^{\mathrm{T}}(k)E(k) + 0.2u^{\mathrm{T}}(k)u(k) \tag{8-171}$$

其中，$E(k)=[e_1(k) \quad e_2(k)]^T$，$e_1(k)$ 为溶解氧浓度控制偏差（$e_1(k)=R_1-S_{O,5}$，R_1=2mg/L 为溶解氧浓度设定值），$e_2(k)$ 为硝态氮浓度控制偏差（$e_2(k)=R_2-S_{NO,2}$，R_2=1mg/L 为硝态氮浓度设定值）；$u(k)=[K_La_5(k) \quad Q_a(k)]^T$，$K_La_5(k)$ 为第五分区的氧传递系数（范围为 0～240 天$^{-1}$），$Q_a(k)$ 为内回流量（范围为 0～92230m^3/天）。

ESN-ADPC 中 MESN、CESN 及 AESN 的参数设置如表 8-1 所示。

表 8-1 ESN-ADPC 中各模块的初始参数设置

控制网络	DR_{max}	$\rho(W_R)$	N_c	SD	P_s	η_{IP}	输入数量	输出数量
MESN	80	0.78	4	0.1	0.2	1×10^{-4}	4	2
CESN	40	0.88	2	0.1	0.2	1×10^{-4}	2	1
AESN	40	0.89	2	0.1	0.2	1×10^{-4}	5	2

ESN 的隐含层神经元数量 DR_{max} 对 ESN 的性能有一定的影响，目前还没有普适的方法确定 ESN 神经元池规模，DR_{max} 主要通过测试的方式进行选择。在常规 ESN 中引入 SmallWorld 机制及 IP 机制后，谱半径对 ESN 性能影响较小，因此谱半径 $\rho(W_R)$ 的选择范围相对宽松。IP 机制主要是调整隐含层神经元的激活特性，为保证学习过程的收敛性，IP 机制的学习率设置为较小值（η_{IP}=1×10^{-4}）。

CESN 的输入为 $[S_{O,5}(k) \quad S_{NO,2}(k)]^T$（CESN$_1$）及 $[S_{O,5}(k+1) \quad S_{NO,2}(k+1)]^T$（CESN$_2$），输出为评价指标 $J(x(k))$（CESN$_1$）及 $J(x(k+1))$（CESN$_2$）；MESN 的输入 $[K_La_5(k) \quad Q_a(k) \quad S_{O,5}(k) \quad S_{NO,2}(k)]^T$，输出为 $[S_{O,5}(k+1) \quad S_{NO,2}(k+1)]^T$；AESN 的输入为 $[S_{O,5}(k) \quad S_{NO,2}(k) \quad Q_{in}(k) \quad X_{BH}(k) \quad X_{BA}(k)]^T$，输出为 $[\Delta K_La_5(k) \quad \Delta Q_a(k)]^T$，其中 $Q_{in}(k)$、$X_{BH}(k)$、$X_{BA}(k)$ 分别为进水流量、进水异养菌浓度、进水自养菌浓度。在 BSM1 中，进水流量 $Q_{in}(k)$ 及污染物浓度（$X_{BH}(k)$，$X_{BA}(k)$）波动较大，在 AESN 中加入这三个量的目的主要是通过 AESN 的自学习能力抑制进水干扰的影响。

首先对 ESN-ADPC 的解耦能力进行测试。将进水流量固定在 Q_0=21474m^3/天，相应的进水污染物浓度也保持固定。首先令溶解氧浓度设定值为 R_1=2mg/L，硝态氮浓度设定值 R_2=1mg/L。当系统运行时间大于 0.5 天小于等于 0.75 天时，将 R_2 改变为 0.8mg/L，R_1 保持不变。当系统运行时间大于 0.75 天小于等于 1 天时，将 R_1 改变为 1.9mg/L，R_2=0.8mg/L 保持不变。设定值的变化过程如式（8-172）所示：

$$\begin{cases} R_1 = 2\text{mg/L}, R_2 = 1\text{mg/L}, & \text{Time} \leqslant 0.5\text{天} \\ R_1 = 2\text{mg/L}, R_2 = 0.8\text{mg/L}, & 0.5\text{天} < \text{Time} \leqslant 0.75\text{天} \\ R_1 = 1.9\text{mg/L}, R_2 = 0.8\text{mg/L}, & 0.75\text{天} < \text{Time} \leqslant 1\text{天} \end{cases} \quad (8\text{-}172)$$

当 $S_{NO,2}$ 设定值改变时，在两个控制器作用下，$S_{O,5}$ 均只发生了轻微的波动，这说明 $S_{NO,2}$ 变化对 $S_{O,5}$ 影响较小。在 PID 控制作用下，当 $S_{O,5}$ 设定值改变时（Time=0.75 天），$S_{NO,2}$ 发生了较大的波动。这说明 $S_{O,5}$ 变化对 $S_{NO,2}$ 有较大影响。

由于 PID 控制器是一种单回路控制器，其自身不具有解耦能力，因此 $S_{O,5}$ 的变化引起了 $S_{NO,2}$ 较大的波动。但是，在 ESN-ADPC 作用下，当 $S_{O,5}$ 设定值改变时，$S_{NO,2}$ 只出现了轻微的波动，这表明 ESN-ADPC 具有较强的解耦能力。

下面对 ESN-ADPC（采用 HDP 策略）的整体控制性能进行测试。进水数据取自雨天文件，分别采用 PID 及 ESN-ADPC 对系统进行控制。为避免控制器学习过程出现过大的波动，控制器采用第 1 天的数据进行离线训练。首先将 MESN 训练到一定的精度（MSE<10^{-3}）。继而对 CESN 和 AESN 进行训练，直到控制精度满足 MSE<0.1（若第 1 天的数据训练结束，控制精度仍不满足要求，则继续采用第 1天的数据进行循环的训练，直到控制精度满足要求或达到最大循环次数）。离线训练完成之后，系统进入在线学习及控制。

PID 和 ESN-ADPC 的控制输出结果如图 8-6 和图 8-7 所示。由图 8-6 可见，对于溶解氧浓度控制，PID 控制对进水干扰的抑制能力较差，由于进水流量及其污染物浓度频繁波动，在 PID 控制作用下，溶解氧浓度也随之出现较大的波动。

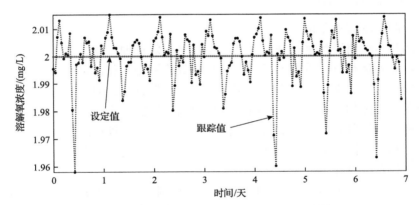

图 8-6　PID 控制下溶解氧浓度的控制输出结果

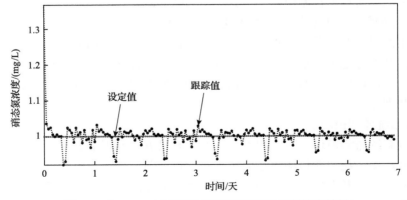

图 8-7　ESN-ADPC 控制下硝态氮浓度的控制输出结果

由于 PID 控制器自身不具备解耦能力，当溶解氧浓度频繁波动时，在 PID 控制作用下，$S_{NO,2}$ 也出现了频繁的波动。ESN-ADPC 对干扰的抑制能力较 PID 控制明显增强，由图 8-7 可见，ESN-ADPC 对硝态氮浓度的控制精度明显提高。虽然进水存在较大波动，但 ESN-ADPC 仍保持了较为平稳的控制效果。

8.4　城市污水处理过程自适应动态规划控制系统

为了促进城市污水处理过程控制方法的实际运行与应用验证，本节开发城市污水处理过程自适应动态规划控制系统，完成自适应动态规划控制系统的性能验证，保证城市污水处理过程的高效运行。城市污水处理过程自适应动态规划控制系统基于控制系统架构设计，并结合污水处理厂的应用效果，对城市污水处理过程自适应动态规划控制系统进行应用验证。

1. 控制系统架构设计

1）控制系统需求分析

定期和连续监测污水处理厂的出水参数对有效管理工业、生活污水，保障污水处理厂高效运行具有重要的意义，对其有效检测是避免污水超标排放、污染环境的重要环节。根据污水处理厂的实际需求，开发直观、通用的污水处理过程控制系统具有实际的应用价值。同时，以用户的具体需求为基础，需要进一步确定污水处理过程控制系统的功能需求。因此，基于污水处理厂的数据隐私性和检测人员的便利操作性要求，设计城市污水处理过程自适应动态规划控制系统。

2）控制系统设计

本节开发的城市污水处理过程多目标优化控制系统，主要包含过程数据实时检测与获取模块、系统监测模块、参数设置模块、自适应动态规划控制模块和启发式自适应动态规划控制模块等，其架构如图 8-8 所示。

（1）过程数据实时检测与获取模块。

采集的过程变量是十分重要的，关系到控制方法的控制精度。为了保证数据的有效性和充分地提取信息，在数据分析模块中可以通过数据在线分析模块和历史数据分析模块实现实时和历史数据的分析。所有采集的数据信息都保存在已经建好的数据库表中。

（2）系统监测模块。

通过系统监测模块，可以利用提出的软测量方法实现溶解氧浓度和硝态氮浓度的实时检测。在智能检测方法应用到实际过程前，需要对模型进行训练，因此在线检测模块中开发出了离线训练功能，利用大量的离线数据进行训练。开发的在线检测功能能够实现溶解氧浓度和硝态氮浓度的在线检测。

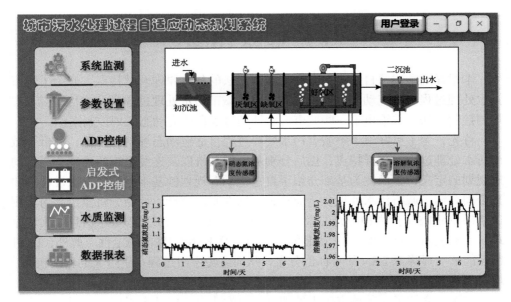

图 8-8　城市污水处理过程自适应动态规划控制系统

(3) 参数设置模块。

当用户登录后，方可进入算法参数界面。在此参数界面中，管理员用户可对控制算法的参数进行修改。可修改的算法参数包括算法的权值、阈值等。

(4) 自适应动态规划控制模块和启发式自适应动态规划控制模块。

城市污水处理自适应动态规划控制包括了对控制变量的目标值设定、过程约束的录入以及控制算法的启停控制操作，并对控制结果、底层控制输出以及出水水质等信息进行在线实时显示。通过调用控制算法的界面，从而依据当前污水处理厂运行状态，对控制方法的相关参数进行在线调整，完成与当前运行状态的匹配。

2. 控制系统应用效果

由于不同地区的城市污水处理厂进水水质不同，为了验证所研发的控制系统能够在不同进水水质的情况下仍然具有较好的控制性能，分别将系统在三种不同天气条件下进行测试，控制系统通过对鼓风机、回流的阀门以及加药阀门进行调节，使得溶解氧浓度、硝态氮浓度以及出水总磷浓度能够稳定在相应的设定值。

通过组态软件开发的城市污水处理过程自适应动态规划控制系统，能够准确跟踪城市污水处理过程溶解氧浓度和硝态氮浓度的设定值，并将操作变量输送至下位机运行设备，通过 PLC 与鼓风机以及变频器之间的协作完成接收到的命令，从而实现城市污水处理过程的稳定控制，保证出水水质达标。

8.5　本　章　小　结

本章详细阐述了自适应动态规划控制方法的基本原理及其特点，介绍了城市污水处理过程自适应动态规划控制方法以及城市污水处理过程启发式自适应动态规划控制方法，并给出了一些城市污水处理过程自适应动态规划控制案例。

首先，为了更好地了解城市污水处理过程自适应动态规划控制器，分析了城市污水处理过程的采样特点；然后分别从离散系统以及连续系统的角度介绍了动态规划的定义，并以此为基础介绍了自适应动态规划的基本原理及方法设计；并且全面介绍了城市污水处理自适应动态规划控制器设计、性能分析及控制仿真测试结果。对 ESN 池内神经元的激活特性进行调整，该调整过程基于信息最大化原理，实验表明，有约束的 IP 机制能够有效提高 ESN 的性能稳定性。此外，IP 机制还能够明显降低 ESN 的特征值分布，从而避免学习过程产生过大的输出权值，增强了常规 ESN 的泛化能力。

其次，介绍了一种城市污水处理过程启发式自适应动态规划控制器，阐述了城市污水处理启发式自适应动态规划控制器设计、性能分析及控制器测试结果。在此基础上，针对 ADP 实现过程中常用的 HDP 及 HDP 策略对 ESN-ADPC 的学习方法进行了探讨。分别针对性能指标为二次型及非二次型情况下学习过程的收敛性进行理论分析，确定了保证学习过程收敛的参数选择范围。将 ESN-ADPC 应用于污水处理过程的溶解氧及硝态氮浓度的跟踪控制，为提高策略搜索精度，提出了一种性能指标分解的 ESN-ADPC 方法。结果表明，性能指标分解能够提高策略评价的精度，从而为策略调整提供更为可靠的评价指导，进而提高策略搜索的精度。

最后，通过系统验证结果，在满足出水水质的前提下，降低污水处理过程的成本是城市污水处理自适应动态规划控制方法的重要优势。从这个角度出发，构建了污水处理过程的优化性能指标，由于污水处理过程的能耗模型难以建立，采用无模型的 ESN-ADPC 方法实现污水处理过程溶解氧及硝态氮浓度的设定值优化，结果表明，无模型的 ESN-ADPC 策略能够在保证出水水质的前提下，有效降低污水处理过程的能耗。

第9章 城市污水处理过程模型预测控制

9.1 引　　言

城市污水处理过程的调控对于控制系统具有严格的要求，先进的过程控制方法能够提高污水处理过程性能，实现出水水质的实时稳定达标。PID控制、滑模控制和智能控制等控制方法具有原理简单、使用方便、适应性强等特点，在城市污水处理过程中得到了广泛的应用。然而，PID控制、滑模控制和智能控制等控制方法作为一种"事后控制"，在本质上难以解决城市污水处理过程中存在的滞后问题。模型预测控制(MPC)利用系统未来误差计算当前时刻的控制律，将模型预测输出和参考输出之间的误差在约束范围内实现最小化，进而通过确定最优控制量来完成控制动作。

模型预测控制方法于20世纪70年代被提出，是一种基于系统物理模型的控制方式，由预测模型、滚动优化、反馈控制三部分组成。与传统控制方式相比，模型预测控制具有可方便调节控制目标、整定参数容易、鲁棒性强、控制效果好等优点，可有效克服过程的不确定性、非线性和并联性。此外，模型预测控制最大的吸引力在于它具有显式处理约束的能力，这种能力来自基于模型对系统未来动态行为的预测，通过把约束加到未来的输入、输出或状态变量上，可以把约束显式表示在一个在线求解的二次规划或非线性规划问题中。

本章针对城市污水处理过程中的模型预测控制方法进行介绍：首先简单介绍城市污水处理过程模型预测控制的基本控制原理及控制器设计，实现城市污水处理过程溶解氧浓度的稳定控制；其次给出城市污水处理过程非线性多变量模型预测控制原理及控制器设计，实现城市污水处理过程中溶解氧浓度和硝态氮浓度的准确控制；然后介绍城市污水处理过程非线性多目标模型预测控制原理及控制器设计，在实现城市污水处理过程溶解氧浓度和硝态氮浓度稳定控制的同时，降低控制成本；继而介绍数据与知识驱动的城市污水处理过程模型预测控制原理及控制器设计，降低模型预测控制方法的保守性；同时分别对以上方法进行性能分析及仿真测试，证明所介绍方法在城市污水处理过程应用中的有效性；最后建立城市污水处理过程模型预测控制系统，在污水处理厂中实现以上方法的实际应用。

9.2 城市污水处理过程模型预测控制器

在预测控制的"滚动时域优化"思想框架下，许多算法被应用于城市污水处理过程。虽然各种算法在预测模型的形式和优化问题的求解算法上有很多不同之处，但均由被控系统、预测模型、滚动优化控制器等部分组成。建立预测模型是使用定量预测方法进行预测时最重要的工作。预测模型是指用于预测的数学语言或公式描述的事物之间的定量关系，在进行预测时作为计算预测值的直接依据，一定程度上揭示了事物之间的内在规律。因此，它对预测的准确性有很大的影响。任何特定的预测方法都以其特定的数学模型为特征。预测方法有很多种，每一种都有对应的预测模型。

滚动优化控制器根据系统当前时间点的状态变量和预测模型的输出求解控制律，预测控制的优化不是离线进行一次，而是随着采样时间的流逝迭代在线进行，即滚动优化。这种滚动优化不能达到理想的全局最优解，但对每个采样时刻的偏差进行迭代优化计算，可以在时间上修正控制过程的各种复杂情况。

9.2.1 模型预测控制原理及方法设计

1. 模型预测控制的基本原理

本部分以一个简单的设定点控制问题为例介绍模型预测控制的基本原理。如图 9-1 所示，从控制对象获取当前时刻 t 的测量输出 $y(t)$，同时假设有一个可以预测系统未来动态的模型。

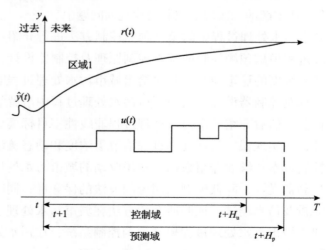

图 9-1　模型预测控制的基本原理

如图 9-1 所示，控制域为 H_u，预测域为 H_p，参考设定值 $r(t)$ 为

$$r(t) = [r(t+1), r(t+2), \cdots, r(t+H_p)] \tag{9-1}$$

由模型预测得到的未来动态 $\hat{y}(t)$ 表示为

$$\hat{y}(t) = [\hat{y}(t+1), \hat{y}(t+2), \cdots, \hat{y}(t+H_p)] \tag{9-2}$$

需要求解的控制律 $u(t)$ 表示为

$$u(t) = [u(t), u(t+1), \cdots, u(t+H_u-1)] \tag{9-3}$$

模型预测控制能够在满足控制目标，即系统输出 $\hat{y}(t)$ 能够跟踪期望输出 $r(t)$ 的同时，满足系统的输出约束和控制约束：

$$\begin{aligned} u_{\min} &\leqslant u(t) \leqslant u_{\max} \\ \hat{y}_{\min} &\leqslant \hat{y}(t) \leqslant \hat{y}_{\max} \end{aligned} \tag{9-4}$$

并找到最佳的控制输入，使预测的系统输出尽可能接近预期的系统输出，即图 9-1 中的区域 1 也是最小的。因此，优化目标函数使用预测输出和设定值之间的累积误差定义如下：

$$J(u(t), y(t)) = \sum_{i=1}^{H_p} (r(t+i) - \hat{y}(t+i))^2 \tag{9-5}$$

此时，可以将其描述为如下优化控制问题。

问题 9-1

$$\min_{u(t)} J(u(t), y(t)) \tag{9-6}$$

满足系统动力学方程：

$$\begin{aligned} x(t+1) &= f(x(t), u(t)), \quad x(0) = x_0 \\ y(t) &= h(x(t), u(t)) \end{aligned} \tag{9-7}$$

约束条件如下：

$$\begin{aligned} u_{\min} &\leqslant u(t) \leqslant u_{\max} \\ \hat{y}_{\min} &\leqslant \hat{y}(t) \leqslant \hat{y}_{\max} \end{aligned} \tag{9-8}$$

由式 (9-4) 和式 (9-5) 可以看出，目标函数是沿系统动态路径定义的代价，即优化问题 9-1 有解，记 t 时刻的优化解为 $u(t) = [u(t), u(t+1), \cdots, u(t+H_u-1)]$。

显然，从问题 9-1 的函数关系可知 $u(t)$ 是 $y(t)$ 的函数，即

$$u(y(t)) = \arg\min_{u(t)} J(t) \tag{9-9}$$

　　最后，将 t 时刻优化解 $u(t)$ 的第一个元素应用于系统，并且在 $t+1$ 时刻，用新的测量值 $y(t+1)$ 重新预测系统输出并求解优化问题。因此，模型预测控制的基本原理可以概括为：在每个采样时刻用最新得到的测量值优化问题(9-9)，并求解刷新后的优化问题，将得到的优化解的第一个分量 $u(t)$ 作用于系统，如此循环往复至 t 趋近于无穷。

2. 模型预测控制的方法设计

首先通过定义目标函数分析模型预测控制：

$$\min J = \sum_{i=1}^{H_p}(r(t+i)-\hat{y}(t+i))^{\mathrm{T}}Q(r(t+i)-\hat{y}(t+i))$$

$$+\sum_{j=1}^{H_u}\Delta u(t+j-1)^{\mathrm{T}}R\Delta u(t+j-1) \tag{9-10}$$

限制条件如下：

$$\Delta u(t)=u(t+1)-u(t)$$
$$|\Delta u(t)| \leqslant \Delta u_{\max}$$
$$u_{\min} \leqslant u(t) \leqslant u_{\max} \tag{9-11}$$
$$\hat{y}_{\min} \leqslant \hat{y}(t) \leqslant \hat{y}_{\max}$$

其中，H_p 为优化时域；H_u 为控制时域；r 为设定值；$\Delta u(t)$ 和 $\Delta u(t+1),\cdots,\Delta u(t+H_u-1)$ 为当前时刻和未来时刻的控制增量；$\hat{y}(t+1),\hat{y}(t+2),\cdots,\hat{y}(t+H_p)$ 为未来时刻过程输出。由于优化是针对未来 H_p 个时刻的误差而定的，至多受到 H_p 个控制增量的作用，因此一般 $H_u \leqslant H_p$。

　　在式(9-10)中，Q 为误差权值矩阵，R 为控制权值矩阵，即

$$Q=\mathrm{diag}(q_1,q_2,\cdots,q_{H_p}) \tag{9-12}$$

$$R=\mathrm{diag}(\gamma_1,\gamma_2,\cdots,\gamma_{H_u}) \tag{9-13}$$

其中，$q_i(i=1,2,\cdots,H_p)$ 为权值系数，反映了对不同时刻逼近的重要程度；元素 γ_j 对应 $\Delta u(t+j)$ 时刻增量的抑制。

　　模型预测控制基本思想是在有限时域内求解优化问题。在此思想下，衍生出各种各样的算法，但它们都具有以下几个基本特点。

1)模型特点分析

　　模型预测控制是一种基于模型的控制算法，预测模型要能够预测系统的未来动态，即能够根据系统的当前信息和未来的控制输入，预测系统的未来输出，其原理如图 9-2 所示。

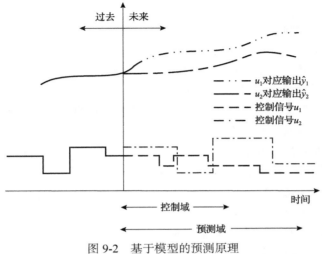

图 9-2　基于模型的预测原理

　　模型主要包括机理模型和数据模型两种形式。其中机理模型在第 3 章中进行了详细介绍。模型预测控制使用的数据模型主要有数理统计模型和非统计模型。

　　(1)数理统计模型。

　　数理统计模型能够从高维数据中提取有用的信息，利用这些有用信息建立工业过程。主要的数理统计模型有主成分分析(principal component analysis, PCA)法和偏最小二乘(partial least square, PLS)法。PCA 是一种基于数据方差的最优降维表示，可以有效降低变量之间的相关性和耦合性。PLS 是一种数据分解方法，它使每个分量的预测数据块之间的协方差最大化。此外，还有支持向量机(support vector machine, SVM)和独立成分分析(independent component analysis, ICA)等方法，这些方法已成功应用于工业过程的建模和优化控制。然而，数理统计模型仅适用于非线性较弱的工业过程。

　　(2)非统计模型。

　　非统计模型主要包括模糊系统和人工神经网络。模糊系统具有一致逼近性和可解释性的优点，可以直观有效地描述复杂的不确定非线性关系。在模糊系统的早期，模糊规则主要来自专家的经验和知识。随着系统规模的不断扩大，专家知识已难以满足实际需要。因此，开始研究从大数据中提取知识用于模糊系统的建模。面对庞大的系统，建立模糊规则和正确的隶属度函数是非常困难的，而且需要大量的时间。同时，难以找到规则与规则之间的关系，导致规则的"组合爆炸"。人工神经网络是由大量相互连接的处理单元组成的自适应非线性信息处理系统，它具有模拟任意连续非线性函数的能力和自学习能力，不需要总结领域专家知识，只需要过程数据作为训练样本。同时，它具有联想记忆功能和计数搜索最优解的能力。正是由于这些优势，人工神经网络可用于工业过程的建模。

2）优化特点分析

在模型预测控制中，在线优化通过优化性能指标公式来确定未来的控制动作。该性能指标与对象的未来行为有关，通常使控制对象的输出跟踪所需的输出，最小化耗费能量，并将输出保持在给定范围内。模型预测控制中的优化是有限时域中的连续优化。在每个采样时间，优化性能指标(9-10)只涉及从现在开始到未来的有限时间域，在下一个采样时间，这个优化周期推进到相同的时间域。

因此，模型预测控制没有使用全局相同的度量，而是相对于那个时刻有一个优化的度量。在不同时间优化的相对形状相同，但它们的绝对形状，即它们所包含的时域是不同的。因此，预测控制优化不是离线进行一次，而是在每个采样点重复在线进行，即持续优化。迭代在线优化的这一特性只能在理想情况下得到一个全局次优的解决方案。但是，由于涉及在有限的时域内反复在线求解最优控制问题，当系统较大时，求解约束非凸非线性优化问题的成本非常高，这将使得在线求解最优控制变得困难。因此，如何实时在线解决最优控制是一个难题。

除了上述两个主要特点，模型预测控制还包括显式主动处理约束的能力，并且算法可以进一步扩展，如基于容错的模型预测控制功能。总之，该模型可以预测系统未来的动态特性，重复优化的特性赋予模型预测控制对城市污水处理过程的较强适应性。

9.2.2 模型预测控制器设计

城市污水处理一般分为三级，如图 9-3 所示：一级处理是通过物理处理去除污水中的不溶性污染物和寄生虫卵；二级处理是对污水进行生物处理，将污水中各种复杂的有机物氧化降解为简单物质；三级处理是应用化学沉淀、生化、物理

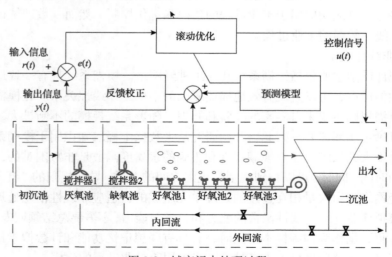

图 9-3　城市污水处理过程

化学等方法，去除污水中的磷、氮、无机盐、难降解有机物等。至于何种程度的处理最为合理，应根据最终出水的处理要求而定。

针对城市污水处理过程控制变量 S_O^* 和 S_{NO}^* 的跟踪控制，设计一种模型预测控制策略，用于获取控制律。预测控制策略的价值函数定义为

$$\hat{J}(t) = \rho_1(r(t) - \hat{y}(t))^{\mathrm{T}}(r(t) - \hat{y}(t)) + \rho_2(\Delta u(t))^{\mathrm{T}}\Delta u(t) \tag{9-14}$$

$$\text{s.t.}\begin{cases} |\Delta u(t)| \leqslant \Delta u_{\max} \\ u_{\min} \leqslant u(t) \leqslant u_{\max} \\ \hat{y}_{\min} \leqslant \hat{y}(t) \leqslant \hat{y}_{\max} \\ r(t + H_p + i) - \hat{y}(t + H_p + i) = 0, \quad i \geqslant 1 \end{cases} \tag{9-15}$$

其中，$\hat{J}(t)$ 为 t 时刻的价值函数；$r(t)$ 为 t 时刻控制变量的优化设定值 S_O^* 和 S_{NO}^*，$r(t) = [r_1(t) \quad r_2(t)]$；$\hat{y}(t)$ 为 S_O 和 S_{NO} 的预测输出，$\hat{y}(t) = [\hat{y}_1(t) \quad \hat{y}_2(t)]$；$\Delta u(t)$ 为操作变量 K_La_5 和 Q_a 的变化量，$\Delta u(t) = [\Delta U(t), \Delta U(t+1), \cdots, \Delta U(t + H_u - 1)]$；$\Delta u_{\max}$ 为 $\Delta u(t)$ 的上限；$u_{\min}$ 和 $u_{\max}$ 为 $u(t)$ 的下限和上限，$\hat{y}_{\min}$ 和 $\hat{y}_{\max}$ 为 $\hat{y}(t)$ 的下限和上限。

为了减少达到最优解的迭代步数，使用梯度下降法求取控制律：

$$u(t+1) = u(t) + \Delta u(t) = u(t) + \xi\left(-\frac{\partial \hat{J}(t)}{\partial u(t)}\right) \tag{9-16}$$

其中

$$\Delta u(t) = (1 + \xi\rho_2)^{-1}\xi\rho_1\left[\left(\frac{\partial \hat{y}(t)}{\partial u(t)}\right)^{\mathrm{T}}(r(t) - \hat{y}(t))\right] \tag{9-17}$$

$\xi > 0$ 为控制输入序列的控制律；$\partial \hat{y}(t)/\partial u(t)$ 为雅可比矩阵，通过预测模型可计算：

$$\frac{\partial \hat{y}(t)}{\partial u(t)} = \begin{bmatrix} \dfrac{\partial \hat{y}(t+1)}{\partial u(t)} & 0 & 0 & \cdots & 0 \\[3mm] \dfrac{\partial \hat{y}(t+2)}{\partial u(t)} & \dfrac{\partial \hat{y}(t+2)}{\partial u(t+1)} & 0 & \cdots & 0 \\[2mm] \vdots & \vdots & \vdots & & \vdots \\[2mm] \dfrac{\partial \hat{y}(t+H_u)}{\partial u(t)} & \dfrac{\partial \hat{y}(t+H_u)}{\partial u(t+1)} & \dfrac{\partial \hat{y}(t+H_u)}{\partial u(t+2)} & \cdots & \dfrac{\partial \hat{y}(t+H_u)}{\partial u(t+H_u-1)} \\[2mm] \vdots & \vdots & \vdots & & \vdots \\[2mm] \dfrac{\partial \hat{y}(t+H_p)}{\partial u(t)} & \dfrac{\partial \hat{y}(t+H_p)}{\partial u(t+1)} & \dfrac{\partial \hat{y}(t+H_p)}{\partial u(t+2)} & \cdots & \dfrac{\partial \hat{y}(t+H_p)}{\partial u(t+H_u-1)} \end{bmatrix}_{H_p \times H_u} \tag{9-18}$$

基于梯度的预测控制策略的基本思想是利用当前的控制序列来最小化价值函数 J 以跟踪控制变量优化设定值,从而计算出控制输入序列。控制输入序列的第一个元素用于控制操作过程。

9.2.3 模型预测控制器仿真实验

本节通过参考模拟模型 BSM1 进行验证,模拟平台 BSM1 模拟生化反应池和二沉池两部分。二沉池包含十层,并使用二次指数沉降速率模型进行模拟。在反应池中考虑理想的混合物。BSM1 确定的进水量为 20000m³/天。模拟进水数据取值为 7 天,间隔为 0.25h(15min),控制变量[Q_a　K_La_5]的上限为 96000m³/天和 240 天$^{-1}$。控制对象为第五分区溶解氧浓度,必须达标的出水水质为氨氮浓度(S_{NH})、总固体悬浮物浓度(S_S)、生化需氧量(BOD$_5$)、化学需氧量(COD)和总氮浓度(S_{tot})。本实验的运行环境为:MATLAB 2018a 版本;计算机处理频率为 2.6GHz;内存为 8GB;操作系统为 Windows 10。

首先,详细讨论城市污水处理过程模型预测控制器的稳定性。

定理 9-1　考虑式(9-14)中的有限时域最优控制问题,若控制律如式(9-16)所示,则城市污水处理过程模型预测控制器是稳定的。

证明　当 $\xi > 0$、$\rho_1 > 0$、$\rho_2 > 0$ 时,城市污水处理过程模型预测控制器稳定。定义 Lyapunov 函数如下:

$$V(t) = \frac{1}{2} E^T(t) E(t) \tag{9-19}$$

其中

$$E(t) = r(t) - \hat{y}(t) \tag{9-20}$$

$V(t)$ 的导数为

$$\dot{V}(t) = dV/dt = \dot{E}^T(t) E(t) \tag{9-21}$$

其中,$\dot{E}(t)$ 计算如下:

$$\dot{E}(t) = \frac{\partial E(t)}{\partial t} = \frac{\partial E(t)}{\partial u(t)} \times \frac{\partial u(t)}{\partial t} = -\frac{\partial \hat{y}(t)}{\partial u(t)} \Delta u(t) \tag{9-22}$$

将式(9-19)和式(9-20)代入式(9-21),可得

$$\dot{V}(t) = -\frac{2\xi\alpha}{1+2\xi\beta} \frac{\partial \hat{y}(t)}{\partial u(t)} \left(\frac{\partial \hat{y}(t)}{\partial u(t)} \right)^T (r(t) - \hat{y}(t))(r(t) - \hat{y}(t))^T \tag{9-23}$$

因此，当 $\xi > 0$、$\rho_1 > 0$、$\rho_2 > 0$ 时

$$\dot{V}(t) < 0 \tag{9-24}$$

城市污水处理过程模型预测控制器是稳定的。证毕。

然后，定义溶解氧浓度控制器的目标函数为

$$
\begin{aligned}
J(t) = &\sum_{i=1}^{H_p} (r(t+i) - \hat{y}(t+i))^{\mathrm{T}} W_i^y (r(t+i) - \hat{y}(t+i)) \\
&+ \sum_{j=1}^{H_u} (\Delta u(t+j-1))^{\mathrm{T}} W_j^u \Delta u(t+j-1)
\end{aligned}
\tag{9-25}
$$

约束条件如下：

$$
\begin{aligned}
&\Delta u(t) = u(t+1) - u(t) \\
&|\Delta u(t)| \leqslant \Delta u_{\max} \\
&u_{\min} \leqslant u(t) \leqslant u_{\max} \\
&\hat{y}_{\min} \leqslant \hat{y}_i(t) \leqslant \hat{y}_{\max}
\end{aligned}
\tag{9-26}
$$

其中，对象输出 $y(t)$ 为溶解氧浓度，$\hat{y}(t)$ 是预测输出；控制量 $u(t)$ 包括内回流量 $Q_a(\mathrm{m}^3/\text{天})$ 和第五分区的氧传递系数 K_La_5，$u(t) = [Q_a \quad K_La_5]$。

首先确定在线控制的先验知识，通过大量的仿真得到一组合适的控制参数，包括预测域、控制域、权值系数和设定点。目标函数权值系数的选择主要考虑污水处理系统的经济目标，当达到控制效果时，可以相应调整权值系数，以达到不同的经济指标。在本实验过程中，根据仿真经验得到控制参数，并根据 Stare 等提出的调整规则，最终确定模型预测控制的控制参数为

$$W_i^y = 1, \quad W_j^u = \begin{bmatrix} 1 & 0 \\ 0 & 1 \end{bmatrix}, \quad H_p = 5, \quad H_u = 1 \tag{9-27}$$

其中，W_i^y 和 W_j^u 为权值参数，对象是污水处理系统。

在模拟过程中，设定活性污泥的溶解氧浓度为固定值 2mg/L，比较适合污水处理的正常运行。操作变量 K_La_5 在 0～240 天$^{-1}$ 交替以跟踪溶解氧浓度水平。

晴天天气工况下，在线控制结果如图 9-4 和图 9-5 所示，包括实际反应响应和控制量随跟踪设定点的变化。图 9-5 表明，设定点和控制输出之间的误差可以限制在一个很小的范围内。模型预测控制广泛地应用在城市污水处理等流程工业中，以上实验结果证明了模型预测控制在污水处理过程中的应用价值。

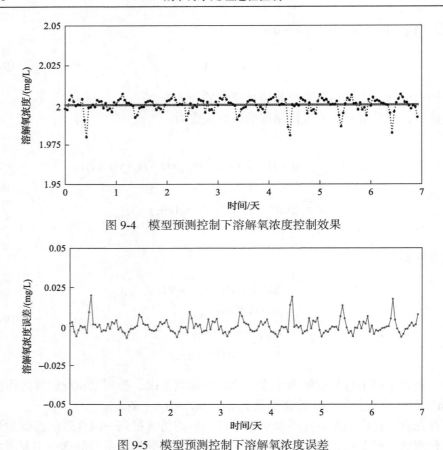

图 9-4　模型预测控制下溶解氧浓度控制效果

图 9-5　模型预测控制下溶解氧浓度误差

9.3　城市污水处理过程非线性多变量模型预测控制器

本节介绍一种用于城市污水处理过程的非线性多变量模型预测控制(nonlinear multivariable model predictive control, NMMPC)策略，该策略由自组织径向基函数(self-organizing radial basis function, SORBF)神经网络和基于多梯度法(multi gradient method, MGM)的多变量控制器组成，结构与参数并行学习的自组织径向基函数神经网络作为一种在线逼近污水处理过程状态的模型辨识器。在不同的操作条件下，非线性多变量模型预测控制器对多个目标进行优化，并使所有目标同时最小化。最优控制的求解基于多梯度法，该算法可以缩短求解时间。此外，本节基于非线性多变量模型预测控制策略，介绍闭环控制系统的稳定性和控制性能。

9.3.1　非线性多变量控制问题描述

城市污水处理过程通常包含多个流程(初沉、生化反应、二沉、消毒等),以及多个可控变量(溶解氧浓度、硝态氮浓度、碳源等),流程与流程之间相互影响,变量与变量之间相互耦合,因而给城市污水处理过程全流程多变量控制带来困难。单个变量控制时,易使多个过程协同困难,控制效果有限;当若干可控变量同时控制,易发生控制律不匹配、控制输出波动大等问题,仅从控制系统的输出难以辨别这类问题。因此,在实现城市污水处理过程全流程多变量控制中,如何确保各过程变量的控制效果长期稳定在较好的水平是污水处理过程多回路控制面临的难题。

为了更有效地控制出水水质,本节以溶解氧浓度和硝态氮浓度的多变量控制为例,介绍非线性多变量模型预测控制方案,其基本控制策略有两个回路:第一个回路通过控制氧传递系数来控制最终分区中的溶解氧浓度,该操作可以由气体通过膜的扩散来实现;第二个回路负责在设定点控制第二分区中的硝态氮浓度。最终,实现对溶解氧浓度和硝态氮浓度的实时控制。

9.3.2　非线性多变量模型预测控制器设计

非线性多变量模型预测控制的基本思想是选择当前的控制输入,来最小化未来的成本函数,从而实现污水处理过程的稳定跟踪。该策略称为滚动时域控制。非线性多变量模型预测控制反馈结构如图 9-6 所示。根据这一策略,采用具有不同成本函数的非线性多变量模型预测控制策略来控制溶解氧浓度和硝态氮浓度。

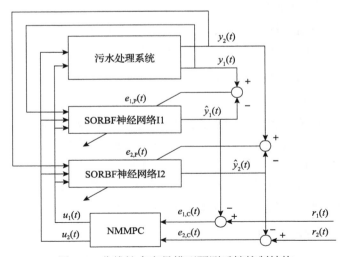

图 9-6　非线性多变量模型预测反馈控制结构

设 $\mathbf{R}$ 为实数，$\mathbf{R}^n$ 和 $\mathbf{R}^{n \times m}$ 为实向量和 $n \times m$ 的实矩阵；$\|\cdot\|$ 为向量的欧氏范数；当 y 为标量时，$\|y\|$ 为它的绝对值；如果 Y 为一个矩阵，则 $\|Y\|$ 为 Frobenius 范数，定义为 $\|Y\| = \sqrt{\mathrm{tr}(Y^{\mathrm{T}}Y)}$，其中 $\mathrm{tr}(\cdot)$ 为迹算子。

图 9-6 中，$r(t) = [r_1(t) \quad r_2(t)]^{\mathrm{T}}$、$y(t) = [y_1(t) \quad y_2(t)]^{\mathrm{T}}$、$u(t) = [u_1(t) \quad u_2(t)]^{\mathrm{T}}$ 和 $\hat{y}(t) = [\hat{y}_1(t) \quad \hat{y}_2(t)]^{\mathrm{T}}$ 分别为参考变量、控制变量（实测输出）、被控变量和预测输出；$e_{\mathrm{P}}(t) = [e_{1,\mathrm{P}}(t) \quad e_{2,\mathrm{P}}(t)]^{\mathrm{T}}$ 为实际溶解氧浓度和硝态氮浓度与预测模型输出之间的误差；$e_{\mathrm{C}}(t) = [e_{1,\mathrm{C}}(t) \quad e_{2,\mathrm{C}}(t)]^{\mathrm{T}}$ 为溶解氧浓度和硝态氮浓度的参考变量与预测输出之间的误差。

对于任何现在和将来的控制动作的假设集合 $\Delta u(t), \Delta u(t+1), \cdots, \Delta u(t + H_{\mathrm{u}} - 1)$，过程输出的未来状态 $\hat{y}(t+1|t), \hat{y}(t+2|t), \cdots, \hat{y}(t + H_{\mathrm{p}}|t)$ 可以在一个范围 H_{p} 内预测。计算预测范围 H_{p} 和控制预测范围 $H_{\mathrm{u}}(H_{\mathrm{u}} < H_{\mathrm{p}})$ 来最小化该形式的目标函数 J，因此，成本函数的定义如下：

$$J_1(u) = \sum_{i=1}^{H_{\mathrm{p}}} (r_1(t+i) - \hat{y}_1(t+i))^{\mathrm{T}} W_i^{y_1} (r_1(t+i) - \hat{y}_1(t+i)) + \sum_{j=1}^{H_{\mathrm{u}}} (\Delta u(t+j-1))^{\mathrm{T}} W_j^{u_1} \Delta u(t+j-1)$$

$$J_2(u) = \sum_{i=1}^{H_{\mathrm{p}}} (r_2(t+i) - \hat{y}_2(t+i))^{\mathrm{T}} W_i^{y_2} (r_2(t+i) - \hat{y}_2(t+i)) + \sum_{j=1}^{H_{\mathrm{u}}} (\Delta u(t+j-1))^{\mathrm{T}} W_j^{u_2} \Delta u(t+j-1)$$

$$\text{(9-28)}$$

约束条件如下：

$$\begin{aligned}
&\Delta u_1(t) = u_1(t+1) - u_1(t), \quad \Delta u_2(t) = u_2(t+1) - u_2(t) \\
&|\Delta u_1(t)| \leqslant \Delta u_{1,\max}, \quad |\Delta u_2(t)| \leqslant \Delta u_{2,\max} \\
&u_{1,\min} \leqslant u_1(t) \leqslant u_{1,\max}, \quad u_{2,\min} \leqslant u_2(t) \leqslant u_{2,\max} \\
&\hat{y}_{1,\min} \leqslant \hat{y}_1(t) \leqslant \hat{y}_{1,\max}, \quad \hat{y}_{2,\min} \leqslant \hat{y}_2(t) \leqslant \hat{y}_{2,\max}
\end{aligned}$$

$$\text{(9-29)}$$

其中，$W_i^{y_1}$ 和 $W_j^{u_1}$ 为溶解氧浓度预测控制的权值参数；$W_i^{y_2}$ 和 $W_j^{u_2}$ 为硝态氮浓度预测控制的权值参数。

非线性多变量模型预测控制的关键要素包括使用自组织径向基函数神经网络辨识器和多变量梯度优化方法。自组织径向基函数神经网络辨识器可以对污水处理过程进行重构。同时，非线性多变量模型预测控制在公差范围内运行对实现排放目标非常重要。多变量模型预测控制可以满足实时性能要求。下面详细介绍自组织径向基函数神经网络辨识器和多变量梯度优化方法。

1. 自组织径向基函数神经网络辨识器

自组织径向基函数神经网络辨识器用于预测指定范围内未来过程的响应。基础的径向基函数神经网络的结构包含一个输入层、一个输出层和一个隐含层。为了更好地说明非线性多变量模型预测控制方法，选择多输入单输出的径向基函数神经网络。

具有 K 个隐含层节点的单输出径向基函数神经网络为

$$\hat{y} = \sum_{k=1}^{K} w_k \theta_k(x) \tag{9-30}$$

其中，x 和 $\hat{y}$ 为网络的输入和输出，$x(t) = [y(t-1),\cdots,y(t-n_y),u(t-1-t_d),\cdots,u(t-n_u-t_d)]^T$；$w_k$ 为第 k 个隐含层节点与输出层的连接权值；$\theta_k(x)$ 为第 k 个隐含层节点的输出值，且

$$\theta_k(x) = e^{-\|x-\mu_k\|/\sigma_k^2} \tag{9-31}$$

μ_k 为第 k 个隐含层节点的中心向量；$\|x-\mu_k\|$ 为 x 与 μ_k 之间的欧氏距离；σ_k 为第 k 个隐含层节点的半径或宽度。

径向基函数神经网络可用于过程输出预测。在过程控制器的设计中，径向基函数神经网络的输出表示为

$$\hat{y}(t) = \varphi(x(t)) \tag{9-32}$$

其中，$\varphi(\cdot)$ 为向量值的非线性函数。

对于输入样本 $x(t)$，使用梯度法调整中心和半径并利用训练规则更新连接权值：

$$\dot{W}^T = \eta_1 \theta(x(t))e(t) \tag{9-33}$$

其中，$\theta = [\theta_1, \theta_2, \cdots, \theta_K]$；$\eta_1 > 0$ 为连接权值的学习率；$e(t)$ 为径向基函数神经网络的当前近似误差，$e(t) = y(t) - \hat{y}(t)$，$y(t)$ 为控制变量。

显然，非线性多变量模型预测控制的成功高度依赖于可靠的系统辨识器。系统辨识器必须有效地描述系统的非线性状态，并且易于设计非线性多变量模型预测控制算法。为了适应系统特性的变化，对径向基函数神经网络的结构进行调整，并对权值参数进行更新以识别时变动态或不确定性。同时，由于污水处理过程是一个多变量系统，使用多准则控制策略是合理的。第一个成本函数(控制回路)确保需氧细菌充氧以实现碳消耗和硝化作用，第二个成本函数可确保在缺氧室中正确处理反硝化作用。基于这种控制策略，可对过程状态进行多变量分析，以避免控制变量之间不利的相互作用。此外，非线性多变量模型预测控制方案的成本函数是多变量的，非线性多变量模型预测控制的解就变成一个多变量优化问题，即

当只考虑目标函数值时，解集的存在性不能按质量排序。

2. 多变量梯度优化

模型预测控制的适用性和性能关键取决于模型的质量和在线优化的可行性。因此，在模型预测控制的实现中，经常使用提高优化性能的方法。为了设计一个非线性多变量模型预测控制，需要考虑多变量优化问题，这些问题会产生一组帕累托最优解（帕累托最优解是目标之间的权衡决策）。由于无法按优劣顺序区分这些解决方案，因此涉及的所有目标方面都同等重要，而一个目标的改善只能以牺牲一个或多个其他目标为代价。为解决多变量优化问题，采用一种计算多变量梯度的优化方法。为了获得一个最优解 u，考虑快速多梯度法。多梯度法的原理是选择当前的控制输入，来最小化多变量模型预测控制在未来几步中的成本函数。在介绍多梯度法之前，给出如下定义。

定义 9-1（下降方向） 设在点 $u(t)$ 处沿 $\hat{u}(t)$ 方向下降方向定义为

$$\nabla_{\hat{u}(t)} J(u(t)) = \lim_{\delta \to 0} \left\{ \frac{J(u(t) + \delta \hat{u}(t)) - J(u(t))}{\delta} \right\} \tag{9-34}$$

其中，$J(u(t)) = [J_1(u(t)), J_2(u(t))]$；$\delta$ 为一个足够小的值，$\delta > 0$。

多梯度下降方向可以描述为

$$\tilde{U}(t) = \nabla_{\hat{u}(t)} J(u(t)) = (\nabla_{\hat{u}(t)} J_1(u(t)), \nabla_{\hat{u}(t)} J_2(u(t)), \cdots, \nabla_{\hat{u}(t)} J_n(u(t))) \tag{9-35}$$

其中，$\tilde{U}(t) = (\tilde{u}_1(t), \tilde{u}_2(t), \cdots, \tilde{u}_n(t))$，$\tilde{u}_i(t) = \nabla_{\hat{u}(t)} J_i(u(t))$，$i = 1, 2, \cdots, n$。

定义 9-2（帕累托最优） 多变量优化问题的可行点 $u^*(t)$ 称为帕累托最优，当且仅当不存在其他可行点 $u(t)$，使

$$J_i(u^*(t)) \leqslant J_i(u(t)) \tag{9-36}$$

以及至少一个指标：

$$J_i(u^*(t)) < J_i(u(t)), \quad i = 1, 2, \cdots, n \tag{9-37}$$

定义 9-3（最小范数方向） 设在点 $u(t)$ 处的最小范数方向定义为

$$\overline{U}(t) = \arg \min_{\hat{u}(t)} \{\nabla_{\hat{u}(t)} J(u(t))\} \tag{9-38}$$

其中，$\overline{U}(t) = [\overline{u}_1(t), \overline{u}_2(t), \cdots, \overline{u}_n(t)]^{\mathrm{T}}$。

　　此处，将点 $u(t)$ 在方向 $\hat{u}(t)$ 上的方向导数定义为实值向量，分别为每个目标的变化。本节将在式(9-38)的帕累托最优解集合中选择最优输入轨迹。然而，多变量优化问题意味着通常会有一个以上帕累托最优最小范数方向。在本节的其余部分，导出的方程描述了最小范数方向的完整集合。

　　计算两个向量之间的夹角，最小范数方向如下：

$$\overline{u}_i(t) = -\frac{\nabla J_i(u(t))}{\left\|\nabla J_i(u(t))\right\|} \tag{9-39}$$

　　每个方向都映射到超椭球面，$\left\|\overline{u}_i(t)\right\| = 1$，且

$$\overline{u}_i(t) = [\overline{u}_{i,1}(t), \overline{u}_{i,2}(t), \cdots, \overline{u}_{i,n_u}(t)] = -\frac{1}{\left\|\nabla J_i(u(t))\right\|}\left(\frac{\partial J_i(u(t))}{\partial u_1(t)}, \frac{\partial J_i(u(t))}{\partial u_2(t)}, \cdots, \frac{\partial J_i(u(t))}{\partial u_{n_u}(t)}\right) \tag{9-40}$$

　　定义 9-4(帕累托稳定解)　　当满足以下条件时：

$$\sum_{i=1}^{n} \alpha_i \tilde{u}_i = 0, \quad \sum_{i=1}^{n} \alpha_i = 1, \quad \alpha_i \geqslant 0, \quad \forall i \tag{9-41}$$

$J_i(U(t))(1 \leqslant i \leqslant n)$ 是设计点 U_s 的帕累托稳定解，其中 $\alpha = [\alpha_1, \alpha_2, \cdots, \alpha_n]^T$ 是权值向量。

　　由上述分析可知，权值向量设为

$$\alpha(t) = [\alpha_1(t), \alpha_2(t), \cdots, \alpha_n(t)] = \frac{1}{\left\|\overline{U}(t)\overline{U}^T(t)\right\|^2}\left[\left\|\overline{u}_1(t)\right\|^2, \left\|\overline{u}_2(t)\right\|^2, \cdots, \left\|\overline{u}_n(t)\right\|^2\right] \tag{9-42}$$

其中，$\alpha_i(t) = \left\|\overline{u}_i(t)\right\|^2 \Big/ \left\|\overline{U}(t)\overline{U}^T(t)\right\|^2$，并且 $\left\|\alpha_i(t)\right\| = 1$。

　　为了找到多变量优化问题的帕累托最优解集，此处使用的多梯度方向定义为

$$\breve{u}(t) = \sum_{i=1}^{n} \alpha_i \tilde{u}_i, \quad \sum_{i=1}^{n} \alpha_i = 1, \quad \alpha_i \geqslant 0, \quad \forall i \tag{9-43}$$

其中，$\breve{u}(t)$ 为 t 时刻的多梯度方向，多梯度方向是一个凸组合。

　　在非线性多变量模型预测控制设计中，利用性能指标对闭环系统的性能进行优化。通常，性能指标中输入值的不同选择会提供不同的闭环响应。本节介绍的多变量模型预测控制-多梯度法总结如算法 9-1 所示。

算法 9-1　多变量模型预测控制-多梯度法

对于样本 $\{x(t), y(t)\}$

令 $U(t-1) = [u^{\mathrm{T}}(t-1), u^{\mathrm{T}}(t), \cdots, u^{\mathrm{T}}(t-T-2)]^{\mathrm{T}}$ 为 $t-1$ 时刻的最优控制序列

　对于控制输入序列

　　　　计算下降方向向量 $\bar{U}(t)$ (式(9-38))

　　　　计算最小范数方向向量 $\bar{u}_i(t)$ (式(9-39))

　　　　令 $\bar{u}_i(t) = [\bar{u}_{i,1}(t), \bar{u}_{i,2}(t), \cdots, \bar{u}_{i,n_u}(t)]^{\mathrm{T}}$ (式(9-40))

　　　　计算 $\alpha(t)$ (式(9-42))

　　　　计算 $\tilde{u}(t)$ (式(9-43))

　　　　确定凸组合中的多梯度方向 $\tilde{u}(t)$

　　　　若 $\|\tilde{u}(t)\| \leqslant \sigma$ (足够小)

　　　　　　令 $U(t) = U(t-1)$

　　　　　　跳出循环

　　　　否则

　　　　　　确定步长 δ 为所有函数 $(1 \leqslant i \leqslant n, 0 \leqslant k \leqslant T-1)$ 在区间 $[0, \delta]$ 上单调递减的最大严格正实数

　　　　　　令

$$U_r(t) = [u^{\mathrm{T}}(t-1) + \delta\tilde{u}(t), u^{\mathrm{T}}(t) + \delta\tilde{u}(t), \cdots, u^{\mathrm{T}}(t+T-2) + \delta\tilde{u}(t)]^{\mathrm{T}} \quad (9\text{-}44)$$

　　　　　　其中 $u(t+k) = u(t+k-1) + \delta\tilde{u}(t), \quad k = 0, 2, \cdots, T-1$

　　　　　　令 $U(t-1) = U_r(t)$，$U(t) = U_r(t) = [u^{\mathrm{T}}(t), u^{\mathrm{T}}(t+1), \cdots, u^{\mathrm{T}}(t+T-1)]$

　　　　　　返回循环

　令 $u(t)$ 等于序列 $U(t)$ 中的第一个最佳调整量

结束

　　在求解与模型预测控制策略相关的多变量优化问题时，高计算量是将该方法应用于大规模或快速采样系统的主要障碍。结合多梯度方向和非附加准则的思想，非线性多变量模型预测控制的某些策略可以节省计算时间：①非线性多变量模型预测控制不需要通过组合多变量函数来构造单个函数；②非线性多变量模型预测控制不需要计算额外的权值分配准则。

9.3.3　非线性多变量模型预测控制器仿真实验

　　本节通过参考仿真模型 BSM1 进行验证。模拟数据输入选择一周实际污水处理厂采样值模拟晴天天气情况，采样间隔为 0.25h(15min)，控制上限 Q_a 和 K_La_5 分别为 96000m³/天和 240 天$^{-1}$。必须符合标准的出水水质为氨氮浓度(S_{NH})、总固体悬浮物浓度(S_S)、生化需氧量(BOD$_5$)、化学需氧量(COD)和总氮浓度(S_{tot})。控制对象

为第五分区的溶解氧浓度和第二分区的硝态氮浓度。本实验有两个控制回路,第一个回路是用 K_La_5 控制溶解氧浓度,第二个回路是用 Q_a 控制硝态氮浓度,但是 K_La_5 和 Q_a 这两个控制变量都会影响溶解氧浓度和硝态氮浓度,所以存在耦合影响。

本实验的运行环境为:MATLAB 2018a 版本;计算机处理频率为 2.6GHz;内存为 8GB;操作系统为 Windows 10。

关于非线性多变量模型预测控制的稳定性,计算出的最优控制输入序列对于模型预测控制的迭代过程必须是稳定的。考虑到非线性多变量模型预测控制稳定性的主要障碍是获得逼近最优帕累托集的帕累托解集,通过这一分析,可以更好地理解所提出的非线性多变量模型预测控制算法的性能。

下面的讨论可确保所考虑的污水处理系统的闭环稳定性。

假设 9-1　①对于所有的函数 $J(u(t))$,至少有和目标一样多的问题变量,即 $n_u \geqslant n$;②所有函数 $J(u(t))$ 在设定点处光滑且凸;③单个目标是可微的,且在 $u(t)$ 点的梯度是线性无关的。

定理 9-2　设 Γ 是有限维数 n_u 的希尔伯特空间,并且 $\{\tilde{u}_i(t)\}(1 \leqslant i \leqslant n)$ 是 Γ 中的 n 个向量族。设 Ξ 是这些向量的严格凸组合集

$$\Xi = \left\{ \tilde{u}(t) \in \Gamma \mid \tilde{u}(t) = \sum_{i=1}^{n} \alpha_i \tilde{u}_i(t), \sum_{i=1}^{n} \alpha_i = 1, \alpha_i \geqslant 0, \forall i \right\} \tag{9-45}$$

并且 Ξ 是一个闭包,满足假设 9-1。那么,存在一个唯一的最小范数元素 $\tilde{u}(t) \in \Gamma$。

证明　如假设①~③所述,Ξ 是一个闭凸集。设 $\hat{r}(t)$ 是 Ξ 的任意元素,令

$$\underline{u}(t) = \hat{r}(t) - \tilde{u}(t) \tag{9-46}$$

那么,$\hat{r}(t) = \underline{u}(t) + \tilde{u}(t)$。由于 Ξ 是凸的,则有

$$\forall \tau \in [0,1], \quad \tilde{u}(t) + \tau\hat{r}(t) \in \Gamma \tag{9-47}$$

由于 $\tilde{u}(t)$ 是 Ξ 的元素,则存在

$$\left\| \tilde{u}(t) + \tau\hat{r}(t) \right\| \geqslant \left\| \tilde{u}(t) \right\| \tag{9-48}$$

至此,定理 9-2 证毕。

引理 9-1　当且仅当满足以下条件时:

$$\nabla_{\hat{u}(t)} J_i(u^*(t)) \geqslant 0 \tag{9-49}$$

$u^*(t)$ 是多变量优化问题的帕累托最优解。

证明　根据定义 9-2,如果 $u(t)$ 不是多变量优化问题的帕累托最优解,那么

$J(u(t))$ 存在一个下降方向 $\tilde{u}(t)$，且

$$\nabla_{\tilde{u}(t)} J_i(u(t)) < 0 \qquad (9\text{-}50)$$

上述引理 9-1 成立，当且仅当不等式 (9-50) 为真。

定理 9-3　设 $U_s(t)$ 是一个帕累托最优点，目标函数 $J(u(t))$ 是光滑且凸的开球的中心，定义梯度向量 $\tilde{u}(t)$，则目标函数在 $U_s(t)$ 处具有帕累托稳定性。

证明　不失一般性，假设 $\nabla_{\hat{u}(t)} J_i(u^*(t)) = 0$。那么，设 $\varXi_{n-1}$ 是梯度的凸包。根据引理 9-1，向量 $\tilde{u}_{n-1}(t)$ 存在且唯一，因此有

$$\left\| \tilde{u}_{n-1}(t) + \tau \hat{r}_{n-1}(t) \right\| \geqslant \left\| \tilde{u}_{n-1}(t) \right\| \qquad (9\text{-}51)$$

其中，$\hat{r}_{n-1}(t)$ 为 $\varXi_{n-1}$ 的任意元素。

根据引理 9-1 和定理 9-2，定理 9-3 得证。

定理 9-4　在定理 9-2 和定理 9-3 成立的情况下，设 $\tilde{u}(t)$ 为问题解的多梯度方向。控制输入序列 $u(t)$ 通过式 (9-44) 更新。那么，通过非线性多变量模型预测控制，污水处理过程在闭环中渐近稳定。

证明　将每个控制输入序列 $u(t)$ 用式 (9-44) 更新来求解问题，则有

$$J(u(t)) = J(u(t-1) + \delta \tilde{u}(t)) \qquad (9\text{-}52)$$

若 $u(t)$ 是多变量优化问题的帕累托稳定解，则由定义 9-4 可推导出：

$$J_i(u(t)) \leqslant J_i(u(t-1)) \qquad (9\text{-}53)$$

若 $u(t)$ 不是多变量优化问题的帕累托稳定解，则对于 $J(u(t))$，至少存在一个多梯度方向 $\tilde{u}(t)$：

$$\left\| \tilde{u}(t) \right\| \neq 0 \qquad (9\text{-}54)$$

且

$$J_i(u(t-1) + \delta \tilde{u}(t)) < J_i(u(t-1)) \qquad (9\text{-}55)$$

即 $J_i(u(t)) \leqslant J_i(u(t-1))$。同时考虑定理 9-2 和定理 9-3，则可以证明非线性多变量模型预测控制的稳定性。

定理 9-4 证明了所提算法的稳定性以及非线性多变量模型预测控制方法的有效性。该方法的一个关键优点是非线性多变量模型预测控制能够求得最优解。

图 9-7 和图 9-8 是在该算法下晴天天气工况时溶解氧浓度及其跟踪误差，以及硝态氮浓度及其跟踪误差。由图 9-7 可以看出，该控制器可以在晴天天气下能够跟踪溶解氧浓度的设定值，误差保持在 ±0.07mg/L（±3%）的范围内。由图 9-8 可

以看出，$S_{NO,2}$ 的设定值也可以被跟踪，误差可控制在±5%以内。图 9-7 和图 9-8 表明该策略可以同时跟踪污水处理过程的 $S_{O,5}$ 和 $S_{NO,2}$ 设定值且控制结果都比较平稳。

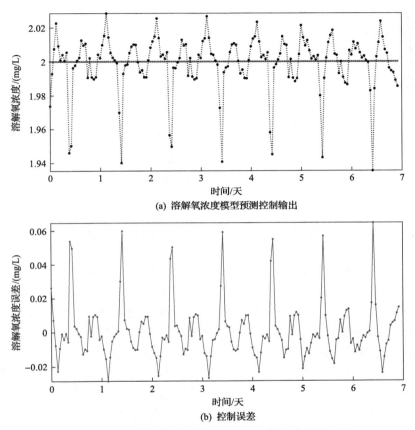

(a) 溶解氧浓度模型预测控制输出

(b) 控制误差

图 9-7　晴天天气下溶解氧浓度及其跟踪误差

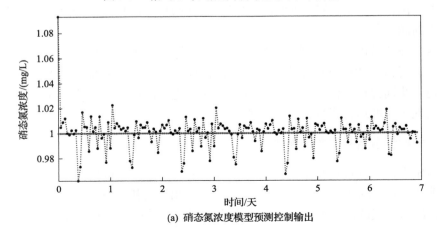

(a) 硝态氮浓度模型预测控制输出

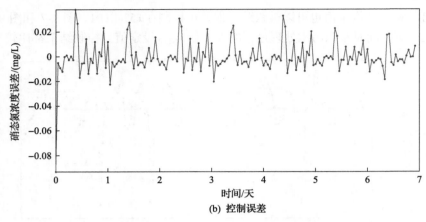

（b）控制误差

图 9-8　晴天天气下硝态氮浓度及其跟踪误差

9.4　城市污水处理过程非线性多目标模型预测控制器

城市污水处理工艺的主要运行目标是在保证出水水质达标排放的基础上，降低运行能耗。出水水质和运行能耗是一对相互耦合的运行指标，每个运行指标受不同控制变量的影响。由于城市污水处理过程中各运行指标的动态特性复杂，控制变量相互耦合，难以得到控制变量的有效最优调整值，以达到控制变量的动态平衡。因此，如何根据城市污水处理过程运行指标的运行特点设计多目标模型预测控制方法，获取控制变量的合适最优设定值，并准确跟踪设定值是值得研究的问题。

目前，城市污水处理过程的优化控制策略可以根据运行指标的动态特性，获得控制变量的实时最优设定值，从而达到运行指标的平衡。然而，难以准确获取城市污水处理过程运行指标的动态特征，同时也难以实时优化运行指标之间的耦合关系。因此，如何准确获取动态特征、提高运行效率是城市污水处理优化运行的难点问题。

本节介绍城市污水处理过程的非线性多目标模型预测控制策略，基于多个时间尺度运行指标的运行特点建立分层运行指标模型，并根据城市污水处理过程的特点建立协同优化算法和预测控制策略。分层优化运行指标，达到满意的运行效果，实现多尺度运行指标的动态平衡。

9.4.1　非线性多目标控制问题描述

在城市污水处理过程中，同时存在多个运行指标，运行指标相互冲突，难以取得平衡关系。例如，EQ 用于评估排放质量和出水有机物细粒，主要是出水氨氮浓度、出水总氮浓度等容易超过出水水质标准的物质；污水处理运行过程中，EC

主要是由于消耗泵能而消耗曝气能和出水总氮。EQ 和 EC 都是反映城市污水处理运行效率的重要指标，但 EQ 和 EC 是一对相互矛盾的运行指标。只有有效平衡运行指标之间的关系，才能保证污水处理的效果和运行效率。

基于过程机理和主成分分析，影响 EQ 的关键特征变量为 S_O、MLSS 浓度、S_{NO}、S_{NH}、Q_{in} 和 T；影响 EC 的关键特征变量为 S_O、Q_{in}、MLSS 浓度、S_{NO}、S_{NH} 和 X_{BA}，如表 9-1 所示，考虑城市污水处理过程关键特征变量和物质平衡方程的可操作性，S_O、S_{NO}、S_{NH} 和 MLSS 浓度确定为 EQ 和 EC 模型的输入变量。

表 9-1　关键特征变量

特征变量	单位	主要检测仪或检测方法
溶解氧浓度(S_O)	mg/L	WTW oxi/340i
进水流量(Q_{in})	m³/h	CX-UWM-TDS
硝态氮浓度(S_{NO})	mg/L	JT-SJ48TF
氨氮浓度(S_{NH})	mg/L	Amtax inter2C
MLSS 浓度	mg/L	7110 MTF-FG
温度(T)	℃	pH700/Temperature
自养菌浓度(X_{BA})	mg/L	BI-2000

9.4.2　非线性多目标模型预测控制器设计

城市污水处理过程非线性多目标模型预测控制架构主要包含三个部分：优化目标设计、优化设定值获取和模型预测控制策略设计。

如图 9-9 所示的城市污水处理过程非线性多目标模型的预测控制架构中，优化目标设计单元的主要功能是建立基于自适应核函数的动态 EQ 和 EC 模型，得到运行指标的动态特性；优化设定值获取单元的主要功能是基于动态多目标粒子群优化算法设计最佳拟合值获取策略，以获得有效控制变量的最佳拟合值；模型预测控制单元的主要功能是设计一个预测控制器模型来跟踪最优设定值控制。

1. 城市污水处理过程优化目标设计

为了表征运行指标和关键特征变量的关系，设计一种基于自适应核函数的优化目标，即

$$y(t) = W_0(t) + W(t) \cdot K(t) \tag{9-56}$$

其中，$W_0(t) = [w_{10}(t) \quad w_{20}(t)]^T$；$W(t) = [W_1(t) \quad W_2(t)]^T$，$W_1(t) = [w_{11}(t), w_{12}(t), \cdots, w_{1N}(t)]$，$W_2(t) = [w_{21}(t), w_{22}(t), \cdots, w_{2N}(t)]$；$W_0(t)$、$W_1(t)$ 和 $W_2(t)$ 分别为自适应核

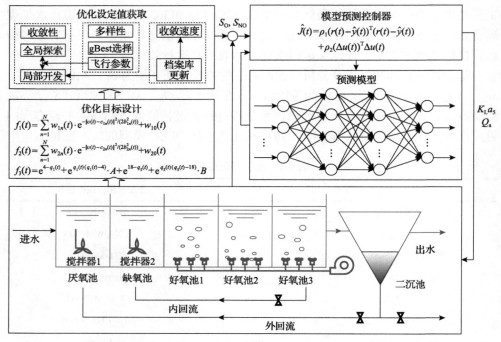

图 9-9　城市污水处理过程非线性多目标模型预测控制架构

函数优化目标的参数；$K(t) = [K_1(t), K_2(t), \cdots, K_N(t)]^T$ 为核函数，即

$$K_n(t) = e^{-\|v(t) - c_n(t)\|^2 / (2b_n^2(t))} \tag{9-57}$$

$b(t) = [b_1(t), b_2(t), \cdots, b_N(t)]^T$ 为核宽度；$c(t) = [c_1(t), c_2(t), \cdots, c_N(t)]^T$ 为核中心，$n = 1$, $2, \cdots, N$；$v(t) = [S_O(t) \quad S_{NO}(t) \quad S_{NH}(t) \quad \mathrm{MLSS}(t)]$；$y(t) = [y_1(t) \quad y_2(t)]^T$ 为自适应模型的输出，即

$$y_1(t) = w_{10}(t) + \sum_{n=1}^{N} w_{1n}(t) K_{1n}(t) \tag{9-58}$$

$$y_2(t) = w_{20}(t) + \sum_{n=1}^{N} w_{2n}(t) K_{2n}(t) \tag{9-59}$$

其中，$y_1(t)$ 为 EQ 输出；$y_2(t)$ 为 EC 输出。出水约束条件为

$$\begin{cases} 0 < S_{\mathrm{tot}} < 18\mathrm{mg/L}, & 0 < \mathrm{COD} < 100\mathrm{mg/L}, & 0 < \mathrm{BOD}_5 < 100\mathrm{mg/L} \\ 0 < S_{\mathrm{NH}} < 4\mathrm{mg/L}, & 0 < S_S < 30\mathrm{mg/L} \end{cases} \tag{9-60}$$

　　基于所建立的基于自适应核函数的运行指标模型，城市污水处理过程的多目标优化问题可描述为

$$\min F(t) = \{f_1(t), f_2(t), f_3(t)\} \tag{9-61}$$

其中

$$
\begin{cases}
f_1(t) = \displaystyle\sum_{n=1}^{N} w_{1n}(t) \cdot \mathrm{e}^{-\|v(t)-c_{1n}(t)\|^2/(2b_{1n}^2(t))} + w_{10}(t) \\
f_2(t) = \displaystyle\sum_{n=1}^{N} w_{2n}(t) \cdot \mathrm{e}^{-\|v(t)-c_{2n}(t)\|^2/(2b_{2n}^2(t))} + w_{20}(t) \\
f_3(t) = \mathrm{e}^{4-q_1(t)} + \mathrm{e}^{q_1(t)(q_1(t)-4)} \cdot A + \mathrm{e}^{18-q_5(t)} + \mathrm{e}^{q_5(t)(q_5(t)-18)} \cdot B
\end{cases}
\tag{9-62}
$$

$$
\begin{cases}
A = [(q_1(t)-2)^2 + 0.01]^{-1} + [(q_1(t)-2)^2 - 0.01]^{-1} \\
B = [(q_5(t)-9)^2 + 0.01]^{-1} + [(q_5(t)-9)^2 - 0.01]^{-1}
\end{cases}
\tag{9-63}
$$

其中，A 和 B 为 S_{NH} 和 S_{tot} 的惩罚项；$f_1(t)$、$f_2(t)$ 和 $f_3(t)$ 为优化目标函数，$f_1(t)$ 为 EQ 模型，$f_2(t)$ 为 EC 模型，$f_3(t)$ 为惩罚函数；$q(t) = [S_{NH}(t) \quad MLSS(t) \quad S_O(t) \quad S_{NO}(t) \quad S_{tot}(t)]$。

　　以 $f_1(t)$、$f_2(t)$ 和 $f_3(t)$ 的既定值作为优化目标，这里设计一种基于动态多目标粒子群获取最优集成值的方法。在设计的优化方法中，采用多目标梯度法对文件进行更新，提高收敛速度和局部扫描能力；同时，设计一种基于粒子多样性信息的自适应飞行参数机制，以平衡优化算法的多样性和收敛性。

　　在基于动态多目标粒子群的最佳拟合值获取方法中，粒子的个体最优位置为 $p_i(k) = [p_{i,1}(k), p_{i,2}(k), \cdots, p_{i,5}(k)]$，全局最优位置为 $g(k) = [g_1(k), g_2(k), \cdots, g_5(k)]$。基于 $p_i(k)$ 和 $g(k)$，粒子更新过程为

$$v_{i,d}(k+1) = w \cdot v_{i,d}(k) + \alpha_1 r_1(p_{i,d}(k) - x_{i,d}(k)) + \alpha_2 r_2(g_d(k) - x_{i,d}(k)) \tag{9-64}$$

其中，$i = 1, 2, \cdots, 100$；k 为进化过程中的迭代步数；$d \in D$ 为搜索空间；w 为权值；α_1 和 α_2 为加速参数；r_1 和 r_2 为随机数；$v_{i,d}$ 和 $x_{i,d}$ 为第 i 个粒子在第 d 维上的速度和位置；粒子的位置更新公式为

$$x_{i,d}(k+1) = x_{i,d}(k) + v_{i,d}(k+1) \tag{9-65}$$

当前的个体最优位置 $p_i(k)$ 为

$$
p_i(k) = \begin{cases}
p_i(k-1), & x_i(k) \prec p_i(k-1) \\
x_i(k), & \text{其他}
\end{cases}
\tag{9-66}
$$

其中, $x_i(k)$ 为 k 步迭代时的粒子位置; $p_i(k-1)$ 为 $k-1$ 步迭代时的个体最优位置。档案库 $A(k)$ 基于 $A(k-1)$ 和 $p_i(k-1)$ 更新:

$$A(k) = A(k-1) \bigcup p_i(k-1), \quad a_i(k-1) \diamondsuit p_i(k-1) \tag{9-67}$$

其中, $A(k) = [a_1(k), a_2(k), \cdots, a_K(k)]$, K 为档案库的维度。

利用多目标梯度法更新档案库中的粒子, 从而增强该算法的局部搜索能力, 档案库中粒子更新过程为

$$\overline{a}_j(k) = a_j(k) + h \cdot \nabla F(a_j(k)), \quad j=1,2,\cdots,100 \tag{9-68}$$

其中, h 为步长; $a_j(k)$ 和 $\overline{a}_j(k)$ 分别为多目标梯度法使用前后的档案库粒子信息; $\nabla F(a_j(k))$ 为多目标梯度下降方向。

当得到两个粒子的最大距离后, 其他 $K-2$ 个粒子的平均距离定义为

$$\kappa = D_{\max} / (K-1) \tag{9-69}$$

其中, κ 为所有粒子的平均距离; $D_{\max}$ 为最大距离。基于历史解和当前解之间的支配关系, 飞行参数的自适应调整机制设计为

$$\mathrm{Re}_i(k) = \frac{\kappa_{\min}(k) + \kappa_{\max}(k)}{\kappa_{\max}(k) + \kappa_i(k)} \tag{9-70}$$

其中, $\mathrm{Re}_i(k)$ 为第 i 个粒子的自适应参数; $\kappa_{\min}(k)$ 和 $\kappa_{\max}(k)$ 为所有粒子与 gBest 之间的最小距离和最大距离; $\kappa_i(k)$ 为第 i 个粒子与 gBest 之间的距离。基于上述讨论, 飞行参数 $w = [w_1(k), w_2(k), \cdots, w_{100}(k)]$ 、 $\alpha_1 = [\alpha_{1,1}(k), \alpha_{1,2}(k), \cdots, \alpha_{1,100}(k)]$ 和 $\alpha_2 = [\alpha_{2,1}(k), \alpha_{2,2}(k), \cdots, \alpha_{2,100}(k)]$ 的自适应调整机制为

$$w_i(k) = \begin{cases} w_i(k-1), & p_i(k-1) \diamondsuit p_i(k) \\ w_i(k-1) \times (1 - \mathrm{Re}_i(k)), & p_i(k-1) \prec p_i(k) \\ w_i(k-1) \times (1 + \mathrm{Re}_i(k)), & p_i(k-1) \succ p_i(k) \end{cases} \tag{9-71}$$

$$\alpha_{1,i}(k) = \begin{cases} \alpha_{1,i}(k-1), & p_i(k-1) \diamondsuit p_i(k) \\ \alpha_{1,i}(k-1) \times (1 - \mathrm{Re}_i(k)), & p_i(k-1) \prec p_i(k) \\ \alpha_{1,i}(k-1) \times (1 + \mathrm{Re}_i(k)), & p_i(k-1) \succ p_i(k) \end{cases} \tag{9-72}$$

$$\alpha_{2,i}(k) = \begin{cases} \alpha_{2,i}(k-1), & p_i(k-1) \diamondsuit p_i(k) \\ \alpha_{2,i}(k-1) \times (1 - \mathrm{Re}_i(k)), & p_i(k-1) \succ p_i(k) \\ \alpha_{2,i}(k-1) \times (1 + \mathrm{Re}_i(k)), & p_i(k-1) \prec p_i(k) \end{cases} \tag{9-73}$$

其中，$w_i(k)$ 为第 k 次迭代中第 i 个粒子的惯性权值；$\alpha_{1,i}(k)$ 和 $\alpha_{2,i}(k)$ 为第 k 次迭代中第 i 个粒子的加速常数；$p_i(k)$ 为在第 k 步迭代时第 i 个粒子的个体最优解。控制变量 S_O 和 S_{NO} 的优化设定值 S_O^* 和 S_{NO}^* 通过上述提出的优化算法获得。

2. 城市污水处理过程优化设定值获取

在所设计的优化方法中，设计一种基于动态多目标粒子群的最优设定值获取方法，该方法以 $f_1(t)$、$f_2(t)$ 和 $f_3(t)$ 作为优化目标，从而实时获取控制变量的设定值。为了提高算法的收敛速度和局部搜索能力，采用多目标梯度法来更新档案库；同时，设计一种自适应飞行参数机制，该机制利用粒子的多样性特征实现优化算法的多样性和收敛性的平衡。

在获取优化设定值的过程中，粒子的个体最优位置和全局最优位置分别用 $p_i(k) = [p_{i,1}(k), p_{i,2}(k), \cdots, p_{i,5}(k)]$ 以及 $g(k) = [g_1(k), g_2(k), \cdots, g_5(k)]$ 表示。同时，粒子的更新公式表示如下：

$$v_{i,d}(k+1) = w \cdot v_{i,d}(k) + \alpha_1 r_1(p_{i,d}(k) - x_{i,d}(k)) + \alpha_2 r_2(g_d(k) - x_{i,d}(k)) \quad (9\text{-}74)$$

其中，$d \in D$ 为搜索空间；k 为优化过程中的迭代步数；w 为权值；α_1 和 α_2 为加速参数；r_1 和 r_2 为两个随机产生的常数；$v_{i,d}$ 和 $x_{i,d}$ 分别为第 i 个粒子在第 d 维上的速度和位置，$i = 1, 2, \cdots, 100$；粒子的位置更新公式为

$$x_{i,d}(k+1) = x_{i,d}(k) + v_{i,d}(k+1) \quad (9\text{-}75)$$

在当前时刻的个体最优位置 $p_i(k)$ 用如下公式表示：

$$p_i(k) = \begin{cases} p_i(k-1), & x_i(k) \prec p_i(k-1) \\ x_i(k), & \text{其他} \end{cases} \quad (9\text{-}76)$$

其中，$p_i(k-1)$ 为第 $k-1$ 步迭代中的个体最优位置；$x_i(k)$ 为粒子在第 k 步迭代中的位置，根据 $A(k-1)$ 和 $p_i(k-1)$，档案库 $A(k)$ 更新如下：

$$A(k) = A(k-1) \bigcup p_i(k-1), \quad a_i(k-1) \diamond p_i(k-1) \quad (9\text{-}77)$$

其中，$A(k) = [a_1(k), a_2(k), \cdots, a_K(k)]$，$K$ 为档案库的维度。

为了提高算法的局部探索能力，利用多目标梯度法来更新档案库中的粒子。粒子的更新过程如下：

$$\bar{a}_j(k) = a_j(k) + h \cdot \nabla F(a_j(k)), \quad j = 1, 2, \cdots, 100 \quad (9\text{-}78)$$

其中，h 为步长；$a_j(k)$ 和 $\bar{a}_j(k)$ 为档案库粒子信息，$a_j(k)$ 为采用多目标梯度法前的信息，$\bar{a}_j(k)$ 为采用多目标梯度法后的信息；$\nabla F(a_j(k))$ 为梯度的下降方向。

在获得两个粒子最大距离的前提下，定义其他 $K-2$ 个粒子的平均距离：

$$\kappa = D_{\max} / (K-1) \tag{9-79}$$

其中，$D_{\max}$ 为粒子的最大距离。基于历史解和当前解之间的支配关系，飞行参数的自适应调整机制设计如下：

$$\mathrm{Re}_i(k) = \frac{\kappa_{\min}(k) + \kappa_{\max}(k)}{\kappa_{\max}(k) + \kappa_i(k)} \tag{9-80}$$

其中，$\kappa_{\min}(k)$ 和 $\kappa_{\max}(k)$ 分别为所有粒子与 gBest 之间的最小距离和最大距离；$\kappa_i(k)$ 为第 i 个粒子与 gBest 之间的距离。根据上述讨论，飞行参数 $w = [w_1(k), w_2(k), \cdots, w_{100}(k)]$、$\alpha_1 = [\alpha_{1,1}(k), \alpha_{1,2}(k), \cdots, \alpha_{1,100}(k)]$ 和 $\alpha_2 = [\alpha_{2,1}(k), \alpha_{2,2}(k), \cdots, \alpha_{2,100}(k)]$ 的自适应调整机制为

$$w_i(k) = \begin{cases} w_i(k-1), & p_i(k-1) \diamond p_i(k) \\ w_i(k-1) \times (1 - \mathrm{Re}_i(k)), & p_i(k-1) \prec p_i(k) \\ w_i(k-1) \times (1 + \mathrm{Re}_i(k)), & p_i(k-1) \succ p_i(k) \end{cases} \tag{9-81}$$

$$\alpha_{1,i}(k) = \begin{cases} \alpha_{1,i}(k-1), & p_i(k-1) \diamond p_i(k) \\ \alpha_{1,i}(k-1) \times (1 - \mathrm{Re}_i(k)), & p_i(k-1) \prec p_i(k) \\ \alpha_{1,i}(k-1) \times (1 + \mathrm{Re}_i(k)), & p_i(k-1) \succ p_i(k) \end{cases} \tag{9-82}$$

$$\alpha_{2,i}(k) = \begin{cases} \alpha_{2,i}(k-1), & p_i(k-1) \diamond p_i(k) \\ \alpha_{2,i}(k-1) \times (1 - \mathrm{Re}_i(k)), & p_i(k-1) \succ p_i(k) \\ \alpha_{2,i}(k-1) \times (1 + \mathrm{Re}_i(k)), & p_i(k-1) \prec p_i(k) \end{cases} \tag{9-83}$$

其中，$w_i(k)$ 为粒子在第 k 步迭代中第 i 个粒子的惯性权值；$\alpha_{1,i}(k)$ 和 $\alpha_{2,i}(k)$ 为第 k 步迭代中第 i 个粒子的加速常数；$p_i(k)$ 为第 k 步迭代中第 i 个粒子的最优解。

3. 城市污水处理过程模型预测控制策略设计

多目标控制的目的是对控制变量 S_O^* 和 S_{NO}^* 实现高精度的稳定跟踪。因此，利用一种基于模型的预测控制策略获取系统的控制律。该策略的价值函数定义为

$$\hat{J}(t) = \rho_1(r(t) - \hat{y}(t))^{\mathrm{T}}(r(t) - \hat{y}(t)) + \rho_2(\Delta u(t))^{\mathrm{T}}\Delta u(t) \tag{9-84}$$

$$\mathrm{s.t.} \begin{cases} |\Delta u(t)| \leqslant \Delta u_{\max} \\ u_{\min} \leqslant u(t) \leqslant u_{\max} \\ \hat{y}_{\min} \leqslant \hat{y}(t) \leqslant \hat{y}_{\max} \\ r(t + H_p + i) - \hat{y}(t + H_p + i) = 0, \quad i \geqslant 1 \end{cases} \tag{9-85}$$

其中，$r(t)=[r_1(t)\quad r_2(t)]$ 为 t 时刻控制变量的优化设定值，分别为 S_O^* 和 S_{NO}^*；$\hat{y}(t)=[\hat{y}_1(t)\quad \hat{y}_2(t)]$ 为 S_O 和 S_{NO} 的预测输出；$\Delta u(t)=[\Delta U(t),\Delta U(t+1),\cdots,\Delta U(t+H_u-1)]$ 为操作变量 K_La_5 和 Q_a 的变化量；Δu_{max} 为变化量的上限；u_{min} 和 u_{max} 分别为操作变量的下限和上限；$\hat{y}_{min}$ 和 $\hat{y}_{max}$ 分别为预测输出的下限和上限。

基于以上讨论，使用梯度下降法求取控制律以减少最优解的迭代步数，其中控制律如下：

$$u(t+1)=u(t)+\Delta u(t)=u(t)+\xi\left(-\frac{\partial \hat{J}(t)}{\partial u(t)}\right) \tag{9-86}$$

$$\Delta u(t)=(1+\xi\rho_2)^{-1}\xi\rho_1\left(\left(\frac{\partial \hat{y}(t)}{\partial u(t)}\right)^{\mathrm{T}}(r(t)-\hat{y}(t))\right) \tag{9-87}$$

其中，ξ 为控制输入序列的学习率；$\partial \hat{y}(t)/\partial u(t)$ 是雅可比矩阵，表示为

$$\frac{\partial \hat{y}(t)}{\partial u(t)}=\begin{bmatrix} \dfrac{\partial \hat{y}(t+1)}{\partial u(t)} & 0 & 0 & \cdots & 0 \\[2mm] \dfrac{\partial \hat{y}(t+2)}{\partial u(t)} & \dfrac{\partial \hat{y}(t+2)}{\partial u(t+1)} & 0 & \cdots & 0 \\[1mm] \vdots & \vdots & \vdots & & \vdots \\[1mm] \dfrac{\partial \hat{y}(t+H_u)}{\partial u(t)} & \dfrac{\partial \hat{y}(t+H_u)}{\partial u(t+1)} & \dfrac{\partial \hat{y}(t+H_u)}{\partial u(t+2)} & \cdots & \dfrac{\partial \hat{y}(t+H_u)}{\partial u(t+H_u-1)} \\[1mm] \vdots & \vdots & \vdots & & \vdots \\[1mm] \dfrac{\partial \hat{y}(t+H_p)}{\partial u(t)} & \dfrac{\partial \hat{y}(t+H_p)}{\partial u(t+1)} & \dfrac{\partial \hat{y}(t+H_p)}{\partial u(t+2)} & \cdots & \dfrac{\partial \hat{y}(t+H_p)}{\partial u(t+H_u-1)} \end{bmatrix}_{H_p\times H_u} \tag{9-88}$$

通过最小化价值函数 J 跟踪控制变量计算出控制输入序列。将控制输入序列的第一个元素用于控制操作过程中。算法 9-2 详细展示了预测控制策略的计算步骤。

算法 9-2　预测控制策略算法

输入：获取样本 $r(t)$、$\bar{y}(t-1)$，$u(t-1)$ 是 $t-1$ 时刻预测的最优序列

输出：$u(t)$

1　预测系统输出 $\bar{y}(t-1)$

2　计算 $\partial \hat{y}(t-1)/\partial u(t-1)$（式（9-88））

3　计算 $\Delta u(t-1)$（式（9-87））

4　计算 $u(t)$（式（9-86））

9.4.3　非线性多目标模型预测控制器仿真实验

为了验证所提出的预测控制策略的控制性能，采用 BSM1 平台进行验证，非线性多目标模型预测控制策略的稳定性分析对于其成功应用至关重要。下面将进行严格的稳定性分析，分析过程如下所示。

定理 9-5　由式(9-86)～式(9-88)可以保证所提出优化控制策略的稳定性能。

证明　假设：

(1)若 $u(0)$ 对 $r(0)$ 是可行的，则对所有的迭代步数 t，$u(t)$ 都是可行的；

(2)根据 t 时刻的价值函数，有

$$\hat{J}(t) = \rho_1 \varepsilon^{\mathrm{T}}(t)\varepsilon(t) + \rho_2 (\Delta u(t))^{\mathrm{T}} \Delta u(t) = \rho_1 \sum_{i=1}^{H_p} \varepsilon^2(t+i) + \rho_2 \sum_{i=1}^{H_u} (\Delta u(t+i-1))^2 \qquad (9\text{-}89)$$

其中，$\varepsilon(t) = r(t) - \hat{y}(t)$ 为系统的跟踪误差。

假设已经获得最优控制输入 $u(t) = [U(t), U(t+1), \cdots, U(t+H_u-1)]^{\mathrm{T}}$，此时，引入次优化控制律 $u_s(t+1)$：

$$u_s(t+1) = [\underbrace{u(t+1), \cdots, u(t+H_u-1)}_{H_u-1}, u(t+H_u)]^{\mathrm{T}} \qquad (9\text{-}90)$$

因此，系统的价值函数可以重新表示为

$$\hat{J}_s(t+1) = \rho_1 \sum_{q=2}^{H_p+1} \varepsilon^2(t+q) + \rho_2 \sum_{q=2}^{H_u} (\Delta u(t+q-1))^2 \qquad (9\text{-}91)$$

由式(9-89)和式(9-91)，可得

$$\hat{J}_s(t+1) - \hat{J}(t) = \rho_1 [\varepsilon^2(t+H_p+1) - \varepsilon^2(t+1)] - \rho_2 (\Delta u(t))^2 \qquad (9\text{-}92)$$

由式(9-92)可得

$$\hat{J}_s(t+1) - \hat{J}(t) = -\rho_1 \varepsilon^2(t+1) - \rho_2 \Delta u^2(t) \leqslant 0 \qquad (9\text{-}93)$$

同时，如果 $u(t+1)$ 是 $t+1$ 时刻的优化解，$\hat{J}(t+1) \leqslant \hat{J}_s(t+1)$ 是一个次优化解，可得

$$\hat{J}(t+1) - \hat{J}(t) \leqslant \hat{J}_s(t+1) - \hat{J}(t) \leqslant 0 \qquad (9\text{-}94)$$

根据以上论述，定理 9-5 证毕。

图 9-10 展示了阴雨天气下进水流量变化，图 9-11 展示了辅助模型的输出结果。同时，选择 AE、PE 和 EQ 的平均值作为评价指标以验证所提出控制策略的有效性。在计算过程中，将 AE 和 PE 值乘以 0.197，EQ 值乘以 0.1，其中 0.197 欧元/(kW·h) 为欧盟的平均电费估计，0.1 为污水罚款估计。

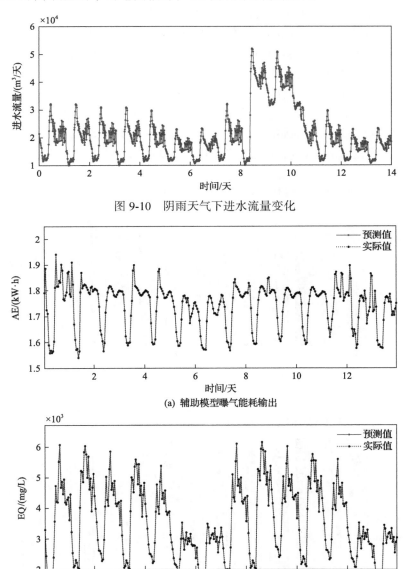

图 9-10　阴雨天气下进水流量变化

(a) 辅助模型曝气能耗输出

(b) 辅助模型出水水质输出

图 9-11　辅助模型的输出结果

为了对比所提出的城市污水处理过程非线性多目标模型预测控制策略的性能，将其与 PID 控制策略进行对比。

1. 优化结果

基于所建立的数据驱动辅助模型，构建的 AE 和 EQ 模型能够逼近实际的 AE 和 EQ。以上结果表明所提出的基于数据驱动的辅助模型适用于实际的多目标优化问题。此外，图 9-12～图 9-14 中分别展示了 PE、AE 和 EQ 的平均值，用于比较所提出的非线性多目标模型预测控制策略和 PID 控制策略。由图 9-12 可知，所提出的非线性多目标模型预测控制方法在任何时间所获得的电耗比 PID 控制策略更小。结果显示所提出的非线性多目标模型预测控制策略能够获得更小的 PE 值。

AE 和 EQ 平均值分别如图 9-13 和图 9-14 所示，从中可以看出所提出的控制方法能够获得较低的 AE 值，同时该控制策略能够有效平衡 AE 和 EQ 的关系，

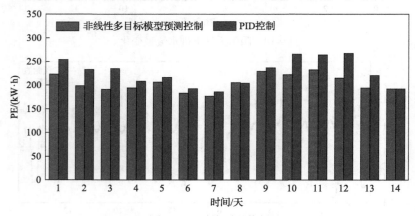

图 9-12　平均泵送能耗

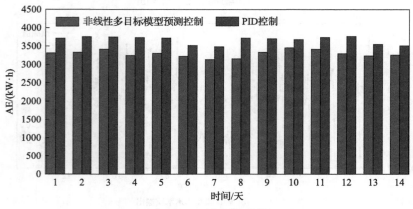

图 9-13　平均曝气能耗

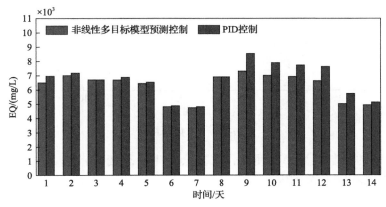

图 9-14　平均出水水质

获得最优的控制效果。

2. 控制结果

所提出的控制策略跟踪控制效果如图 9-15 和图 9-16 所示。图 9-15 中，所提出的控制策略实现了对时刻变化的 S_O 优化设定值的高精度跟踪，控制误差可以保持在[−0.8, 0.8]mg/L。由图 9-16 可知所提出的预测控制策略在阴雨天气对 S_{NO} 的跟

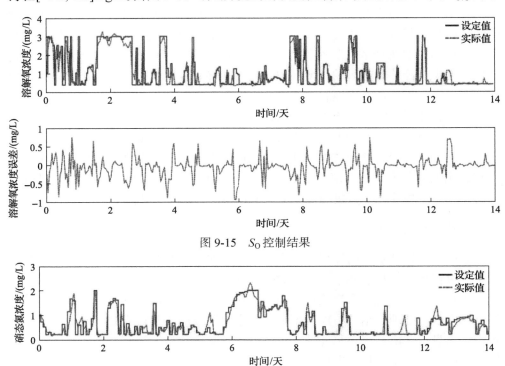

图 9-15　S_O 控制结果

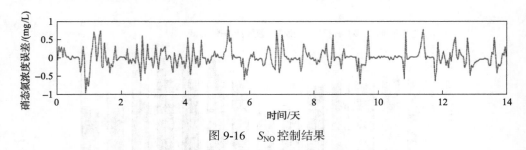

图 9-16　S_{NO} 控制结果

踪具有满意的控制效果，即使操作工况会发生动态变化，S_{NO} 的跟踪误差可以保持在 $[-1, 0.8]$mg/L 范围内。

9.5　数据与知识驱动的城市污水处理过程模型预测控制器

面对较大规模的系统时，模型预测控制在有限时域内具有反复在线求解的特性，在求解最优控制问题时具有较高的计算负担从而难以较快且精确的实时在线求解带有约束的非线性优化问题。同时，在城市污水处理过程中，由于污水处理设备仪器的老旧或者故障等原因往往会导致数据丢失的问题，从而影响整个系统的控制性能。

知识是人类在实践过程中认识客观世界的成果，抽象地说，知识是一种事物之间的联系在某生物个体意识中的映像。从基础的数据过渡到智慧的复杂过程中，基于知识的模型在众多模型中占据关键的位置。同时，在知识库中包含显式表达的包括常识、经验等在内的领域知识和启发式知识。因此，基于知识驱动的建模方法在城市污水处理过程控制中能降低模型预测控制方法的保守性。

基于以上分析，本节介绍一种基于数据与知识驱动的非线性模型预测控制 (knowledge-data-driven model-nonlinear model predictive control, KDDM-NMPC) 方法。首先，详细分析基于数据与知识驱动的模型预测控制原理。其次，采用一个 KDDM 降低计算负担，以使开放-封闭原则 (open-closed principle, OCP) 得到保证。最后，利用一种迁移学习机制确定 KDDM-NMPC 的最优控制序列。

9.5.1　数据与知识融合

城市污水处理系统的过程数据和运行知识对于系统模型构建具有非常重要的意义。过程数据信息主要来自历史数据和现场数据，其中现场数据从城市污水处理厂中相关传感器直接采集获得，利用现场总线和工业以太网技术将数据传输至计算机中进行处理，结合历史数据和实验室化验数据构建过程数据库；同时，运行知识信息主要由城市污水处理厂中过程机理知识、专家经验知识以及操作规律知识等组成。利用过程数据信息和运行知识信息构建基于模糊神经网络的系统模型，并在训练过程中动态调整模糊神经网络的参数和结构，提高系统模型性能。

如图 9-17 所示，KDDM 的核心包括模糊神经网络源模型和目标模型，其输入分别为 $X^s(t)$ 和 $X^t(t)$，$X^s(t)=[x^{s1}(t)\quad x^{s2}(t)]$，$x^{s2}(t)=\rho X^t(t)$，$\rho$ 为放大或缩小因子。$\theta(t)$ 为源模型和目标模型的参数。

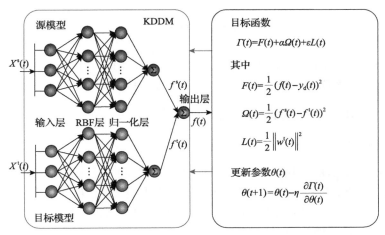

图 9-17　KDDM 原理图

RBF 指径向基函数

目标模型的模糊规则表达为

$$R_j^t:\ \text{IF}\ x_1^t(t)\ \text{is}\ A_{1j}^t(t)\ \text{and}\ \cdots\ x_i^t(t)\ \text{is}\ A_{ij}^t(t)\ \text{and}\ x_D^t(t)\ \text{is}\ A_{Dj}^t(t)$$
$$\text{THEN}\ y_j^t(t)\ \text{is}\ f_j^t(t) \tag{9-95}$$

其中，$i=1,2,\cdots,D$，$j=1,2,\cdots,P$，D 为输入变量的个数，P 为目标模型的规则数；R_j^t 为目标模型的第 j 条规则；$x_i^t(t)$ 为输入变量；$A_{ij}^t(t)$ 为高斯隶属度函数值；$y_j^t(t)$ 为目标模型的规则输出。综合所有规则目标模型输出为 $f^t(t)$。

源模型的模糊规则可表达为

$$R_j^s:\ \text{IF}\ x_1^s(t)\ \text{is}\ A_{1j}^s(t)\ \text{and}\ \cdots\ x_i^s(t)\ \text{is}\ A_{ij}^s(t)\ \text{and}\ x_D^s(t)\ \text{is}\ A_{Dj}^s(t)$$
$$\text{THEN}\ y_j^s(t)\ \text{is}\ f_j^s(t) \tag{9-96}$$

其中，R_j^s 为源模型的第 j 条规则；$x_i^s(t)$ 为源模型的输入变量；$A_{ij}^s(t)$ 为源模型的高斯隶属度函数值；$y_j^s(t)$ 为源模型的规则输出。综合所有规则源模型输出为 $f^s(t)$。

将源模型和目标模型的输出结合，获得 KDDM 的输出为

$$f(t) = (1-\beta)f^{s}(t) + \beta f^{t}(t) \qquad (9\text{-}97)$$

其中，β 为系统的平衡参数，$0 < \beta < 1$。定义新的目标函数为

$$F(t) = \frac{1}{2}(f(t) - y_{d}(t))^{2} \qquad (9\text{-}98)$$

基于多层联结结构，充分利用历史模型中所获得的知识信息以及从当前场景中获得的数据，KDDM 对目标模型具有较好的学习性能。

9.5.2　数据与知识驱动的模型预测控制器设计

1. 控制原理

在城市污水处理过程中，优化控制求解的计算复杂度是一大挑战。同时，由于设备的老化、仪器的故障、外部天气的干扰以及人为因素的影响等，系统往往会存在数据不完备情况，从而导致控制性能下降。为解决以上问题，本节提出一种 KDDM-NMPC 方法，其原理如图 9-18 所示。

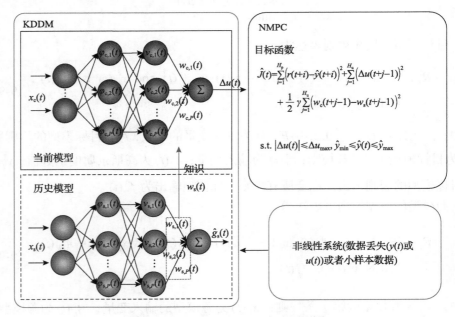

图 9-18　KDDM-NMPC 方法原理图

（1）基于当前模型与历史模型，最小化价值函数求取 NMPC 的最优控制序列，所提出的 NMPC 计算复杂度由网络参数规模决定，因此 NMPC 有效降低了计算

负担，从而实现快速求解 OCP。

（2）为改善控制性能，设计一种迁移学习机制，通过融合当前模型的状态信息和历史模型中已存在的知识信息，所设计的 KDDM-NMPC 有效解决了控制过程中数据不足的问题。

2. 基于数据与知识驱动的模型设计

下面详细介绍历史模型、当前模型的相关知识。

对于历史模型，模型输入 $x_s(t)$ 和输出 $\hat{g}_s(t)$ 表示如下：

$$x(t-\tau) = [u(t-\tau), e(t-\tau), e(t-\tau+1), \cdots, e(t-\tau+H_p)] \tag{9-99}$$

$$\hat{g}_s(t) = \Delta\hat{u}(t-\tau) \tag{9-100}$$

其中，τ 为样本的时间间隔；$u(t-\tau)$ 为 $t-\tau$ 时刻的控制输入；$e(t-\tau),e(t-\tau+1),e(t-\tau+2),\cdots,e(t-\tau+H_p)$ 为期望输出与预测输出的误差；$\Delta\hat{u}(t-\tau)$ 为 $t-\tau$ 时刻的控制增量。

对于当前模型，模型的输入样本和输出表示如下：

$$x_c(t) = [u(t), e(t+1), e(t+2), \cdots, e(t+H_p)] \tag{9-101}$$

$$\hat{g}_c(t) = \Delta u(t) \tag{9-102}$$

其中，$u(t)$ 为 t 时刻的控制输入；$e(t+1),e(t+2),\cdots,e(t+H_p)$ 为参考输入和预测输出的误差；$\Delta u(t)$ 为 t 时刻的控制增量。

3. 基于数据与知识驱动的模型预测控制优化算法

KDDM-NMPC 的目标是通过最小化价值函数在线求取最优控制序列，并选取第一个元素作用于系统，使系统的输出 $y(t)$ 在有限时间内跟踪上参考输出 $r(t)$。因此，在优化控制过程中，在线优化的可行性至关重要。在这一部分中，设计一种基于迁移学习机制的优化准则：

$$\hat{J}(t) = \underbrace{\sum_{i=1}^{H_p}(r(t+i)-\hat{y}(t+i))^2 + \sum_{j=1}^{H_u}\Delta u(t+j-1)^2}_{\text{第一部分}}$$

$$+ \underbrace{\frac{1}{2}\gamma\sum_{j=1}^{H_u}(w_c(t+j-1)-w_s(t+j-1))^2}_{\text{第二部分}} \tag{9-103}$$

其中，$\gamma\in(0,1)$ 为平衡参数；$W_c(t)=[w_c(t),w_c(t+1),\cdots,w_c(t+H_u-1)]$ 为当前模型

权值矩阵；$W_s(t) = (w_s(t), w_s(t+1), \cdots, w_s(t + H_u - 1))$ 为历史模型权值矩阵。

根据式 (9-101)，将传统模型预测控制的优化目标与历史模型的知识迁移结合，更新当前模型的权值 $w_c(t)$ 如下：

$$w_c(t) = w_c(t-1) - \eta_1 \frac{\partial \hat{J}(t-1)}{\partial w_c(t-1)} \tag{9-104}$$

其中，$\eta_1 > 0$ 为当前模型权值的学习率；

$$\frac{\partial \hat{J}(t-1)}{\partial w_c(t-1)} = v_c(t-1) + \gamma(w_c(t-1) - w_s(t-1)) \tag{9-105}$$

则

$$w_c(t) = (1-\gamma)w_c(t-1) - \eta_1 v_c(t-1) + \gamma w_s(t-1) \tag{9-106}$$

其中，$v_c(t)$ 为 t 时刻当前模型的归一化层输出向量。

当前模型的中心和宽度参数更新表示如下：

$$c_j^c(t) = c_j^c(t-1) - \eta_2 \left(2w_j^c(t-1) \times v_c(t) \times \left(x_c(t-1) - c_j^c(t-1) \right) \middle/ \sigma_j^c(t-1) \right) \tag{9-107}$$

$$\sigma_j^c(t) = \sigma_j^c(t-1) - \eta_3 \left(w_j^c(t-1) \times v_c(t-1) \times \left\| x_c(t-1) - c_j^c(t-1) \right\|^2 \middle/ (\sigma_j^c(t-1))^2 \right) \tag{9-108}$$

其中，$c_j^c(t)$ 为当前模型中 t 时刻第 j 个神经元的中心向量；$\sigma_j^c(t)$ 为当前模型中 t 时刻第 j 个神经元的宽度向量；$w_j^c(t-1)$ 为 $t-1$ 时刻当前模型归一化层中第 j 个神经元与输出层的权值；$\eta_2 > 0$ 和 $\eta_3 > 0$ 分别为当前模型的中心和宽度的学习率。控制增量 $\Delta u(t)$ 为

$$\Delta u(t) = [\hat{g}_c(t), \hat{g}_c(t+1), \cdots, \hat{g}_c(t + H_u - 1)] \tag{9-109}$$

最优控制序列为

$$u(t+1) = u(t) + \Delta u(t) \tag{9-110}$$

此外，采用 PFR 指标的自组织机制应用于当前模型和历史模型的结构更新，并结合历史样本，利用梯度下降法更新历史模型的参数。

由于在迁移学习过程中，为了弥补当前场景数据不完备问题，将从参考场景中学习知识。因此，提出一种 KDDM 算法确定最优控制序列从而获得更好的控制性能。使用调谐 KDDM 并确定其参数个数，从而决定控制算法的优化过程。

4. 基于数据与知识驱动的模型预测控制器算法步骤

基于数据与知识驱动的模型预测控制策略整体流程的详细步骤描述如下：

(1) 初始化最优控制设定值 $r(t)$，　$u(t)=[U(t),U(t+1),\cdots,U(t+H_u-1)]$ 为最优控制序列，起始于当前模型输入 $x_c(t)$。初始化历史模型参数 $(w_s(0),c_s(0),\sigma_s(0))$ 和当前模型参数 $(w_c(0),c_c(0),\sigma_c(0))$，平衡参数为 γ，学习率为 η_1、η_2、η_3。

(2) 在当前模型每个样本 $x_c(t)$ 下，引入历史模型知识 $w_s(t)$，采用 PFR 指标的自组织机制更新当前和历史模型的结构，利用梯度下降法更新模型的参数。

(3) 计算控制增量 $\Delta u(t)$。

(4) 计算 KDDM-NMPC 下一时刻控制量 $u(t+1)$。

(5) 更新当前模型参数 $(w_c(t),c_c(t),\sigma_c(t))$，并调整当前模型结构。

(6) 若 t 大于当前模型样本数，则程序终止，否则跳转至 (2)。

9.5.3　数据与知识驱动的模型预测控制器仿真实验

为了验证所提出控制策略的有效性和实用性，将其应用于城市污水处理过程溶解氧浓度的跟踪控制。本部分采用 IAE 和 ISE 评价控制方法的性能。

本实验利用 BSM1 进行验证，提取晴天天气的数据作为实验样本，通过操作生化反应池第五分区曝气池的氧传递系数 K_La_5 来控制关键变量溶解氧浓度。历史模型和当前模型初始神经元数为 2，控制器中的其他参数设置如下：学习率 $\eta_1=0.15$，$\eta_2=\eta_3=0.01$，平衡参数 $\gamma=0.15$。

下面详细讨论数据与知识驱动的城市污水处理过程模型预测控制器的稳定性。

定理 9-6　考虑式 (9-103) 中的有限时域最优控制问题，若控制律如式 (9-110) 所示，则数据与知识驱动的城市污水处理过程模型预测控制器是稳定的。

证明　当 γ、η_1、η_2、η_3 大于 0 时，所设计的控制器是稳定的。

定义 Lyapunov 函数如下：

$$V(t)=\frac{1}{2}E^{\mathrm{T}}(t)E(t) \tag{9-111}$$

其中

$$E(t)=r(t)-\hat{y}(t) \tag{9-112}$$

$V(t)$ 的导数如下：

$$\dot{V}(t)=\mathrm{d}V/\mathrm{d}t=\dot{E}^{\mathrm{T}}(t)E(t) \tag{9-113}$$

其中，$\dot{E}(t)$ 计算如下：

$$\dot{E}(t)=\frac{\partial E(t)}{\partial t}=\frac{\partial E(t)}{\partial u(t)}\frac{\partial u(t)}{\partial t}=-\frac{\partial\hat{y}(t)}{\partial u(t)}\Delta u(t) \tag{9-114}$$

将式(9-112)和式(9-114)代入式(9-113)，可得

$$\dot{V}(t) = -\frac{\partial \hat{y}(t)}{\partial u(t)}[\hat{g}_c(t), \hat{g}_c(t+1), \cdots, \hat{g}_c(t+H_u-1)](r(t)-\hat{y}(t))^{\mathrm{T}} \qquad (9\text{-}115)$$

因此，当 γ、η_1、η_2、η_3 大于 0 时，有

$$\dot{V}(t) < 0 \qquad\qquad\qquad (9\text{-}116)$$

到此，数据与知识驱动的城市污水处理过程模型预测控制器是稳定的。

在本次实验中，设置 $H_p = 5$ 和 $H_u = 4$，H_p 和 H_u 分别为控制系统的预测时域和控制时域；采用系统输出值 $u(t)$ 作为丢失数据，对以下两种情况进行验证。

1)固定参考设定值

本实验 $S_{O,5}$ 的参考设定值固定为 2mg/L，区间 2.5～4 天设置为数据样本丢失时间。

图 9-19 和图 9-20 分别给出了所提出控制策略在小规模样本数据下的实验结果。由图 9-19(a)和(b)可以观察模型归一化层神经元数和在线操作变量氧传递系数 K_La_5(即曝气量)的变化趋势。此外，KDDM-NMPC 的 $S_{O,5}$ 在线跟踪控制效果和跟踪误差如图 9-20 所示。

表 9-2 显示了不同控制算法在丢失数据区间 2.5～4 天的性能比较。评价指标分别为 IAE 和 LIAE(累积绝对误差)、ISE 和 LISE(累积平方误差)。从表中可以

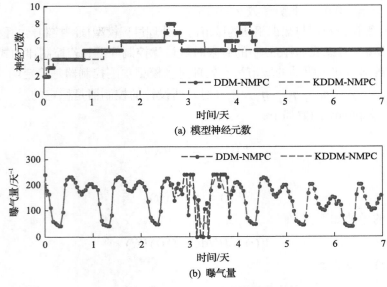

(a) 模型神经元数

(b) 曝气量

图 9-19　模型神经元数和在线操作变量

DDM-NMPC 指基于数据驱动的非线性模型预测控制

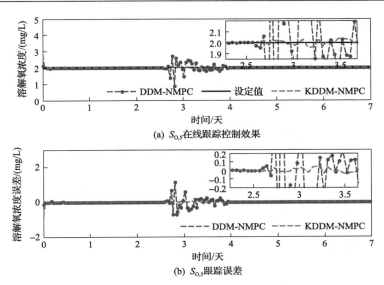

(a) $S_{O,5}$ 在线跟踪控制效果

(b) $S_{O,5}$ 跟踪误差

图 9-20　$S_{O,5}$ 在线跟踪控制效果及其跟踪误差

表 9-2　不同算法性能比较　　　　　　　　（单位：mg/L）

设定值	控制器	IAE	LIAE	ISE	LISE
固定	KDDM-NMPC	0.040	0.072	1.52×10^{-3}	5.42×10^{-3}
	DDM-NMPC	0.215	0.201	4.72×10^{-2}	4.02×10^{-2}
	NN-MPC[91]	0.153	0.186	2.20×10^{-2}	3.46×10^{-2}
时变	KDDM-NMPC	0.045	0.068	2.10×10^{-3}	4.58×10^{-3}
	DDM-NMPC	0.230	0.425	0.178	5.26×10^{-2}
	NN-MPC[91]	0.195	0.212	3.85×10^{-2}	4.51×10^{-2}

注：NN-MPC 指神经网络模型预测控制。

看出，KDDM-NMPC 的 LIAE（0.072mg/L）和 IAE（0.040mg/L）低于其他控制方法。结果表明，所提出的控制策略在数据丢失情况下相比于其他控制方法具有更好的跟踪控制能力。

2）时变参考设定值

数据丢失区间设置为采样间隔 4～6 天。时变 $S_{O,5}$ 参考设定值输入为

$$r(t)=\begin{cases}2, & 0<t\leqslant1\\ 2.2, & 1<t\leqslant3\\ 2.4, & 3<t\leqslant5\\ 2.2, & 5<k\leqslant7\end{cases} \tag{9-117}$$

控制策略的模型神经元数变化过程和在线操作变量（即曝气量）的变化如图 9-21（a）和（b）所示。同时，图 9-22 显示了所提出控制策略针对城市污水处理过程

溶解氧浓度的跟踪效果。

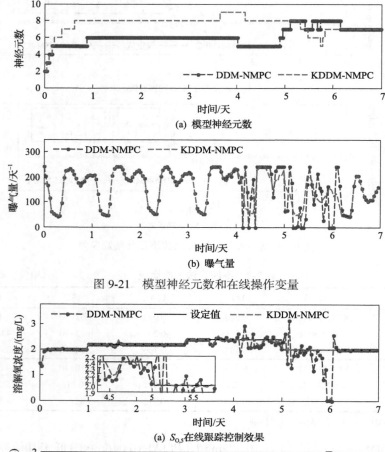

(a) 模型神经元数

(b) 曝气量

图 9-21　模型神经元数和在线操作变量

(a) $S_{O,5}$ 在线跟踪控制效果

(b) $S_{O,5}$ 跟踪误差

图 9-22　$S_{O,5}$ 在线跟踪控制效果及其跟踪误差

　　为了更好地评价 KDDM-NMPC 的控制性能, 将本节介绍的控制方法在相同的控制条件下与 DDM-NMPC 和 NN-MPC 进行比较。由表 9-3 可知, KDDM-NMPC 与

其他控制策略相比，能够获得更低的 IAE（0.061mg/L）和 ISE（6.07×10^{-3}mg/L）。

表 9-3　不同算法性能比较　　　　　　（单位：mg/L）

控制器	IAE	ISE
KDDM-NMPC	0.061	6.07×10^{-3}
DDM-NMPC	0.073	5.98×10^{-3}
NN-MPC[91]	0.130	1.73×10^{-2}

9.6　城市污水处理过程模型预测控制系统

　　针对污水处理厂智能控制方法应用困难的问题，城市污水处理过程模型预测控制系统可以实现生产参数的自动检测和控制，保证污水处理后水质的稳定性，降低污水处理的成本，在城市污水处理厂中具有一定的应用价值。该系统主要结合了组态软件、数据库以及 MATLAB 软件，实现了环境监控、数据存储以及智能控制的功能。

　　基于用户需求和系统功能需求，该城市污水处理过程模型预测控制系统包含系统监测模块、模型预测控制模块、多变量模型预测控制模块、多目标模型预测控制模块、数据与知识驱动的模型预测控制模块与数据报表模块，如图 9-23 所示。

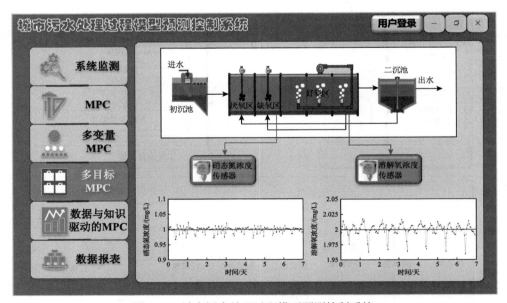

图 9-23　城市污水处理过程模型预测控制系统

　　基于上述模块，主要实现的系统功能如下：

(1)对于污水处理过程的监控系统，首先要开发基于组态软件的界面控制。在开发过程中将唯一用户集成到系统中，即每一个系统都只有唯一的登录用户。登录到监控系统中后，初始显示的为工艺流程界面。在该界面中可以看到整个污水处理过程的控制流程，并且监测污水进水总量以及污水处理厂排放污水总量。在该界面中，专业人员可以单击运行总开关按钮启动整个控制系统，该开关集成了数据存储、控制程序的调用、控制信号的传输等相关重要功能，不需要繁杂的控制流程即可让整个系统运行起来。其次，历史数据界面分为表格形式以及曲线图形式，表格中的历史数据能够反映整个曝气池中所有数据的历史信息，曲线图能够对某一检测量进行实时绘图，直观地展示该检测量的变化情况。

(2)通过实验室中实验平台和污水处理厂实际运行情况，设计组态监控系统，通过开放数据库连接(open database connectivity, ODBC)技术将监测系统中数据传至 MATLAB 运行的神经网络智能检测模块，实现数据通信。将仪表采集的数据通过编写智能控制算法进行计算，得出相应的控制信号，再传输给数据库进行存储，之后再由组态监控系统进行调用。

(3)完成每一步的数据传输过程后，最后还需根据实际需要设置智能控制程序的开始运行时间以及间隔，这需要通过在组态软件中编写相应的脚本文件来实现。为了满足实验的需求，设置为每隔 2min 运行一次智能程序，从而达到实时控制的目的。系统的整个控制流程如图 9-24 所示。

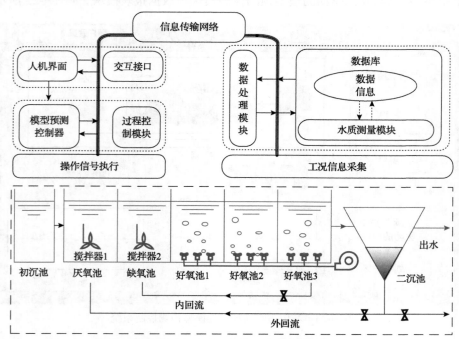

图 9-24　城市污水处理模型预测控制系统控制流程图

　　由上述结果可以看出，通过组态软件开发的城市污水处理过程模型预测控制系统，能够准确跟踪城市污水处理过程溶解氧浓度和硝态氮浓度的设定值，并将操作变量输送至下位机运行设备，通过 PLC 与鼓风机及变频器之间的协作完成接收命令，从而实现城市污水处理过程的稳定控制，保证出水水质达标。

9.7　本 章 小 结

　　本章介绍了城市污水处理过程模型预测控制方法、城市污水处理过程非线性多变量模型预测控制方法、城市污水处理过程非线性多目标模型预测控制方法和基于数据与知识驱动的污水处理过程模型预测控制方法，阐述了模型预测控制方法的基本原理及其特点分析，并介绍了一些城市污水处理过程模型预测控制案例。

　　首先，介绍了城市污水处理过程模型预测控制器的控制原理及方法设计，并通过仿真实验验证了模型预测控制方法在城市污水处理过程中的有效性；然后，介绍了一种可变结构径向基神经网络，用于解决污水处理系统中溶解氧浓度的模型预测控制策略，基于权值的更新和径向基函数神经网络的隐含层节点使模型可以根据当前系统动态进行调整，大大提高了模型的准确性，并且此类基于模型的自适应控制可显著提高控制性能。

　　其次，采用非线性多变量模型预测控制方案构建有效的控制器控制城市污水处理过程，该方法包括自组织径向基函数神经网络辨识器和基于多梯度法多变量控制器。自组织径向基函数神经网络辨识器实现更加准确的预测，最优控制的求解基于多梯度法，该算法可以缩短求解时间。该方法为实时控制提供了一个框架，可以快速实现基于多梯度法的控制计算，能够在降低运行成本的同时有效提高控制精度。

　　再次，介绍了城市污水处理过程非线性多目标模型预测控制方法，基于多个时间尺度运行指标的运行特点建立了分层运行指标模型，针对性能指标建立了多目标优化策略，并根据城市污水处理过程的特点建立了协同优化算法和预测控制策略。分层优化运行指标，达到满意的运行效果，实现多尺度运行指标的动态平衡，保证在满足出水水质要求的情况下降低运行成本。

　　最后，介绍了一种基于数据与知识驱动的城市污水处理过程非线性模型预测控制方法，分析了基于数据与知识驱动的模型预测控制原理，设计了一种系统的控制方法，利用一个基于数据与知识驱动的模型确定最优控制序列，采用一个调谐模型降低计算负担，实时在线求解 OCP，利用一种迁移学习机制确定该控制方法的最优控制序列。该模型不仅能够充分利用从当前场景得到的有限准确的状态，而且能够有效利用历史模型的现有知识，降低模型预测控制的在线计算负担，保证达到快速响应的目的。

第 10 章　城市污水处理过程控制发展趋势

10.1　引　言

随着仪表技术、控制理论、计算机技术以及人工智能技术的发展，城市污水处理厂的智慧化得到广泛关注和推行。但是城市污水处理过程包含物理化学过程以及生物处理过程，具有非线性、时变性、滞后性和不确定性等特点，该过程影响因素多，过程建模以及优化控制较为困难。面向这一复杂的过程，城市污水处理过程的智慧化需要利用新一代信息技术为工具，组织生产、运行、管理和诊断维护等各环节实现全流程、全方位、全智能监控，通过工业互联网达到信息互通、联动控制以及有序管理等目的，最终建设水质达标、运行高效、绿色节能、环境友好的城市污水处理厂。

智慧化城市污水处理厂的建成主要包括两点：先进的自动化技术以及智慧化污水处理优化控制系统。其中，前者是后者实现的基础，涉及污水处理过程模拟与仿真技术、自动化仪器仪表、数据采集与监控技术等。在城市污水处理过程模拟与仿真技术方面，虽然出现了 GPS-X、BioWin 以及 AQUASIM 等模型软件，但模型结构复杂、参数较多，难以与现有的自动控制系统建立联系。在城市污水处理仪器仪表方面，由于污水处理厂实际建设与运营时自控仪表安装不全，运行数据不够完整，如污泥回流量、混合液回流量、生物池内磷酸盐浓度和硝酸盐浓度、工艺处理各单元进出水参数等。在控制技术方面，引入城市污水处理控制领域时间较长，但大部分城市污水处理厂自动控制系统仅具备数据采集与简单控制功能，反馈调节及系统联动控制的功能没有完全实现。此外，大量生产数据未得到有效挖掘与应用，城市污水处理厂运行多以经验为主，调控缺乏科学量化的依据，大部分城市污水处理厂智能控制仅限于生产控制，对生产辅助与决策系统应用较少。因此，当前城市污水处理厂如何从"自动化"向"智慧化"转变仍需要较长的发展阶段。

本章将从自动化技术、过程控制模型、过程控制方法等角度出发，介绍关键性的方法与技术在城市污水处理领域的发展趋势，并分析和展望未来智慧化城市污水处理厂的建设。

10.2　城市污水处理过程自动化技术的发展趋势

城市污水处理过程自动化的主要目标不仅仅是保证生产处理质量，更注重的是减轻劳动强度、方便生产管理、提高设施设备的利用率、节能降耗、减员增效。为实现该目标，自动化技术在城市污水处理领域的市场前景十分广阔。随着未来城市污水处理市场规模的不断扩大，建设与运营标准趋于严格，与城市污水处理过程自动化相关的仪器仪表以及自动化技术也将得到充分发展和应用。

1. 城市污水处理过程自动化仪表发展趋势

未来城市污水处理领域相关的自动化仪表将逐步向多功能、智能化以及规范化方向发展，具体如下。

1) 城市污水处理领域相关的自动化仪表种类将逐渐增多

目前常见的水质参数如生化需氧量、化学需氧量、氨氮浓度、总磷浓度、总氮浓度等均有仪表产品可供选择。虽然价格相对昂贵，但大部分仪表功能齐全，基本能够满足城市污水处理水质检测需求。光学和电化学技术的不断提高，使得一些自动化仪表的功能将会集成化，仪表检测自维护和自校正功能也将得到进一步改善。

2) 城市污水处理领域相关自动化仪表向小型化、智能化、网络化方向迅速发展

微电子技术、计算机技术的不断发展，促使城市污水处理仪表不断更新换代。仪表的体积越来越小，电耗越来越低，功能越来越强。同时，未来城市污水处理自动化仪表将兼具各类通信接口，具有更好的兼容性，可将仪表的测量信号以数字的方式传送至计算机控制系统、移动通信系统等。此外，当前先进的语言、图像、信号识别技术在未来也将应用到自动化仪表中，提高仪表使用的便捷性。

3) 城市污水处理领域相关自动化仪表规范化

为了提高自动化仪表工程施工技术与管理水平，确保工程质量，城市污水处理相关自动化仪表的保管、安装与运维等将逐步规范化。城市污水处理领域相关自动化仪表规范将包括仪表设备及材料的检验与保管、仪表安装等一般规定与特殊仪表的相关特殊规定等。

2. 城市污水处理过程自动控制方法发展趋势

城市污水处理厂生物处理具有多变量、随机性、非线性、不确定性、时变性等特征。传统的控制方法在系统正常运行状态下工作良好，但当出现异常情况，如进水含有有毒物质、发生机械故障等异常工况时，传统控制方法不能根据外界

条件的变化采取相应的措施，难以继续有效工作。而以最优出水水质和节能为目标的智能控制方法显示出其优越性。

模糊控制、神经网络控制和自学习控制等智能控制方法使得系统具有自学习、自适应和自组织功能，适用于复杂的污水处理过程控制。近年来，智能控制在污水生物、物理、化学处理中都有典型的应用。从城市污水处理过程控制研究领域来看，智能控制已成为研究热点与前沿课题，显示出极为广阔的应用前景。

3. 城市污水处理过程自动化技术发展趋势

智慧化城市污水处理厂对自动化技术提出了更高的要求。污水处理自动化控制系统需支持多种冗余方式，能够更好地提高系统的可靠性，提高污水处理厂的运行效率，为更严格的水质达标提供保证。将先进的网络化技术融入城市污水处理的自动化过程是未来的发展趋势。通过运用网络化技术，在城市污水处理过程中实现全过程控制以及远程控制，有利于科学化、高效化管理。城市污水处理过程技术人员通过网络信息系统中的监控视频能够全方位、多角度地直接观察污水处理过程，不必一直在车间巡视检查，一旦发现问题，可以立即判断故障，及时修复，不会影响到正常污水处理，减少了管理人员数量，降低了企业人力成本。

4. 典型自动化产品的趋势

1) 监控软件

中央监控系统已成为污水处理厂日常监控和运维的中心。目前人们对广域污水监控系统的建设和完善越来越重视，监控软件正朝着大型化、信息化和网络化的方向发展。结合中小型污水处理厂的特点，广域监控是今后污水处理厂监控系统重要发展趋势之一。监控组态软件增加操作系统核心防护功能是污水处理厂监控系统未来发展的一个重点，能应对各种意外情况，尽可能防止系统发生故障。

2) 自动控制系统

城市污水处理厂的自动控制系统要求能够实现"集中管理、分散控制"的监控模式，确保系统的可靠性。系统内部的配置和调整灵活，构建弹性化，可根据不同工艺处理要求及用户需求进行优化。具备较好的开放性、兼容性和扩展性，可应用不同品牌的软硬件整合，可无缝地把分期建设的系统融为一体。未来城市污水处理自动控制系统要充分考虑与厂外污水处理厂、泵站等自控系统接口，可采用多种通信方案，实现有效的工艺处理的控制、诊断和调度。

10.3　城市污水处理过程控制模型的发展趋势

城市污水处理过程控制系统要求建立精确的数学模型，并且必须遵循一些比较苛刻的线性化假设，然而实际污水处理系统由于存在复杂性、非线性、时变性、不确定性和不完全性等特点，一般难以获得精确的数学模型和与实际相符的假设，因此采用传统控制理论建立的污水处理自动控制系统在实际工程应用上存在出水水质波动较大等问题。为此，数据驱动以及数据、机理、知识等混合驱动的模型已经在智慧化城市污水处理厂建设过程中得到青睐，但这些模型在过程控制应用中仍然存在较大的发展空间。

10.3.1　城市污水处理过程数据驱动模型应用与展望

数据驱动模型能够较好地实现污水处理水质与运行状态识别的任务，但是这种建模方法对数据质量要求较高，当数据存在大量缺失、异常时，数据模型的应用将会出现严重失准的问题。因此，获取理想的数据是应用数据驱动模型的前提。污水处理过程数据具有多层面不规则采样性、多时空时间序列性以及不真实数据混杂性等特征，具体分析如下。

1）多层面不规则采样性

污水处理过程数据既有高维动态的过程数据，又有不规则采样的指标数据，如典型污染物去除率往往难以在线测量，只能通过人工化验获得，具有大延迟和不规则采样的特点。现有数据驱动建模方法多集中在对规则采样数据的建模与分析，无法对不规则采样的数据进行建模与分析。

2）多时空时间序列性

城市污水处理过程采样变量规模、数据采样率、历史数据采样时间段的增大，可以采集存储到更大容量的多时空大数据。过程数据与指标数据不仅空间上具有相关性，由于生化反应过程多单元动态运行使得过程变量具有强自相关与互相关关系，时间尺度上数据也呈稀疏分布，且具有时间序列相关关系。高维动态的过程数据是带有强相关的时间序列，需要动态数据结构分析方法。目前数据建模方法主要是提取空间结构的静态数据统计分析，未考虑时间动态性，不能从历史动态大数据中提取运行工况特征信息。

3）不真实数据混杂性

数据采集、传输、存储过程中的异常以及传感器自身漂移，过程层的传感器故障、指标层人为误读数等会造成采集的高维动态数据中混杂离群点、缺失点等不真实数据。现有数据建模方法需要无污染的数据或对预处理后的数据建模。否则，模型参数受少数异常点影响大，模型失配时有发生。

计算机与仪表技术的不断提高使得污水处理过程数据质量与完备性得到改善，但污水处理过程面临更严苛的处理要求，数据驱动建模方法仍然面临以上问题，未来数据驱动建模方法在不同问题存在的情况下仍然具有较好的性能值得研究。

10.3.2　城市污水处理过程混合驱动模型应用与展望

城市污水处理过程数据来源广泛且存在缺失、异构、多尺度等特征，难以直接使用。此外，常见的数据驱动模型虽能够通过输入输出映射关系描述对象规律，但常常以黑箱模型形式使用，难以用人类可以理解的语言去描述变量之间的关联关系，模型输出结果也难以解释，使其在城市污水处理过程控制应用中存在巨大挑战。由此，一些结合知识或机理数学模型的混合建模方法得到广泛关注。

1. 数据和机理混合驱动模型

过程机理反映了污水处理生化反应过程的本质规律，是污水处理过程最重要、核心的知识，具有形式多样性和异构性的特点。污水处理过程是典型的物质能量转化过程，涉及一系列复杂的生物物理化学反应之间的转变，其生化反应已经被形式化为公式、方程式等数学形式，并随着机理研究深入不断更新。经验知识反映了人对于操作与过程之间内在关联的认知，具有隐蔽性、非量化、非一致性的特点。数据驱动模型具有只通过过程数据即可获取变量之间关联关系的优势，但是仍然需要在机理解释的前提下选择可匹配的变量。另外，机理在数据发生异常或受干扰较大的情况下仍然能够保持较好的解释性能，能够弥补数据驱动模型精度不足的问题。因此，未来机理与数据驱动混合模型将成为研究的热点。

2. 数据和知识混合驱动模型

知识驱动的模型具有较好的鲁棒性，能够克服污水处理过程中的不确定性与非线性，在保证城市污水处理辨识方面发挥了重要作用。但知识驱动的模型的劣势也十分显著，即知识驱动的模型难以适应工况的变化，而数据驱动的模型具有较好的自适应能力与成熟的校正算法，因此二者可以进行互补，一方面解决污水处理过程大规模、多流程等特点引起的数据不完备问题，另一方面能够增强模型的精度与鲁棒性。因此，未来数据和知识混合驱动模型将成为污水处理过程的重要模型之一。

10.4　城市污水处理过程控制方法的发展趋势

城市污水处理过程控制既是一个多工况的控制过程，也是一个多单元的控制过程。本节将从多工况控制和多单元控制两方面对城市污水处理过程控制方法发展进行展望。

10.4.1　面向多工况的城市污水处理过程控制应用与展望

城市污水处理过程异常工况识别和抑制已经成为确保污水处理安全稳定运行

的重要组成部分，成为衡量城市污水处理技术水平的一个重要标志。城市污水处理过程中的污水水质、工况环境，甚至污水处理需求具有多变性，即城市污水处理过程通常以多工况形式呈现，制约了其控制技术的进一步发展。

首先，如何提高软测量模型和智能控制器模型自身的适应能力，即设法随着污水处理水质成分、工况环境等的变化，不断调整软测量模型和智能控制器模型自身结构和参数，从而保持辨识和控制过程的精确性，即模型的精确性是满足污水处理安全稳定运行并追求生产全流程优化的重要保障。

其次，如何拓展控制方法功能，实现"对症下药"控制污水处理多工况，避免"大材小用"带来的损失，同时保证控制的成功率也是目前待解决的难题。污水处理异常工况的特征极具多样化，单个类型的异常工况，也呈现不同的特征，相应的控制手段也不一。为了使合适的抑制措施匹配于合适类型的异常工况，需要对异常工况的不同类型、不同程度、不同范围等进行精细化描述，从而选择适宜的方法实现抑制。同时，目前的污水处理过程可调节量有限，控制过程严重欠驱动，也为通过过程调控实现多工况的控制带来挑战。

最后，多工况控制方法的可靠性不足且评价困难。出于污水处理多工况的特殊性，无法利用多种工况的实际案例对控制方法进行反复验证和改进，只能在实验室内进行仿真验证，而且仅用历史数据校正模型，控制方法还缺乏代表性和可靠性。设计控制方法在移植入实际污水处理厂进行应用前还需要进行各方面的评价和测试。如何提高方法的可靠性，设计和完善污水处理多工况控制方法的评价体系也是目前困扰该领域的难题之一。

10.4.2　面向多单元的城市污水处理过程控制应用与展望

城市污水处理过程多单元控制已经成为当前污水处理领域的热点问题。城市污水处理过程主要包括集水井液位控制单元、曝气池溶解氧浓度控制单元、污泥处理单元以及终沉池药品投加单元。因此，城市污水处理过程具有多个控制单元，这制约了其控制技术的进一步发展。

污水处理系统主要的控制单元介绍如下。

1) 集水井液位控制单元

该单元液位开关分别指示低限液位、低液位、高液位和高限液位。控制室操作站上显示这些液位值，并以此为依据对集水井提升泵进行连锁控制。正常液位应该在高液位和低液位之间。在高液位时，控制变频器会运转在高频状态。当液位在低限液位时，将停止所有提升泵，防止提升泵干研磨而损坏。

2) 曝气池溶解氧浓度控制单元

该单元利用多台鼓风机充当气源。通常，控制室通过控制鼓风机使溶解氧浓度值处于 2mg/L 以上。同时，鼓风机的运行状态在操作站上显示。

3）污泥处理单元

该单元通过操作站相关设备控制启停，并显示运行状态。

4）终沉池药品投加单元

根据污水处理出水水质的浓度提前在该单元投加相关药品，保证出水水质达标。

首先，在多单元控制下，保证软测量模型和控制器模型的协同控制能力。在多个单元的多个控制需求下，不断调整模型结构和参数，从而保证对多个控制变量的辨识和控制的精确性，即满足污水处理安全稳定运行的重要保障。

其次，如何改良控制策略，解决多单元控制的难题，同时保证控制的成功率也是目前待解决的问题。污水处理的多单元控制方式呈现不同类型，对应的控制手段也不一。因此，为了设计合适的控制手段，使其同时匹配多个单元的控制变量，需要对不同单元的控制变量、控制手段进行分析，从而设计有效的方法进行调控。

最后，多单元控制领域研究不深入且可靠性不足。针对污水处理多单元控制的独特性，如何实现多个控制变量的协同控制，设计合理的控制策略保证控制目标最优是目前困扰该领域的难题之一。

10.5　城市污水处理过程控制系统的发展趋势

未来城市污水处理过程控制系统将实现污水收集、集中处理、中水循环过程的信息交互，以及综合运营管理的信息化、智能化、规范化，满足污水处理对实时、可视、预测分析、优化控制、异常工况预警与自愈等功能的需求，提升城市污水处理行业科学管理水平，实现节能降耗，降低成本，提高污水处理效益。

1. 重要性与可能性

未来污水处理过程控制系统将提升我国污水处理行业智能化生产水平，是我国对提升水生态环境保护、水资源再利用等能力的重大需求，同时也是促进未来城市走向智慧化、绿色化的重要组成部分。在科技日新月异和产品制造复杂性的趋势下，如何有效提升污水处理过程自动化系统水平，已成为未来发展的重点。未来污水处理过程控制系统将走入我国各城市地区，发挥提升污水处理效率与效益的能力，解决当前城市污水处理面临的信息感知难、优化控制难、异常工况预警和自愈难等问题，引领国际污水处理行业，逐步打开国内外污水处理自动化系统集成市场，创造污水处理行业更大的收益。此外，具有先进自动化技术的未来城市污水处理智能优化运行系统，也将扩大自动化理论、技术和产品影响力，推动智慧化、绿色化城市的发展。

当前我国正加大先进节能环保技术研发力度,扶持高效、清洁、低碳、循环的智能、绿色制造,为未来污水处理智能优化运行系统的发展指明了方向。信息化、网络化、人工智能、大数据处理等技术的兴起和发展,为污水处理过程控制系统提供了坚实的技术基础和解决挑战性问题的有效工具。例如,视频采集和识别、各类传感器、无线定位系统、视觉标签、无线通信、语音识别等顶尖技术,将辅助未来城市污水处理过程控制系统构建智能视觉网络对污水处理厂进行全面准确的实时感知,涵盖污水处理厂运营管理的生产运行、优化控制等方面,将采集的数据可视化和规范化,让管理者能进行可视化、智能化、综合化的生产运行管理。同时,巡检机器人、流动式智能在线仪表等高新设备也将融入城市污水处理过程控制系统,走向污水处理厂,提升污水处理效率,减少人工干预。

2. 目标及愿景功能

未来污水处理过程控制系统将具有自主能力,可采集数据和获取知识,理解有效过程信息,并可分析判断及规划污水处理过程操作。系统可视技术的实现,结合信息处理、推理预测、仿真及多媒体技术,全面展示实际污水处理过程的运行概况,实现提高污水处理效果、安全可靠生产、降低药耗和能耗等目标,并取得较好的社会效益和经济效益。未来污水处理过程控制系统将集自动化、人工智能、网络、图形显示等技术于一体,在确保达到规定的技术要求及污水处理过程优质可靠运行排放达标的前提下,通过信息多层"无缝"连接,为实现污水处理过程的管控一体化及综合信息处理,集成包括运营管理、过程优化、异常工况预警、现场控制等功能。

3. 主要内容

未来污水处理过程控制系统能够利用无线网络快速查看各关键节点的现场运行图像及视频,实现全面监测;借助高性能的计算机系统进行污水处理过程工况模拟分析和预测,并将其与实际发生数据进行分析比对,形成实时调整操作方案,展现给操作人员;系统能够自动预警异常工况,根据预警程度,给出调整预案,及时自主预防和控制异常工况。

4. 未来城市污水处理过程控制系统实现的线路图

未来污水处理过程控制将主要通过如下步骤实现。

1)实现污水处理数字化、自动化,覆盖污水处理各环节

完善污水处理过程检测设备的安置,提供污水处理全程的监控,确保关键水质参数的实时测量;兼顾污水处理效果和处理效益,增设污水排放、生化处理和中水回收的控制操作设备;设置设备故障、异常工况预警系统,降低故障及异常

工况发生率。

2)实现全流程智能，提高自主和精细化管控水平

结合人工智能和大数据技术，实现污水处理数据和知识的获取、处理及运用；引入巡检机器人，移动智能检测设备，进一步提高过程监测的可靠性和实时性；构建污水排放、生化处理和中水回收自主控制系统，实现污水处理精细化管控。

3)实现虚拟可视化、过程模拟及远程操控

借助高性能的计算机系统进行工艺模拟分析和预测，并形成过程调整方案；中控室及管理人员可查看全息3D(三维)的工艺模拟信息和各类参考数据，并实现对现场的远程操作。

4)实现全流程无人化操作，可个性化定制

针对城市污水处理过程，形成一套统一的、标准的污水处理过程控制系统，满足城市污水处理各项需求，同时满足不同地域特征、工艺和用户需求的个性化定制。

5)与气象、排涝调度、管网等环节智慧互联

融入城市气象、管网、饮用水供给等环节之间的智慧网络；优化配置城市污水处理过程控制系统的软硬件，在提高系统性能的同时，实现更为便捷的安装、调试，提高系统的用户体验。

10.6 本 章 小 结

城市污水处理厂升级改造、技术革新的必然选择是构建城市污水处理过程智能控制系统，确保污水处理过程安全稳定运行、实时达标运行以及绿色高效运行。借鉴人与信息物理系统体系的概念，设计城市污水处理过程智能控制系统，是一个综合人、网络和污水处理过程的多维复杂系统，通过人、通信与物理系统的一体化设计，实现系统计算、通信、精确控制、远程协调和自主决策等功能。其运行系统应包含：城市污水处理过程全流程智能协同控制系统、污水处理异常工况智能预警与自愈控制系统、污水处理过程可视化虚拟仿真系统以及城市污水处理过程智能优化决策系统等。此外，为了实现系统功能，城市污水处理过程智能控制系统将在多核嵌入式系统平台和污水处理过程工业大数据管控云平台之上，以污水处理过程能耗小、出水水质稳定达标为目标，面向污水收集、集中处理、中水循环应用，全流程智能优化调控城市污水处理，使其达到理想的状态。

参 考 文 献

[1] 美国能源部水资源-能源技术小组. 水资源-能源关系: 机遇与挑战. 华盛顿: 美国能源部, 2014.

[2] Smith K, Liu S M, Hu H Y, et al. Water and energy recovery: The future of wastewater in China. Science of the Total Environment, 2018, 637(1): 1466-1470.

[3] 国家发展改革委, 住房城乡建设部. "十三五"全国城镇污水处理及再生利用设施建设规划. 发改环资〔2016〕2849 号, 2016.12.31.

[4] 国务院. 水污染防治行动计划. 国发〔2015〕17 号, 2015.4.16.

[5] 中华人民共和国住房和城乡建设部, 中华人民共和国生态环境部, 中华人民共和国国家发展和改革委员会. 城镇污水处理提质增效三年行动方案(2019—2021年). 建城〔2019〕52 号, 2019.4.29.

[6] 李安, 宋文波, 刘达克, 等. 2019 年城镇污水治理行业发展评述及发展展望. 中国环保产业, 2020, (1): 17-19.

[7] 伍小龙. 城市污水处理过程自组织滑模控制研究. 北京: 北京工业大学, 2019.

[8] Verrecht B, Maere T, Benedetti L. Model-based energy optimisation of a small-scale decentralised membrane bioreactor for urban reuse. Water Research, 2010, 44(14): 4047-4056.

[9] 国家环境保护总局, 国家质量监督检验检疫总局. 城镇污水处理厂污染物排放标准[S]. GB 18918—2002. 北京: 中国环境出版社, 2003.

[10] Wang Y Z, Wang Z D, Zou L, et al. Nonfragile dissipative fuzzy PID control with mixed fading measurements. IEEE Transactions on Fuzzy Systems, 2022, 30(11): 5019-5033.

[11] Wu C W, Liu J X, Xiong Y Y, et al. Observer-based adaptive fault-tolerant tracking control of nonlinear nonstrict-feedback systems. IEEE Transactions on Neural Networks and Learning Systems, 2018, 29(7): 3022-3033.

[12] Man Y C, Liu Y G. Adaptive stabilizing control design via switching for high-order uncertain nonlinear systems. Proceedings of the 32nd Chinese Control Conference, Xi'an, 2013: 850-855.

[13] Lu Y K. Adaptive-fuzzy control compensation design for direct adaptive fuzzy control. IEEE Transactions on Fuzzy Systems, 2018, 26(6): 3222-3231.

[14] Wang A Q, Liu L B, Qiu J, et al. Event-triggered robust adaptive fuzzy control for a class of nonlinear systems. IEEE Transactions on Fuzzy Systems, 2019, 27(8): 1648-1658.

[15] Han H G, Ma M L, Qiao J F. Accelerated gradient algorithm for RBF neural network. Neurocomputing, 2021, 441: 237-247.

[16] Han G, Qiao J. Research on dissolved oxygen concentration modeling and controlling based on neural network. Proceedings of the 30th Chinese Control Conference, Shenyang, 2011: 2737-2742.

[17] 王藩, 王小艺, 魏伟, 等. 基于 BSM1 的城市污水处理优化控制方案研究. 控制工程, 2015, 22(6): 1224-1229.

[18] Liu W L, Hao S F, Ma B, et al. In-situ fermentation coupling with partial-denitrification/anammox process for enhanced nitrogen removal in an integrated three-stage anoxic/oxic(A/O) biofilm reactor treating low COD/N real wastewater. Bioresource Technology, 2022, 344: 126267.

[19] Yang Y, Yang J K, Zuo J L, et al. Study on two operating conditions of a full-scale oxidation ditch for optimization of energy consumption and effluent quality by using CFD model. Water Research, 2011, 45(11): 3439-3452.

[20] Yamanaka O, Onishi Y, Namba R, et al. A total cost minimization control for wastewater treatment process by using extremum seeking control. Water Practice and Technology, 2017, 12(4): 751-760.

[21] Revollar S, Vega P, Vilanova R, et al. Optimal control of wastewater treatment plants using economic-oriented model predictive dynamic strategies. Applied Sciences, 2017, 7(8): 813.

[22] Sharma A K, Guildal T, Thomsen H A R, et al. Aeration tank settling and real time control as a tool to improve the hydraulic capacity and treatment efficiency during wet weather: Results from 7 years' full-scale operational data. Water Science and Technology, 2013, 67(10): 2169-2176.

[23] Åmand L, Carlsson B. Optimal aeration control in a nitrifying activated sludge process. Water Research, 2012, 46(7): 2101-2110.

[24] Zhan J X, Ikehata M, Mayuzumi M, et al. An aeration control strategy for oxidation ditch processes based on online oxygen requirement estimation. Water Science and Technology, 2013, 68(1): 76-82.

[25] Tian W D, Li W G, Zhang H, et al. Limited filamentous bulking in order to enhance integrated nutrient removal and effluent quality. Water Research, 2011, 45(16): 4877-4884.

[26] Li J Z, Tian Y, Yuan D C. Selective ensemble extreme learning machine modeling of effluent quality in wastewater treatment plants. International Journal of Automation and Computing, 2012, 9(6): 627-633.

[27] 刘钰, 刘飞萍, 刘霞, 等. 催化铁耦合生物除磷工艺中生物与化学除磷的关系. 环境工程学报, 2016, 10(2): 611-616.

[28] Herschy R W. Activated Sludge Process: Historical//Encydopedia of Earth Science. London: Springer, 1998.

[29] 彭永臻. SBR 法的五大优点. 中国给水排水, 1993, 9(2): 29-31.

[30] 蒋克彬, 彭松, 陈秀珍, 等. 水处理工程常用设备与工艺. 北京: 中国石化出版社, 2011.

[31] 王晓莲, 彭永臻. A²/O 法污水生物脱氮除磷处理技术与应用. 北京: 科学出版社, 2009.

[32] 刘载文, 魏伟. 污水处理过程优化控制系统. 北京: 中国轻工业出版社, 2014.

[33] 李亚峰, 晋文学. 城市污水处理厂运行管理. 2 版. 北京: 化学工业出版社, 2010.

[34] Xiao G Y, Zhang H G, Luo Y H, et al. Data-driven optimal tracking control for a class of affine non-linear continuous-time systems with completely unknown dynamics. Control Theory & Applications, 2016, 10(6): 700-710.

[35] Guo L S, Vanrolleghem P A. Calibration and validation of an activated sludge model for greenhouse gases No. 1(ASMG1): Prediction of temperature-dependent N_2O emission dynamics. Bioprocess and Biosystems Engineering, 2014, 37(2): 151-163.

[36] Henze M, Grady L J R, Gujer W, et al. Aolivated sludge model No. 1. Sweden: International Association on Water Quality, 1986.

[37] Cinarö, Daigger G T, Graef S P, et al. Evaluation of IAWQ activated sludge model No.2 using steady-state data from four full-scale wastewater treatment plants. Water Environment Research, 1998, 70(6): 1216-1224.

[38] Descoins N, Deleris S, Lestienne R, et al. Energy efficiency in waste water treatments plants: Optimization of activated sludge process coupled with anaerobic digestion. Energy, 2012, 41(1): 153-164.

[39] Cruz Bournazou M N, Hooshiar K, Arellano-Garcia H, et al. Optimization of a sequencing batch reactor process for waste water treatment using a two step nitrification model. Computer Aided Chemical Engineering, 2011, 29: 1291-1295.

[40] Afolalu S A, Ikumapayi O M, Ogedengbe T S, et al. Waste pollution, wastewater and effluent treatment methods—An overview. Materials Today: Proceedings, 2022, 62: 3282-3288.

[41] Jana D K, Bhunia P, Das Adhikary S, et al. Optimization of effluents using artificial neural network and support vector regression in detergent industrial wastewater treatment. Cleaner Chemical Engineering, 2022, 3: 100039.

[42] 柯仲祥. 污水处理过程中出水水质预测及多目标优化控制. 天津: 天津工业大学, 2021.

[43] 马勇, 彭永臻. 城市污水处理系统运行及过程控制. 北京: 科学出版社, 2007.

[44] Yang Z C, Sun H M, Zhou Q, et al. Nitrogen removal performance in pilot-scale solid-phase denitrification systems using novel biodegradable blends for treatment of waste water treatment plants effluent. Bioresource Technology, 2020, 305: 122994.

[45] Zhou Q, Sun H M, Jia L X, et al. Simultaneous biological removal of nitrogen and phosphorus from secondary effluent of wastewater treatment plants by advanced treatment: A review. Chemosphere, 2022, 296: 134054.

[46] Flores-Alsina X, Arnell M, Amerlinck Y, et al. Balancing effluent quality, economic cost and greenhouse gas emissions during the evaluation of(plant-wide)control/operational strategies in WWTPs. Science of the Total Environment, 2014, 466(1): 616-624.

[47] Vu L T T, Williams M S J, Bahri P A. Control Strategy Designs and Simulations for a Biological

Waste Water Treatment Process. Amsterdam: Elsevier, 2014.

[48] Yang Q M, Cao W W, Meng W C, et al. Reinforcement-learning-based tracking control of waste water treatment process under realistic system conditions and control performance requirements. IEEE Transactions on Systems, Man, and Cybernetics: Systems, 2022, 52(8): 5284-5294.

[49] Han H G, Wu X L, Qiao J F. Design of robust sliding mode control with adaptive reaching law. IEEE Transactions on Systems, Man, and Cybernetics: Systems, 2020, 50(11): 4415-4424.

[50] Lafont F, Pessel N, Balmat J F, et al. Unknown-input observability with an application to prognostics for waste water treatment plants. European Journal of Control, 2014, 20(2): 95-103.

[51] Wei W, Xia P F, Liu Z W, et al. A modified active disturbance rejection control for a wastewater treatment process. Chinese Journal of Chemical Engineering, 2020, 28(10): 2607-2619.

[52] Nagy-Kiss A M, Schutz G. Estimation and diagnosis using multi-models with application to a wastewater treatment plant. Journal of Process Control, 2013, 23(10): 1528-1544.

[53] 李亚新. 活性污泥法理论与技术. 北京: 中国建筑工业出版社, 2007.

[54] Ma Y, Peng Y, Wang S. New automatic control strategies for sludge recycling and wastage for the optimum operation of pre-denitrification processes. Journal of Chemical Technology and Biotechnology, 2006, 81(1): 41-47.

[55] Cho J H, Sung S W, Lee I B. Cascade control strategy for external carbon dosage predenitrifying process. Water Science and Technology, 2002, 45(4-5): 53-60.

[56] Huyskens C, Brauns E, van Hoof E, et al. Validation of a supervisory control system for energy savings in membrane bioreactors. Water Research, 2011, 45(3): 1443-1453.

[57] Rieger L, Jones R M, Dold P L, et al. Myths about ammonia feedforward aeration control. Proceedings of the Water Environment Federation, 2012, (14): 2483-2502.

[58] Join C, Bernier J, Mottelet S, et al. A simple and efficient feedback control strategy for wastewater denitrification. IFAC-PapersOnLine, 2017, 50(1): 7657-7662.

[59] Akyurek E, Yuceer M, Atasoy I, et al. Comparison of control strategies for dissolved oxygen control in activated sludge wastewater treatment process. Computer Aided Chemical Engineering, 2009, 26: 1197-1201.

[60] Sadeghassadi M, MacNab C J B, Gopaluni B, et al. Application of neural networks for optimal-setpoint design and MPC control in biological wastewater treatment. Computers & Chemical Engineering, 2018, 115: 150-160.

[61] Flores-Alsina X, Rodríguez-Roda I, Sin G, et al. Multi-criteria evaluation of wastewater treatment plant control strategies under uncertainty. Water Research, 2008, 42(17): 4485-4497.

[62] Stare A, Vrecko D, Hvala N, et al. Comparison of control strategies for nitrogen removal in an activated sludge process in terms of operating costs: A simulation study. Water Research, 2007, 41(9): 2004-2014.

[63] Flores V R, Sanchez E N, Béteau J F, et al. Dissolved oxygen regulation by logarithmic/ antilogarithmic control to improve a wastewater treatment process. Environmental Technology, 2013, 34(23): 3103-3116.

[64] Williams G L, Rhinehart R R, Riggs J B. In-line process-model-based control of wastewater pH using dual base injection. Industrial & Engineering Chemistry Research, 1990, 29(7): 1254-1259.

[65] Bernard O, Hadj-Sadok Z, Dochain D, et al. Dynamical model development and parameter identification for an anaerobic wastewater treatment process. Biotechnology and Bioengineering, 2001, 75(4): 424-438.

[66] Batstone D J. Mathematical modelling of anaerobic reactors treating domestic wastewater: Rational criteria for model use. Reviews in Environmental Science and Bio/Technology, 2006, 5(1): 57-71.

[67] Sniders A, Laizans A. Adaptive model of wastewater aeration tank. Scientific Journal of Riga Technical University Environmental and Climate Technologies, 2011, 6(1): 112-117.

[68] Rivas A, Irizar I, Ayesa E. Model-based optimisation of wastewater treatment plants design. Environmental Modelling & Software, 2008, 23(4): 435-450.

[69] Wang C R, Li J, Wang B Z, et al. Development of an empirical model for domestic wastewater treatment by biological aerated filter. Process Biochemistry, 2006, 41(4): 778-782.

[70] Dürrenmatt D J, Gujer W. Data-driven modeling approaches to support wastewater treatment plant operation. Environmental Modelling & Software, 2012, 30(5): 47-56.

[71] Syafiie S, Tadeo F, Martinez E, et al. Model-free control based on reinforcement learning for a wastewater treatment problem. Applied Soft Computing, 2011, 11(1): 73-82.

[72] Liu Y, Tay J H. State of the art of biogranulation technology for wastewater treatment. Biotechnology Advances, 2004, 22(7): 533-563.

[73] Wahab N A, Katebi R, Balderud J, et al. Data-driven adaptive model-based predictive control with application in wastewater systems. IET Control Theory & Applications, 2010, 5(6): 803-812.

[74] Qiao J F, Bo Y C, Chai W, et al. Adaptive optimal control for a wastewater treatment plant based on a data-driven method. Water Science and Technology, 2013, 67(10): 2314-2320.

[75] Gussem K D, Fenu A, de Gussem K, et al. The impact of horizontal water velocity on the energy consumption of a full-scale wastewater treatment plant. Water and Environment Journal, 2013, 27(2): 247-252.

[76] Sharma Y, Li B K. Optimizing hydrogen production from organic wastewater treatment in batch reactors through experimental and kinetic analysis. International Journal of Hydrogen Energy, 2009, 34(15): 6171-6180.

[77] Zeng Y H, Zhang Z J, Kusiak A, et al. Optimizing wastewater pumping system with data-driven models and a greedy electromagnetism-like algorithm. Stochastic Environmental Research and Risk Assessment, 2016, 30(4): 1263-1275.

[78] Kusiak A, Wei X P. A data-driven model for maximization of methane production in a wastewater treatment plant. Water Science and Technology, 2012, 65(6): 1116-1122.

[79] Assmann C, Scott A, Biller D. Online total organic carbon(TOC)monitoring for water and wastewater treatment plants processes and operations optimization. Drinking Water Engineering and Science, 2017, 10(2): 61-68.

[80] Han H G, Zhu S G, Qiao J F, et al. Data-driven intelligent monitoring system for key variables in wastewater treatment process. Chinese Journal of Chemical Engineering, 2018, 26(10): 2093-2101.

[81] Li C, Liu D, Wang D. Data-based optimal control for weakly coupled nonlinear systems using policy iteration. IEEE Transactions on Systems, Man, and Cybernetics: Systems, 2018, 48(4): 511-521.

[82] 李华, 陈良. 非线性系统的线性定常扰动观测器前馈控制. 控制工程, 2013, 20(6): 1037-1041.

[83] Duzinkiewicz K, Brdys M A, Kurek W, et al. Genetic hybrid predictive controller for optimized dissolved-oxygen tracking at lower control level. IEEE Transactions on Control Systems Technology, 2009, 17(5): 1183-1192.

[84] Refsgaard J C, van der Sluijs J P, Højberg A L, et al. Uncertainty in the environmental modelling process—A framework and guidance. Environmental Modelling & Software, 2007, 22(11): 1543-1556.

[85] Corder G D, Lee P L. Feedforward control of a wastewater plant. Water Research, 1986, 20(3): 301-309.

[86] 王丽娟. 具有神经网络前馈控制器的污水处理模糊控制系统设计. 电子设计工程, 2012, 20(15): 94-96.

[87] Mazenc F, Praly L. Adding integrations, saturated controls, and stabilization for feedforward systems. IEEE Transactions on Automatic Control, 1996, 41(11): 1559-1578.

[88] Zhu Q X, Wang H. Output feedback stabilization of stochastic feedforward systems with unknown control coefficients and unknown output function. Automatica, 2018, 87: 166-175.

[89] Zhang X F, Baron L, Liu Q R, et al. Design of stabilizing controllers with a dynamic gain for feedforward nonlinear time-delay systems. IEEE Transactions on Automatic Control, 2011, 56(3): 692-697.

[90] Michałek M M. Fixed-structure feedforward control law for minimum- and nonminimum-phase LTI SISO systems. IEEE Transactions on Control Systems Technology, 2016, 24(4):

1382-1393.

[91] Vrečko D, Hvala N. Model-Based Control of the Ammonia Nitrogen Removal Process in a Wastewater Treatment Plant. London: Springer London, 2013.

[92] Serhani M, Gouze J L, Raissi N. Dynamical study and robustness for a nonlinear wastewater treatment model. Nonlinear Analysis: Real World Applications, 2011, 12(1): 487-500.

[93] Mandra S, Galkowski K, Aschemann H. Robust guaranteed cost ILC with dynamic feedforward and disturbance compensation for accurate PMSM position control. Control Engineering Practice, 2017, 65: 36-47.

[94] Chistiakova T, Wigren T, Carlsson B. Combined L_2-stable feedback and feedforward aeration control in a wastewater treatment plant. IEEE Transactions on Control Systems Technology, 2019, 99: 1-8.

[95] Chakravarty S P, Sinha A, Roy A S, et al. Robust control of nitrification process in activated sludge treatment plant using quantitative feedback theory. IFAC-PapersOnLine, 2022, 55(1): 76-81.

[96] Vázquez-Méndez M E, Alvarez-Vázquez L J, Garcia-Chan N, et al. Improving the environmental impact of wastewater discharges with a specific simulation-optimization software. Journal of Computational and Applied Mathematics, 2013, 246: 320-328.

[97] Qiu Y, Gu C M, Li B, et al. Aptameric detection of quinine in reclaimed wastewater by using a personal glucose meter. Analytical Methods, 2018, 10(90): 10-25.

[98] Wang F, Chen B, Lin C, et al. Adaptive neural network finite-time output feedback control of quantized nonlinear systems. IEEE Transactions on Cybernetics, 2018, 48(6): 1839-1848.

[99] Wang Y L, Han Q L. Network-based modelling and dynamic output feedback control for unmanned marine vehicles in network environments. Automatica, 2018, 91: 43-53.

[100] Ai W Q, Zhai J Y, Fei S M. Output feedback stabilization for a class of stochastic high-order feedforward nonlinear systems with time-varying. Asian Journal of Control, 2015, 88(12): 2477-2487.

[101] Krohling R A, Rey J P. Design of optimal disturbance rejection PID controllers using genetic algorithms. IEEE Transactions on Evolutionary Computation, 2001, 5(1): 78-82.

[102] Verma B, Padhy P K. Robust fine tuning of optimal PID controller with guaranteed robustness. IEEE Transactions on Industrial Electronics, 2020, 67(6): 4911-4920.

[103] 张伟. 自整定 PID 控制算法的比较与研究. 沈阳: 沈阳理工大学, 2021.

[104] 苏杰, 曾喆昭. 非线性时变系统的自耦 PID 控制方法. 控制理论与应用, 2022, 39(2): 299-306.

[105] Du S L, Yan Q S, Qiao J F. Event-triggered PID control for wastewater treatment plants. Journal of Water Process Engineering, 2020, 38: 101659.

[106] Kang D H, Kim K, Jang Y, et al. Nutrient removal and community structure of wastewater-borne algal-bacterial consortia grown in raw wastewater with various wavelengths of light. International Biodeterioration & Biodegradation, 2018, 126: 10-20.

[107] Kim Y K, Jeon G. Error reduction of sliding mode control using Sigmoid-type nonlinear interpolation in the boundary layer. International Journal of Control Automation and Systems, 2004, 2(4): 523-529.

[108] Yoo R, Kim J, McCarty P L, et al. Anaerobic treatment of municipal wastewater with a staged anaerobic fluidized membrane bioreactor(SAF-MBR) system. Bioresource Technology, 2012, 120: 133-139.

[109] Rodrigo M A, Seco A, Ferrer J, et al. The effect of sludge age on the deterioration of the enhanced biological phosphorus removal process. Environmental Technology, 1999, 20(10): 1055-1063.

[110] Tang H, Gao J, Chen X, et al. Development and repetitive-compensated PID control of a nanopositioning stage with large-stroke and decoupling property. IEEE Transactions on Industrial Electronics, 2018, 65(5): 3995-4005.

[111] Wahab N A, Katebi M R, Balderud J. Multivariable PID control design for wastewater systems. Conference on Control & Automation, Athens, 2007: 1-6.

[112] Vaiopoulou E, Melidis P, Aivasidis A. Growth of filamentous bacteria in an enhanced biological phosphorus removal system. Desalination, 2007, 213(1-3): 288-296.

[113] Jiang B P, Karimi H R, Kao Y G, et al. A novel robust fuzzy integral sliding mode control for nonlinear semi-Markovian jump T-S fuzzy systems. IEEE Transactions on Fuzzy Systems, 2018, 26(6): 3594-3604.

[114] Zheng B C, Yu X H, Xue Y M. Quantized feedback sliding-mode control: An event-triggered approach. Automatica, 2018, 91: 126-135.

[115] He W, Dong Y T. Adaptive fuzzy neural network control for a constrained robot using impedance learning. IEEE Transactions on Neural Networks and Learning Systems, 2018, 29(4): 1174-1186.

[116] Wang J L, Wu H N. Synchronization and adaptive control of an array of linearly coupled reaction-diffusion neural networks with hybrid coupling. IEEE Transactions on Cybernetics, 2014, 44(8): 1350-1361.

[117] Chu Y D, Fei J T, Hou S X. Adaptive global sliding-mode control for dynamic systems using double hidden layer recurrent neural network structure. IEEE Transactions on Neural Networks and Learning Systems, 2020, 31(4): 1297-1309.

[118] Lin M J, Luo F. A nonlinear adaptive control approach for an activated sludge process using neural networks. The 26th Chinese Control and Decision Conference, Changsha, 2014:

2435-2440.

[119] Kandare G, Nevado Reviriego A. Adaptive predictive expert control of dissolved oxygen concentration in a wastewater treatment plant. Water Science and Technology, 2011, 64(5): 1130-1136.

[120] Li Y M, Sui S, Tong S C. Adaptive fuzzy control design for stochastic nonlinear switched systems with arbitrary switchings and unmodeled dynamics. IEEE Transactions on Cybernetics, 2017, 47(2): 403-414.

[121] Tong R M, Beck M B, Latten A. Fuzzy control of the activated sludge wastewater treatment process. Automatica, 1980, 16(6): 695-701.

[122] Wang D, Hu L Z, Zhao M M, et al. Adaptive critic for event-triggered unknown nonlinear optimal tracking design with wastewater treatment applications. IEEE Transactions on Neural Networks and Learning Systems, 2023, 34(9): 6276-6288.

[123] Zenga F, Tardivo V, Pacca P, et al. Nanofibrous synthetic dural patch for skull base defects: Preliminary experience for reconstruction after extended endonasal approaches. Journal of Neurological Surgery Reports, 2016, 77(1): 50-55.

[124] Cristea V M, Pop C, Agachi P S. Model predictive control of the waste water treatment plant based on the benchmark simulation model No.1-BSM1. Computer Aided Chemical Engineering, 2008, 25: 441-446.

[125] Yang Q, Liu X, Peng C, et al. N(2)O production during nitrogen removal via nitrite from domestic wastewater: Main sources and control method. Environmental Science & Technology, 2009, 43(24): 9400-9406.

[126] Zeng G M, Qin X S, He L, et al. A neural network predictive control system for paper mill wastewater treatment. Engineering Applications of Artificial Intelligence, 2003, 16(2): 121-129.

[127] Brauns E, van Hoof E, Huyskens C, et al. On the concept of a supervisory, fuzzy set logic based, advanced filtration control in membrane bioreactors. Desalination and Water Treatment, 2011, 29(1-3): 119-127.

[128] Ruano M V, Ribes J, Seco A, et al. DSC: Software tool for simulation-based design of control strategies applied to wastewater treatment plants. Water Science and Technology, 2011, 63(4): 796-803.

[129] 张秀玲, 郑翠翠, 贾春玉. 基于模糊神经网络 PID 控制的污水处理应用研究. 化工自动化及仪表, 2010, 37(2): 11-13.

[130] Lin D, Wang X Y. Observer-based decentralized fuzzy neural sliding mode control for interconnected unknown chaotic systems via network structure adaptation. Fuzzy Sets and Systems, 2010, 161(15): 2066-2080.

[131] Wai R J, Muthusamy R. Fuzzy-neural-network inherited sliding-mode control for robot manipulator including actuator dynamics. IEEE Transactions on Neural Networks and Learning Systems, 2013, 24(2): 274-287.

[132] Zhao W Q, Li K, Irwin G W. A new gradient descent approach for local learning of fuzzy neural models. IEEE Transactions on Fuzzy Systems, 2013, 21(1): 30-44.

[133] Yang Y K, Sun T Y, Huo C L, et al. A novel self-constructing radial basis function neural-fuzzy system. Applied Soft Computing, 2013, 13(5): 2390-2404.

[134] Lu H P, Plataniotis K N, Venetsanopoulos A N. MPCA: Multilinear principal component analysis of tensor objects. IEEE Transactions on Neural Networks, 2008, 19(1): 18-39.

[135] Amaral A L, Mesquita D P, Ferreira E C. Automatic identification of activated sludge disturbances and assessment of operational parameters. Chemosphere, 2013, 91(5): 705-710.

[136] Kiser M A, Westerhoff P, Benn T, et al. Titanium nanomaterial removal and release from wastewater treatment plants. Environmental Science & Technology, 2009, 43(17): 6757-6763.

[137] Zeng G M, Jiang R, Huang G H, et al. Optimization of wastewater treatment alternative selection by hierarchy grey relational analysis. Journal of Environmental Management, 2007, 82(2): 250-259.

[138] Huang S J, Chen H Y. Adaptive sliding controller with self-tuning fuzzy compensation for vehicle suspension control. Mechatronics, 2006, 16(10): 607-622.

[139] Wan J Q, Huang M Z, Ma Y W, et al. Prediction of effluent quality of a paper mill wastewater treatment using an adaptive network-based fuzzy inference system. Applied Soft Computing, 2011, 11(3): 3238-3246.

[140] Hsu C F. Self-organizing adaptive fuzzy neural control for a class of nonlinear systems. IEEE Transactions on Neural Networks, 2007, 18(4): 1232-1241.

[141] Li C, Lee C Y. Self-organizing neuro-fuzzy system for control of unknown plants. IEEE Transactions on Fuzzy Systems, 2003, 11(1): 135-150.

[142] Lin D, Wang X Y. Self-organizing adaptive fuzzy neural control for the synchronization of uncertain chaotic systems with random-varying parameters. Neurocomputing, 2011, 74(12-13): 2241-2249.

[143] Chen C S. Robust self-organizing neural-fuzzy control with uncertainty observer for MIMO nonlinear systems. IEEE Transactions on Fuzzy Systems, 2011, 19(4): 694-706.

[144] Riani A, Madani T, Benallegue A, et al. Adaptive integral terminal sliding mode control for upper-limb rehabilitation exoskeleton. Control Engineering Practice, 2018, 75: 108-117.

[145] Ríos H, Falcón R, González O A, et al. Continuous sliding-mode control strategies for quadrotor robust tracking: Real-time application. IEEE Transactions on Industrial Electronics, 2019, 66(2): 1264-1272.

[146] Morales J, de Vicuña L G, Guzman R, et al. Modeling and sliding mode control for three-phase active power filters using the vector operation technique. IEEE Transactions on Industrial Electronics, 2018, 65(9): 6828-6838.

[147] Liu J X, Gao Y B, Su X J, et al. Disturbance-observer-based control for air management of PEM fuel cell systems via sliding mode technique. IEEE Transactions on Control Systems Technology, 2019, 27(3): 1129-1138.

[148] Van M, Mavrovouniotis M, Ge S S. An adaptive backstepping nonsingular fast terminal sliding mode control for robust fault tolerant control of robot manipulators. IEEE Transactions on Systems, Man, and Cybernetics: Systems, 2019, 49(7): 1448-1458.

[149] Muñoz I, Malato S, Rodríguez A, et al. Integration of environmental and economic performance of processes. case study on advanced oxidation processes for wastewater treatment. Journal of Advanced Oxidation Technologies, 2008, 11(2): 270-275.

[150] Mohseni S S, Babaeipour V, Vali A R. Design of sliding mode controller for the optimal control of fed-batch cultivation of recombinant *E. coli*. Chemical Engineering Science, 2009, 64(21): 4433-4441.

[151] Ding S H, Wang J D, Zheng W X. Second-order sliding mode control for nonlinear uncertain systems bounded by positive functions. IEEE Transactions on Industrial Electronics, 2015, 62(9): 5899-5909.

[152] Yang J, Li S, Yu X. Sliding-mode control for systems with mismatched uncertainties via a disturbance observer. IEEE Transactions on Industrial Electronics, 2013, 60(1): 160-169.

[153] Feng Y, Han F L, Yu X H. Chattering free full-order sliding-mode control. Automatica, 2014, 50(4): 1310-1314.

[154] Utkin V I, Poznyak A S. Adaptive sliding mode control with application to super-twist algorithm: Equivalent control method. Automatica, 2013, 49(1): 39-47.

[155] Li H, Shi P, Yao D. Adaptive sliding-mode control of Markov jump nonlinear systems with actuator faults. IEEE Transactions on Automatic Control, 2017, 62(4): 1933-1939.

[156] Zhang B L, Han Q L, Zhang X M, et al. Sliding mode control with mixed current and delayed states for offshore steel jacket platforms. IEEE Transactions on Control Systems Technology, 2014, 22(5): 1769-1783.

[157] Baruch I S, Mariaca-Gaspar C R. A levenberg-marquardt learning applied for recurrent neural identification and control of a wastewater treatment bioprocess. International Journal of Intelligent Systems, 2009, 24(11): 1094-1114.

[158] Shahraz A, Boozarjomehry R B. A fuzzy sliding mode control approach for nonlinear chemical processes. Control Engineering Practice, 2009, 17(5): 541-550.

[159] Chen C W, Yeh K, Liu K F R. Adaptive fuzzy sliding mode control for seismically excited

bridges with lead rubber bearing isolation. International Journal of Uncertainty, Fuzziness and Knowledge-based Systems, 2009, 17(5): 705-727.

[160] He W, Chen Y H, Yin Z. Adaptive neural network control of an uncertain robot with full-state constraints. IEEE Transactions on Cybernetics, 2016, 46(3): 620-629.

[161] Shen W H, Chen X Q, Corriou J P. Application of model predictive control to the BSM1 benchmark of wastewater treatment process. Computers & Chemical Engineering, 2008, 32(12): 2849-2856.

[162] Holenda B, Domokos E, Rédey Á, et al. Dissolved oxygen control of the activated sludge wastewater treatment process using model predictive control. Computers & Chemical Engineering, 2008, 32(6): 1270-1278.

[163] Santín I, Pedret C, Vilanova R. Applying variable dissolved oxygen set point in a two level hierarchical control structure to a wastewater treatment process. Journal of Process Control, 2015, 28: 40-55.

[164] Zhao H R, Shen J, Li Y G, et al. Preference adjustable multi-objective NMPC: An unreachable prioritized point tracking method. ISA Transactions, 2017, 66(1): 134-142.

[165] Cristea M V, Agachi S P. Nonlinear model predictive control of the wastewater treatment plant. Computer Aided Chemical Engineering, 2006, 21: 1365-1370.

[166] Francisco M, Vega P, Revollar S. Model predictive control of BSM1 benchmark of wastewater treatment process: A tuning procedure. Decision & Control & European Control, Orlando, 2012: 288-296.

[167] Zhang J, Bowen L I, Peijia Y U, et al. Model prediction control based on state space for doubly-fed induction generator. Power System Technology, 2017, 41(9): 2905-2909.

[168] Dai L, Gao Y L, Xie L H, et al. Stochastic self-triggered model predictive control for linear systems with probabilistic constraints. Automatica, 2018, 92: 9-17.

[169] Bello O, Hamam Y, Djouani K. Control of a coagulation chemical dosing unit for water treatment plants using MMPC based on fuzzy weighting. Journal of Water Process Engineering, 2014, 4: 34-46.

[170] Zanon M, Grüne L, Diehl M. Periodic optimal control, dissipativity and MPC. IEEE Transactions on Automatic Control, 2017, 62(6): 2943-2949.

[171] Kazemi H, Mahjoub H N, Tahmasbi-Sarvestani A, et al. A learning-based stochastic MPC design for cooperative adaptive cruise control to handle interfering vehicles. IEEE Transactions on Intelligent Vehicles, 2018, 3(3): 266-275.

[172] Venkat A N, Hiskens I A, Rawlings J B, et al. Distributed MPC strategies with application to power system automatic generation control. IEEE Transactions on Control Systems Technology, 2008, 16(6): 1192-1206.

[173] Tøndel P, Johansen T A, Bemporad A. An algorithm for multi-parametric quadratic programming and explicit MPC solutions. Automatica, 2003, 39(3): 489-497.

[174] Xu F, Olaru S, Puig V, et al. Sensor-fault tolerance using robust MPC with set-based state estimation and active fault isolation. The 53rd IEEE Conference on Decision and Control, Los Angeles: 2017: 1260-1283.

[175] Petre E, Selisteanu D, Șendrescu D. Adaptive and robust-adaptive control strategies for anaerobic wastewater treatment bioprocesses. Chemical Engineering Journal, 2013, 217: 363-378.

[176] 薄迎春, 乔俊飞. 启发式动态规划在污水处理过程控制中的应用. 控制理论与应用, 2013, 30(7): 828-833.

[177] Bechlioulis C P, Rovithakis G A. Robust adaptive control of feedback linearizable MIMO nonlinear systems with prescribed performance. IEEE Transactions on Automatic Control, 2008, 53(9): 2090-2099.

[178] 范石美. 污水处理过程的自适应控制. 控制工程, 2004, 11(2): 130-131.

[179] Cembellín A, Francisco M, Vega P. Distributed model predictive control applied to a sewer system. Processes, 2020, 8(12): 1595.

[180] Flores J, Arcay B, Arias J. An intelligent system for distributed control of an anaerobic wastewater treatment process. Engineering Applications of Artificial Intelligence, 2000, 13(4): 485-494.

[181] Lee S, Kim Y, Hong S. Treatment of industrial wastewater produced by desulfurization process in a coal-fired power plant via FO-MD hybrid process. Chemosphere, 2018, 210: 44-51.

[182] Guerrero J, Tayà C, Guisasola A, et al. Understanding the detrimental effect of nitrate presence on EBPR systems: Effect of the plant configuration. Journal of Chemical Technology & Biotechnology, 2012, 87(10): 1508-1511.

[183] Rojas J, Zhelev T. Energy efficiency optimisation of wastewater treatment: Study of ATAD. Computers & Chemical Engineering, 2012, 38: 52-63.

[184] Guerrero L, Montalvo S, Coronado E, et al. Performance evaluation of a two-phase anaerobic digestion process of synthetic domestic wastewater at ambient temperature. Journal of Environmental Science and Health: Part A: Toxic/hazardous Substances & Environmental Letters, 2009, 44(7): 673-681.

[185] Henze M, Leslie Grady C P, Gujer W, et al. A general model for single-sludge wastewater treatment systems. Water Research, 1987, 21(5): 505-515.

[186] 韩红桂, 林征来, 乔俊飞. 一种基于混合梯度下降算法的模糊神经网络设计及应用. 控制与决策, 2017, 32(9): 1635-1641.

[187] 韩红桂, 张硕, 乔俊飞. 基于递归 RBF 神经网络的 MBR 膜透水率软测量. 北京工业大学

学报, 2017, 43 (8)：1168-1174.

[188] 梁北辰, 戴景民. 偏最小二乘法在系统故障诊断中的应用. 哈尔滨工业大学学报, 2020, 52 (3)：156-164.

[189] 韩红桂, 张璐, 乔俊飞. 基于多目标粒子群算法的污水处理智能优化控制. 化工学报, 2017, 68 (4)：1474-1481.

[190] 乔俊飞, 逄泽芳, 韩红桂. 基于改进粒子群算法的污水处理过程神经网络优化控制. 智能系统学报, 2012, 7 (5)：429-436.